U0840014

马银春◎编著

聪明女人的处世秘诀 成功女人的赚钱捷径

中国商业出版社

图书在版编目（CIP）数据

这样的女人会来事会赚钱/马银春编著．—北京：中国商业出版社，2009．4
ISBN 978-7-5044-6410-1

Ⅰ．这…　Ⅱ．马…　Ⅲ．女性—成功心理学—通俗读物　Ⅳ．B848．4—49

中国版本图书馆 CIP 数据核字（2009）第 038235 号

责任编辑：郭　强

中国商业出版社出版发行
010-63180647　www．c-cbook．com
（100053　北京广安门内报国寺 1 号）
新华书店总店北京发行所经销
北京大运河印刷有限责任公司印刷

*　*　*　*　*

787mm×1092mm　16 开　20 印张　296 千字
2009 年 4 月第 1 版　2010 年 9 月第 2 次印刷

定价：35．00 元

*　*　*　*

（如有印装质量问题可更换）

前　言

什么样的女人会来事？什么样的女人会赚钱？

仁者见仁，智者见智，众说纷纭。我们生活在世上，每天都不可避免地与他人交往，高超的交际艺术是获得财富的资本，拥有良好的社交能力和高超的处世技巧，就等于拥有了成功的点金石。正如一位著名的心理学家所言：一个人成功的因素，85%来自社交和处世。

当今社会，女性已涉入社交的各个领域，而且社交活动越来越频繁。一个女人拥有了端庄的举止、优美的仪态、迷人的神韵、高雅的气质再加上内在的品格力量，便拥有了打开社交之门的交际魅力，良好的处世能力有助于女人取得生活上和事业上的成功。

会来事的女人善于打造自己的交际圈，她们在多个交际圈中长袖善舞，这不但是女人的自信，也是女人魅力的表现。以一种高尚的人格做人，以一种独特的魅力社交，丰富的人脉就自然掌握在你的手中。

人脉就是财脉，会来事的女人更容易赚大钱。对财富的渴望是我们每一个人的梦想。在市场经济的今天，金钱从某种意义上是成功的一种体现，财富也自然是衡量一个人成功的标志。在这个“她时代”，一个能说会道的女人，一个凡事善于琢磨的女人，一个行动果断的女人，一个善于把握机会的女人，是很容易从平庸中脱颖而出，成大事、创大业、赚大钱的。

21世纪是创造财富的时代，也是女性独立自主的时代。财富不仅可以给女人带来高质量的物质享受，而且还可以给女人带来自由自在的精神境界，更可以让女性朋友做自己想做的事情，拥有自己想要的生活。

人活在世，对生命的态度有三种：一是安于生活，接受命运；二是抱怨

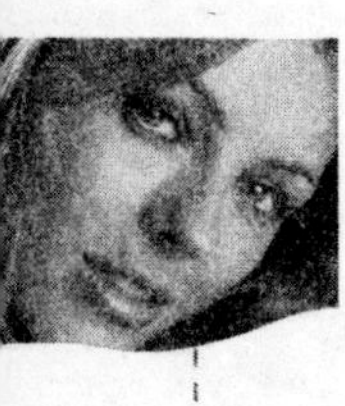

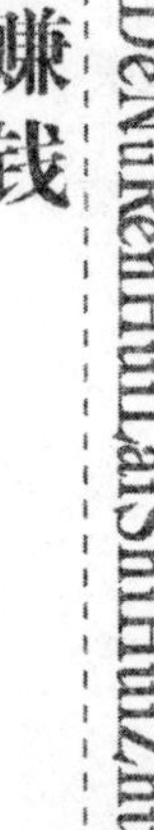

生活，抱怨命运；三是改造生活，挑战命运。安于现状的女人会不思进取，甘于贫穷，甘于平庸；抱怨生活不公平的女人，心浮气躁，劳神伤身；只有敢于挑战命运的女人，才能梦想成真。挣钱的动力就是要争取更好的生活品质，我的命运我做主，掌握知识创造财富。财富意味着力量、自由、安全感、成就感。每个女人都在追求幸福，幸福就是畅快地活着，而财富就是一把通向幸福的钥匙。

当然，我们并不是盲目地夸大金钱的能力，也不是认可金钱是万能的极端说法。钱可以给女人带来幸福，也可以给女人带来灾难。有的女人说，钱乃身外之物，生不带来，死不带去。但是要知道，在你从生到死的这个过程里，你是绝对离不开它的。我们要做金钱的主人，而不做金钱的奴隶。

赚钱不能光凭天赋，也不能只盯着机会，那些教人如何赚钱的理论大都是靠不住的，也不能指望只靠吃苦耐劳来发财，光凭任何一个单一的元素都不能造就一个富婆。有钱人的成功，靠的是整体的实力，是各种成功要素的最佳组合。

本书将为普天之下想成大事、创大业、赚大钱的女人指点迷津，它不能教你一夜暴富，也不能让你突然变得聪明会来事，但却能够唤醒你在为人处世和赚钱方面的潜能。它可以帮助你减少失误，在人生的道路上步伐更稳健，信心更充足，掌握更多的智慧和财富。

在这个“她时代”，会来事的女人有了太多的空间和余地。生活在这个时代的女人们，凭借实力，留下来和实力当道的男人们一道“平分秋色”吧！

编　者

2009 年 3 月

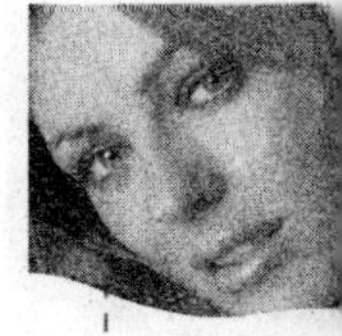

目　　录

第一章　魅力是女人的最大资本

魅力是女人的最大资本，女人具有魅力，则会光芒四射。女人若能把自己的个性魅力与自身美感资源发挥到极致，你就不愁赚不到钱。

第二章　舌绽莲花，在交际中说出女人魅力

女人一生的成败，往往取决于口才的好坏。作为女人，光给人一个好的外表和举止是不够的，如果再加上会说话的技巧，你的人际关系会处理得非常好。口才好的女人，说出话来准确得体、巧妙

恰当，让人听后如沐春风，而她们往往也可以很顺利地达到自己的目的。

第三章 胆大心细的女人赚大钱

人生就是一场博弈。敢冒风险的人，才能赚取最多的钱，在事业上才能取得最大成功。女人只要消除自己的一身娇气，敢闯敢拼，敢于吃苦，就能增加自己成功的筹码。

第四章 好人缘给女人带来好财运

得人缘者定输赢，得人心者得天下。好人缘是女人一生最宝贵的财富，是个人实力的证明，更是取得成功的最大资本。因为人缘与人生、事业是分不开的，只有拥有好人缘，才能带来好财运。

第五章 思路决定女人的贫富

创新是永无止境的，女人们想在激烈的商战中立足，就要学会创新。人无我有，人有我新，人新我奇。这样走在创富的道路上，你才会比别人更轻松。

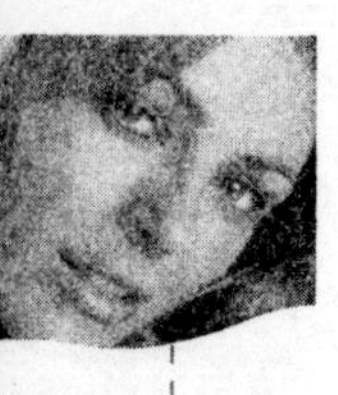

第六章 知识是女人一生的财富

女人可以没有学历，但绝不能没有知识；女人可以没有学问，但绝不能没有技能。一个女人要在社会上立足，光有知识还不行，还得有一种技能。知识，是女人创造财富的底气；技能，会让女人无所畏惧地走向财富殿堂。

第七章 掌握职场潜规则，做个聪明的白领丽人

职业女性要想在职场中游刃有余，仅靠个人形象的好坏以及个人工作成绩的优劣是完全不够的。在注重个人内外兼修的同时，还应该善于经营人际关系。

第八章 察言观色：女人交际的必备本领

想要创造良好的人际关系，做个会来事的女人，必须从了解对方的个性、看穿对方的心思开始。女人的心思细腻，最善于观察事物，这正是女人在社交场合中优于男人的地方。所以，女人更容易从一个人的外表举止中看透他人的内心。

第九章 投资理财，以钱生钱

钱是安身之本，没有钱万万不行。会赚钱提到了女人的日程表上，会理财懂投资更是女人要不断修炼的成功秘籍。女人可以这样来努力：做好家庭理财，合理地投资，也是可以“以钱生钱”达到致富目的的。

第一章 魅力是女人的最大资本

魅力是女人的最大资本，女人具有魅力，则会光芒四射。女人若能把自己的个性魅力与自身美感资源发挥到极致，你就不愁赚不到钱。

1. 女人要喊出自己的声音

世界上没有两片树叶是相同的，也不会有两个性格完全相同的人。每个人都有自己独特的个性。

真正成功的人生，不在于成就的大小，而在于你是否努力地去实现自我，喊出属于自己的声音，走出属于自己的道路。

“走自己的路，让别人去说吧！”我们对但丁的这句名言并不陌生。可是，我们在生活中是否信奉它，实践它呢？

在人类历史上，你是独一无二的，应该为这一点而庆幸，应该尽量利用大自然所赋予你的一切。归根结底说起来，所有的艺术都带着一些自传性，你只能唱你自己的歌，你只能画你自己的画，你只能做一个由你的经验、你的环境和你的家庭所造成的你。

不论情况怎样，你都是在创造一个自己的小花园；不论情况怎样，你都得在生命的交响乐中，演奏你自己的小乐器；不论情况怎样，你都要在生命的沙漠上数清自己已走过的脚印。

作为女人，盲目从众已无法在当今的社会中立足，认识自己的独特性已经同每个人的生存质量紧密相连。竞争的时代，不仅是才能的竞争，更是个性的竞争。

香港湾仔水饺皇后臧健和就是一个张扬其独一无二个性的典范。臧健和，

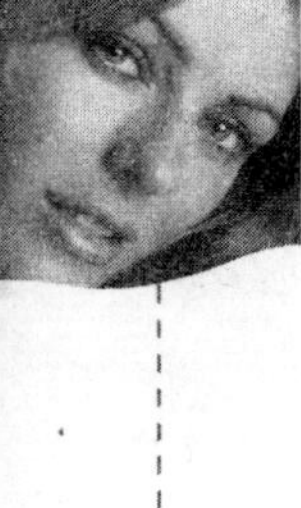

原是地地道道的山东人，是青岛一家工厂的保健护士。她曾经有一个和睦的家庭，丈夫是医生，是泰国归来的华侨，有两个聪明可爱的女儿，两人虽没有轰轰烈烈的爱情，却也和睦恩爱。然而远在泰国的婆婆的一次回国探亲却打破了臧健和平静的生活，婆婆不忍心儿子在大陆继续受苦，便把儿子接到泰国定居。母亲心疼儿子本无可厚非，臧健和只好和两个女儿苦苦地等待。终于，丈夫走后三年，也召唤母女三人前往，见面的地点不断南移，青岛、上海、广州、香港。臧健和带着女儿及家当告别老母亲，千里迢迢到了广州，一心希望能合家团聚，让孩子们领受父爱。这就是臧健和对感情专一的个性，为了家庭，她不惜劳苦奔波于中国的各大城市。

1977 年 11 月，臧健和拖着个大箱子在深圳罗湖桥边实在走不动了，两个不到 10 岁的小女孩一个使出全身的力气帮妈妈抬着箱子，一个紧紧地牵着妈妈的衣襟，她们在罗湖桥头翘首等待，却不见有人来接。也许是对这番情景见得太多，罗湖站的一位好心的工作人员把她送到关口，语重心长地对她说："我只能送你到这里了，再跨一步就是人家的地盘了，你一切小心。"

过了罗湖桥，臧健和终于看到了丈夫，他在车站的尽头等着，一家人团圆了，臧健和打心眼里感到高兴。然而一见面，丈夫就让臧健和在登记表关系一栏填上分居，说这样便于移民，臧健和一听心里疙疙瘩瘩的，然而更残酷的事实却在后面：婆家瞧不上这个生了两个女儿的大陆儿媳妇。丈夫生性软弱，没有主见，在大陆时听妻子的，回到了泰国，就听母亲的。一夫多妻的制度下婆婆已为丈夫另外娶妻，并借口家中缺钱，暂不能替她和女儿们办理手续前往泰国，吩咐一家人在香港暂住。婆家为她安排的路很明显：接受事实，安分守己。如果忍气吞声，在这样一个泰国有名的丝绸商贾家，衣食是不愁的。没有人会顾及一向好强的臧健和所受的打击，可是作为一个母亲，臧健和却不得不为两个女儿考虑。在这样一个极度重男轻女的环境中，女孩子初中毕业后就要等着嫁人，两个女儿会受到什么样的教育可想而知。软弱的丈夫在威严的母亲面前不敢为母女三人说话，她们的未来只能听从他人的摆布。想到这儿，臧健和真想大哭一场，却全哑在了嗓子里，欲哭无泪，心底里刻骨地思念着老家和亲人。思虑再三，她再也不能容忍这种对尊严的践

踏和蹂躏，终于做出了一个自己都从未想过的选择：离开丈夫，凭借自己的能力去创业！这就是臧健和的个性，绝不屈服于生活和生活中的任何一个人。

她把决定告诉丈夫，丈夫的态度令她心寒，面对妻子的选择，丈夫甚至连一句挽留的话都没有说，更让臧健和觉得，原来一个男人要改变的时候，可以如此不负责任。

在车来车往的香港，臧健和举目无亲，身无分文，既不会英文，又不懂粤语，找工作屡屡碰壁。两个女儿有时饿坏了就一个劲儿地啃手指头，臧健和看在眼里，疼在心里。她想到了回老家青岛，可是就这样失魂落魄地回到那个对海外关系还比较敏感的故乡，岂不是加重亲人们的负担。个性倔犟的她坚决地告诉自己，自己酿的苦果只能由自己来尝，绝不能让婆家再一次把自己当成可怜虫，她决定留在香港。她清楚地知道除了一种永不低头的精神，她一无所有！这就是臧健和坚强的独特个性。

就这样，母女三人相依为命，生活清苦。此时，有人劝她改嫁，更有人劝她："臧健和你还年轻，凭你的容貌在夜总会找一份工作轻轻松松干上一年，就可以开上一间铺子。"臧健和却坚决回绝了。社会福利署派人来救济补助，臧健和又一次拒绝了："如果这样的话，我就没有必要离开丈夫，年纪轻轻靠救济吃饭，渐渐消磨意志，这不仅是辜负了自己，不能给孩子树立良好的榜样，况且孩子也会因为自己是公援家庭而自卑。"这就是臧健和的个性，在困难的时候也不向困难低头。后来，有一位朋友对她说："你包的水饺很好吃，何不卖水饺?"一句话提醒了臧健和。

臧健和咬了咬牙，她也不知从哪儿学来的本事，自己钉了一辆小木头车子，推着就上路了。

当时的香港还没有地铁，湾仔码头等待摆渡的人川流不息，各式的小摊一字排开，非常热闹。臧健和站在一辆木头车前，低着头熟练地包着饺子，却不敢抬起头来叫卖。8岁的大女儿蓓蓓一下一下认真地擀着饺子皮，4岁的蓬蓬在旁边用稚嫩的小手洗碗。洗碗的大木桶几乎和蓬蓬一样大，她的小身子探进了大木桶里，只留着两只小辫一翘一翘的。五个中学生看到了这个新设的"北京水饺"摊，两个可爱的小孩子在帮妈妈干活，他们觉得好奇，便

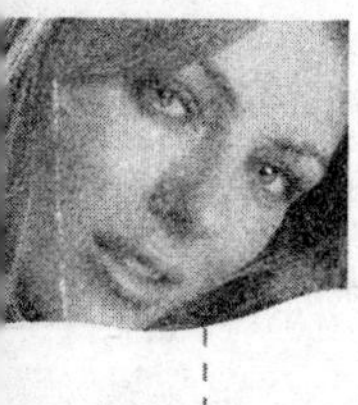

要上了一碗。臧健和小心地为他们盛上了一碗，两个小女儿停下手中的活呆呆地望着这些小哥哥、小姐姐们。几个人咬了一口，便叽里呱啦地叫起来，男孩们说："真好吃。"一位女孩说："好好吃!"臧健和悬着的心落了下来，从他们满意的表情中她又找回了那份久违的自信。

从此，臧健和开始仔细地琢磨香港人的口味，包的饺子越来越好吃，再加上她曾经当过护士，非常注重卫生，所以她的"北京水饺"很快便在湾仔码头出了名。

臧健和的勤勉在湾仔码头很出名，人们都愿意关照这家勤奋的单亲家庭，8号汽车的司机天天都拐一个弯，把蓓蓓和蓬蓬叫上车，一直把她们送到家门口。每晚9点钟两人都依依不舍地告别母亲，甜甜喊道："妈妈你早点回去啊。"可是姐妹俩却从没有在睡前享受过妈妈的抚慰。

湾仔码头，母女三人靠着这小小的水饺摊子艰难度日。

臧健和的水饺越卖越好，有的时候摊位前排起了长龙，顾客要等一个半小时才能买到。后来码头要拆，港口被迫搬迁，臧健和就在附近的木屋区摆档，又在外面贴了一张纸让人知道她的位置，仍有顾客找上门来。再后来木屋区也要拆了，她就在码头贴上告示，让人知道她在家里做水饺，仍然出售。结果，顾客又根据她的告示，到家里买。也许因为北京水饺的味美，也因为臧姑娘这份少见的执著，虽然历经数次搬迁，湾仔"北京水饺"的名头一次都没有倒，反而越做越大。

随着顾客的增多，臧健和索性租了门面，为自己的水饺起名为"北京湾仔码头水饺"，形成了前店后厂的格局。根据顾客的要求，她开始外卖生饺子，并做批发，臧姑娘北京水饺一时流行香港，她被顾客褒奖为"饺子皇后"、"北京水饺大王"。生意做大了，引起了日本大公司的注意，没有经验的臧健和又单枪匹马与日本公司谈判，竟成功地说服了精明的日本老板，提高了饺子的价格，开始批量生产手工冷冻水饺，并以自己的品牌进入日本。就这样，"臧姑娘湾仔北京水饺"进入了日本的八佰伴、大丸、百家等著名超市。

随着大陆的开放，臧健和的饺子事业渐渐地做到了大陆，她马不停蹄地

在香港与内地之间奔波。大女儿黄蓓大学毕业后，回到香港帮助妈妈打理生意。这虽然不是她向往的生活，但是她还是倾心倾力为母亲分挑重担，如今女儿在广州替母亲管理分公司，打理着一亿多元的生意。看着女儿用流利的英语和美国人谈生意，拎着笔记本电脑满世界跑，每天工作到深夜才回到家中，倒头就睡，没有一句怨言，臧健和真是又心疼又感到无比的欣慰。

当时只为抚养女儿而要自己奋斗挣钱的臧健和如今已彻底“脱贫”。她已在全国各地拥有了技艺先进的生产工厂，她的家乡水饺在香港家喻户晓，她主理的水饺被香港贸发局命名为香港名牌产品，并邀请她在当年的国际美食博览会上向贵宾表演包水饺。她更被誉为香港妇女精英，她与船王包玉刚的女儿等6人被授予香港杰出女企业家，她又获选世界杰出女企业家奖。臧健和说，自己的成功是女儿促成的，所以荣耀也要与女儿一起分享。

臧健和的财产已经超过了当初鄙视她的婆婆的整个家族，但此时她却有了更为平和的心态。女儿大了对父亲的不负责任耿耿于怀，她却对她们说，爸爸妈妈都不是完人，你们应该正视爸爸妈妈的优点和缺点，她常常督促女儿给爸爸写信，至于自己却从没有与丈夫联系过。“他在那边已经有了一个完整的家庭，我不会去打扰他的。”这就是一个女人，拥有坚强独特个性的女人，一个能成大事的女人。

上天是公平的，在臧健和历经坎坷后，赐予了她一份成功的事业，她的成功向我们揭示了：朝着人类的命运，走自己的路，是无价的选择。

一个现代女人必须要有个性化的气质，才能赢得大家的青睐，才能表现出自己独特的魅力，以此吸引众人的目光。其实“独特”并非想像的那么难，尊重自己的个性，坚守自己的个性，在女性这座百花园中，你就是一朵奇葩，是世界上所有的珍贵东西都不可仿制的，是绝无仅有的。作为女性大家族中的你，也是这个世界上独一无二的。自古至今的一句老话叫“尺有所短，寸有所长”，她有她的优势，你有你的长处。既然如此，别人是一块金子能闪闪发光，我是一块煤炭也能熊熊燃烧。

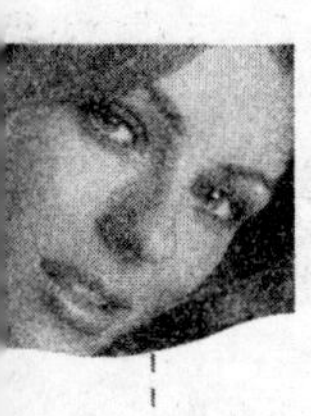

2. 梦想让女人更有魅力

一个女人如果没有梦想，就好像长途跋涉的旅行者没有指南针一样，是很难达到目的地的。有梦想的女人生活更有激情，行动起来更有力量，成功的希望也更大。

每个人都要拥有一个梦想，作为女人也不能例外，因为拥有梦想的女人，就是一只拥有美丽翅膀的鸿雁，可以自由翱翔；拥有梦想的女人，就像一艘拥有最好船帆的轻舟，可以乘风破浪；拥有梦想的女人，就如一朵能在四季绽放的玫瑰，可以永远美丽。

作为女人，可以没有美好的生活，但绝对不能没有美好的梦想。因为梦想可以在女人天性浪漫的头脑里，给灰色的现实加上一抹最绚丽的粉红底色。

美籍华人靳羽西从小就有很多梦想，她是个好奇心很重的孩子，对什么都感兴趣，什么都想尝试一下。她学过钢琴、绘画、音乐、芭蕾、英文、法文等。她的父亲曾经对她说过这样一句话，“你要做第一个进入宇宙空间的人，而不是第二个。没有人会记得第二个人的名字。”这句话对她影响很大，使得她的性格充满了冒险精神，也使得她在后来的人生道路上留下了一个又一个“第一”。

作为第一个被称为“将东西方联系起来”的电视记者，靳羽西当年制作并主持的104集电视系列片《世界各地》使中国人第一次通过电视了解了世

界。那是中央电视台的屏幕上首次出现由美国人制作并主持的节目，羽西也因此征服了全中国的观众。明眸皓齿的她成为当时最著名的主持人之一，直到现在，她独特的主持风格仍然被年轻一辈模仿着。《纽约时报》评价靳羽西时这样说道："很少有人能在东西方之间架起桥梁，但靳羽西却能够做到，而且做得优美、聪明、优雅。"

通过做主持而使自己名扬世界，这对一个女人来说已经十分不容易，十分了不起了。但她明白这远远不是自己要到达的终点，她是一个永远都有目标的女人，由主持退隐后的她又开始追寻她的另一个梦想。

这个梦想就是为亚洲女性做化妆品。在外国品牌充斥中国化妆品市场的激烈竞争中，靳羽西柔弱的双肩承受着一般女性难以承受的巨大压力；羽西自己也坦然承认，她的内部压力很大，而且面临着永远的竞争。但她丝毫不怕竞争，她担忧的却是自己做得不够好。所以她一直都在努力做得更好，她把自己当做最大的竞争对手，自我挑战就是她现在的最大挑战。

对羽西来说，事业就像一座直立向上的高峰，她不断地坚持努力向上攀登，付出了比别人更多的汗水和辛劳，这不仅让她赢得了人生的辉煌，也多次被评为最具魅力的女性。而她成功的不仅仅是事业，还有她的为人、她的修养、她的观念，这些都让人们对她佩服有加。一位记者这样描述她眼中的靳羽西："羽西是怎么也看不厌的，她眼梢嘴角的笑容永远让人感受到新鲜和活力，永远让人惊艳。"

作为一个成功的女人，靳羽西已拥有了财富，她说："我一生中最大的投资是我在纽约的6层楼的家，3000平方米花了我近2000万美元，在纽约大概也只有25所房子可与之媲美。房子外表很简单，但进了大门后，你会有惊艳的感觉。内部装潢全部由我设计，我的要求是无论从哪个角度看，房间都是漂亮、雅致的。每件摆设都是我从世界各地的古董店、文物店和画廊添置的，都有一段故事可讲。"而且她非常享受目前的单身状态，也不缺少朋友，她的惟一愿望就是继续完善她的"美丽王国"进入纽约，再打回东南亚市场，成为国际企业。她说："我的事业巅峰还没到来。"

这是一个因活在目标与梦想中而变得魅力无穷的女人，这种女人在任何

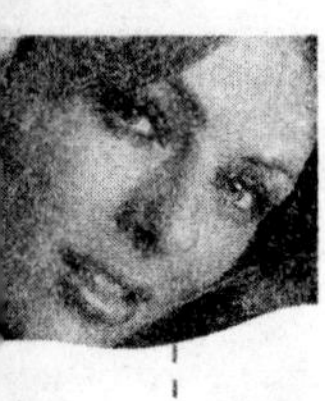

时候都是最美丽，最有女人味的。

靳羽西的故事，会使我们对女人味有一个新的认识和理解，小鸟依人的温柔是女人味，而一个女人在不断追逐梦想的道路上所表现出来的坚定、努力、自信和独挡一面同样也是女人味，同样也可以使她魅力四射！

在女人的一生中，女人可以选择成为攀着男人躯体仰望天空的藤蔓，也可以选择站在男人身旁成为一株挺拔的树，后者更让人尊敬和爱慕。靳羽西属于后者，她把梦想当作了翅膀，一次又一次地在蓝天上划出生命的痕迹，她变成了美丽的天使，从此永远不再老去。

正如空气对于生命一样，目标对于成大事者也有绝对的必要。如果没有空气，没有人能够生存；如果没有目标，没有人能够成功。

罗马纳·巴纽埃洛斯是一位年轻的墨西哥姑娘，16 岁就结婚了。在两年当中她生了两个儿子，丈夫不久后离家出走，罗马纳只好独自支撑家庭。但是，她决心谋求一种令她自己及两个儿子感到体面和自豪的生活。

她带着用一块普通披巾包起的全部财产，跨过里奥兰德河，在得克萨斯州的埃尔帕索安顿下来，并在一家洗衣店工作，一天仅赚一美元。但她从没忘记自己的梦想，即要在贫困的阴影中创建一种受人尊敬的生活。于是，口袋里只有 7 美元的她，带着两个儿子乘公共汽车来到洛杉矶寻求更好的发展。

她开始做洗碗的工作，后来找到什么活就做什么。拼命攒钱，后来便和她的姨母共同买下一家拥有一台烙饼机及一台烙小玉米饼机的店铺。

她与姨母共同制作的玉米饼非常成功，后来还开了几家分店。直到最后，姨母感觉到工作太辛苦了，这位年轻妇女便买下了她的股份，不久，她成为全国最大的墨西哥食品批发商，拥有员工 300 多人。

她和两个儿子经济上有了保障之后，这位勇敢的年轻妇女便将精力转移到提高她美籍墨西哥同胞的地位上。

“我们需要自己的银行”，她想。后来她便和许多朋友在东洛杉矶创建了“泛美国民银行”，这家银行主要是为美籍墨西哥人所居住的社区服务。

她与伙伴们在一个小拖车里创办起他们的银行。可是，到社区销售股票时却遇到另外一个麻烦，因为人们对他们毫无信心，于是她向人们兜售股票时遭到拒绝。

他们问道："你怎么可能办得起银行呢?""我们已经努力了10多年，总是失败，你知道吗？墨西哥人不是银行家呀!"

但是，她始终不放弃自己的梦想，努力不懈。如今，银行资产已增长到2200多万美元，她取得伟大成功的故事在东洛杉矶已经传为佳话。后来她的签名出现在无数的美国货币上，她由此成为美国第三十四任财政部长。

这位年轻妇女的成功确实来之不易。你能想像到这一切吗？一名默默无闻的墨西哥移民，却胸怀大志，后来竟成为世界上最大经济实体的财政部长。

人生不能没有目标，一个没有目标的人不仅没有内涵，还没有成功的欲望和动力，一辈子都碌碌无为，糊里糊涂。

所以，人要想发展自己，取得成功，就要有自己的目标，目标是你前进时的动力。爱迪生曾说过："一心向着自己目标前进的人，整个世界都给他让路。"古今中外，无一例外，那些名留青史、成就大业的人都是有目标的人，目标会给人带来希望，带来成功。

事实上，世间万物都在轮回中寻求目标，也正因为有了目标，世界才能多彩多姿，即便沧海桑田，物是人非，但目标是不会变的，目标永存才会有走向成功、达到目标的动力。

人的一生分成好几个阶段，每一个阶段都会有不同的梦想，我们只有在努力实现一个梦想之后，才能继续不断追求下一个更大的梦想。所以我们需要有梦想，也需要为自己的梦想付出不断的努力。

追求梦想可以让女人变得更美丽，能够让我们自己在艰难的时候坚持下去。拥有梦想可以让我们接受任何风浪，任何挑战。失败了很痛苦，但是站起来，坚持自己的信念却很美，没必要介意别人的看法，做自己，才是真正实现自己梦想的途径。

每个人都有自己的梦想，也许你梦想的舞台不是在耀眼的人前，而是在默默而平凡的生活中。没有任何人能预先知道自己的道路会是怎样，但是至少我们能够创造，能够让自己的未来更加美好。

3. 温柔——女人的宝贵财富

温柔的女人具有一种特殊的魅力，她们更容易博得人们的钟情和喜爱。这样的女人更像绵绵细雨，润物细无声，给人一种温弱柔美的感觉。

作为女人，你尽可以潇洒、聪慧、干练、足智多谋、会办事，但有一点不能少，你必须温柔。

女人存在的理由就是因为她具备男人所缺乏的温柔。温柔，这是作为母亲和妻子的女人不可缺少的一种基本的资质和品性。“温柔”这两个字很自然地就和关心、同情、体贴、宽容、细语柔声联系在一起。温柔有一种无形的力量，能把一切愤怒、误解、仇恨、冤屈、报复融化掉。在温柔面前，那些喧嚣吵闹、斤斤计较、强词夺理、得理不饶人，都显得可笑又可怜。

温柔是一场三月的小雨，淋得你干枯的心灵舒展如春天的枝叶。女人，最能打动人的就是温柔。温柔像一只纤纤细手，知冷知热，知轻知重。只需轻轻一抚摸，受伤的灵魂就会愈合，昏睡的青春就能醒来，痛苦的呻吟就会变成甜蜜幸福的鼾声。温柔的一刀不论是在情场，还是在商场，永远都是那么的锋利。

女性特有的温柔是一个女人的最大魅力。不管你为了证明自己的坚强、独立而怎样否认这柔弱的字眼，它依然流淌在女性的血液里。其实，温柔并

不等同于软弱。温柔，有时候它是一种更强大的力量。春风是温柔的，但是它能在厚厚的冰面上画上一道道裂痕；流水是温柔的，但是棱角尖锐的石头也会被它悄无声息地磨平。泰戈尔曾说过：“不是锥的磨打，而是水的载歌载舞使石头臻于完美。”所以，温柔不仅具有一种和风细雨、风卷云舒的阴柔之美，它还是一种不容忽视的力量，是女人征服困难获得成功的有力武器，是提升女性气质的催化剂。

善良的女性脸上总是有一种美丽的光辉。温柔的魅力总能更容易获得成功。

从 8 平方米做到十大品牌之一；10 年前跟联想在一个院里，一大一小；10 年后，沐泽跟联想站到了一起，一前一后。10 年沐泽，因为这个女人，不能再被忽视。

余立新，就是这样的一个女人，20 世纪 70 年代出生，现为沐泽电脑总经理。

余立新亲手把沐泽从北京中关村四海市场中一个仅有 8 平方米大的小门脸，“演变”成为今天国内十大知名 PC 品牌之一。所以，她的本事，是沐泽在历经 10 年风雨历程后被验证的一个事实。

余立新也理应是一个人们传统意义上的“女强人”。但，余立新却始终坚持说自己只是个女人。

“坦白地讲，我并不是很喜欢女强人这个称呼。无论做到什么位置，女人就该是女人。是女人，就该扮演她该扮演的角色，妻子、母亲、女儿。而我的公司，也只是个女人管理的公司而已，没什么特别的。”

“润物细无声。”伴着沐泽 10 年的成长历程，余立新已经把一个女人特有的温柔、细致和韧性慢慢地渗透进了沐泽的点点滴滴中。尤其是在沐泽“初成长”的阶段。

“创业时，沐泽的地方只有 8 平方米大小，还漏风漏雨的。当时的四通、联想也都在这个院子里。也许是女人的天性，我很爱干净，尽管店面很小，我也非常注意店面的形象，所以，我经常把店面收拾得干净整洁。这样，有客人从旁边路过，都很愿意光顾我的店，也觉得这家的女老板挺有亲和力的。

客人只有能走进来，我们才有机会。虽然沐泽当时的环境不好，但生意却不错。所以，我越发觉得店面形象的重要了。

“后来，沐泽从四海市场院子的后面搬到了街面上，店堂的面积也扩大到了60多平方米。我拿出了10万元装修店面，还专门请了专业的设计师。沐泽员工也统一换上了紫色的服装，黄颜色的领带。要知道，那时候的10万元对于沐泽来说，简直是个天文数字。

“但这样做的结果是：当时沐泽电脑成了那条街上最靓丽的、最有品牌概念的一家店。后来门庭若市，生意好得不得了，连我们的出纳都下来卖电脑，我也站在外面发传单。最好的时候，一天能卖出七八十台电脑，而且是一台一台卖出去的。这样就更加坚定了我要在品牌形象上下工夫的决心。”

余立新说，那个时候的她脑子里根本没有什么品牌的概念，凭借着一个女人对事物本能的敏锐度和敏感度，“误打误撞”成就了沐泽初期的品牌效应。

女人天生容易被感动，余立新更加不例外。正是因为这种感动，让余立新开始有了一种文化的概念。

“我是天生就容易被感动的人，一点点小事情就能触动我。我印象最深的是，有些客户在沐泽买完东西后，还能提着东西来看我们，天下怎么会有这么好的客户？我每次都因为他们的举动而感动，客户对我们这么好，我就要回报，于是我就把这种感觉带到了对员工的教育当中。那段时期是沐泽成长最快的阶段。

“当时我有一种感恩的心态。其实，那个时候我们的原始资本已经在悄悄地累积了，只是当时我们对赚钱真的没概念。当有一天，发现账上的钱有那么多了，说实话，我真有种受宠若惊的感觉，觉得老天对我简直太好了。客户可爱、员工可爱，我有了一种责任，要回报客户、回报员工。那时候，也慢慢就有了一种文化的概念。

“创业时没有经理的概念，而且我作为一个女人，总感觉自己有太多的母爱，有的时候说不清楚，但却释放得很淋漓尽致。当时，沐泽的每一个员工都是我亲自招聘来的。就在那时候我跟员工建立了深厚的友谊，他们都管我

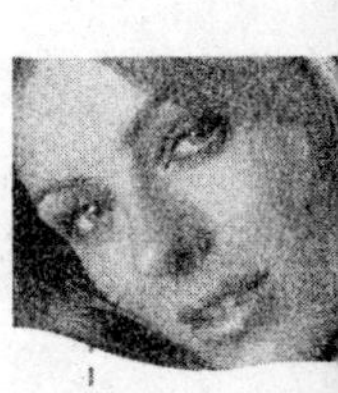

叫余姐。每天下班开着车跟员工一起去送货，每天很开心，唱着歌去，唱着歌回。”

直到今天，余立新依然很愿意回忆那段日子。

现在，沐泽发展壮大了。余立新也有了一些“水到渠成”的改变。

因为，余立新评价自己像水，柔柔的、缓缓的，不会选择绝对的抵触，而会随着事情的转变而转变。公司既然发展成了规模，余立新身上的理性元素自然也要随着多些。

但余立新始终不放弃天生作为女人的“直觉”。

“女人的直觉是与生俱来的。当你经历过了太多的事情，你的能力和层次到了一定程度的时候，就会用这样一种感觉去做判断，我的感觉经常是八九不离十。当然，企业做到一定程度时，一定要尊重科学的客观事实，这也是必然的。”

6月8日，正好是沐泽10岁的生日。余立新和员工一起拍摄了用手语演绎而成的一段“因为你、因为我，世界更不同”的MTV。用动画片《狮子王》的故事形象地讲述了沐泽和经销商们共同经历过的日子。

能在企业正规化的过程中添加点浪漫，在余立新看来，是完全可以的，而且，余立新也这样做了。

工作中，余立新用一个女人特有的方式在管理着她的公司，挺成功。

生活里，余立新有一个幸福的三口之家：一个可爱的儿子，一个和自己至今还爱得很甜蜜的老公。女人就该是女人。余立新说得一点没错。

女人天生的温婉细腻是上苍赋予女性的一种坚不可摧的“武器”。作为一个女性老板，如何让你身边的男人们、女人们心甘情愿服从你的指挥，这就需要发挥女人独特的武器——以柔克刚。智慧的女性领导者最懂得应用而且轻而易举地攻入员工的内心，让每个人都如沐春风，甘愿为你赴汤蹈火，在所不辞。

温柔是女人最动人的特征之一。她可能不是都市的白领，她的学历也可能不是那么高，她的厨艺也许不是那么的好，她的细手也许很笨拙，她的长相也许挺一般，总之她绝对不能算得上是一个十全十美的俏佳人，但她却很

温柔，说起话来的“柔声细语”，足以让男人顷刻间为之陶醉。

在男人眼中，女人的这一特点比所有的特点都要可爱。温柔的女人走到哪里，都会受到人们的欢迎，博得众人的目光。她们像绵绵细雨，润物细无声，给人一种温馨柔美的感觉，令人内心佩赞、回味无穷。

如果你希望自己更妩媚、更动人、更有魅力，建议你保持或发掘作为女人所独具的温柔的秉赋，做个温柔的女人。

在日常生活中，怎样才能让自己的表现更温柔更可爱呢？你可以从以下几个方面来培养自己温柔的性情。

（1）通情达理。这是女性温柔最好的表现。温柔的女性对人一般都很宽容，她们为人谦让，对别人很体贴，凡事喜欢替别人着想，绝不会让别人难堪。

（2）富有同情心。这是女性温柔在待人处世中的集中表现。

（3）善良。对人对事都抱着好的愿望，喜欢关心和帮助别人。

（4）细致周到。让人心动的不是你做出了多么惊人的举动，更多的情况下，是你那适时的细心关怀和体贴，最能叫人怦然心动。

温柔是女人特有的武器，哪个男人不愿意被这样的武器击倒？温柔有一种绵绵的诗意，她缓缓地、轻轻地放射出来，飘到你的身旁，扩展、弥撒，将你围拢、包裹、熏醉，让你感受到一种宽松、一种归属、一种美。

（5）性格柔和。不要一遇到不顺心的事情就暴跳如雷、火冒三丈。以柔克刚，才是女人的最高境界。到了这个境界，即使是百炼钢也能被你化作绕指柔。

（6）不软弱。温柔决不等于软弱。

总之，温柔可以体现在各个方面，在女性的生活领域处处都能体现出温柔的特征。

温柔，是来自女人性格的修养。女人要在自己的日常生活中，注意加强性格上的涵养，培养女性柔情。为此，女人特别要忌怒、忌狂，讲究语言美，把那些影响柔情发挥的不良性情彻底克服掉，让温柔的鲜花为女人的魅力而怒放。

但是，女人的温柔，不是柔弱、柔顺，丧失了自己独立的人格和独立的个性，也绝非女人之美德，而是一种耻辱。女人之温柔，是柔中有刚、柔韧有度，所以才柔媚可人。柔情似水，是女性诱人的魅力，是一种征服他人的巨大力量。

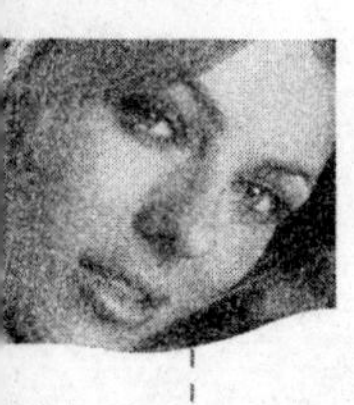

4. 气质——女人沉积的智慧

女人的气质与年龄无关，与相貌无关，与金钱无关。那些走入气质门槛的女人，她们有了悟性，积聚了内涵，具有丰富感和空灵感，形成了风姿绰约的气韵。

年轻的女人，虽然在风华正茂时可以毫不费力地靠外表吸引他人的注意，但如果她们因此而忽略了对自己个性的创造，等到年老色衰时才想到要去弥补，那就太迟了。而那些平凡的不起眼的人，只要她们注意培养自己独特的气质，无论到了什么年纪，照样可以给人年轻而有活力的感觉，她们身上更有一种让人无法抗拒的独特的魅力，这份魅力可以让她们到处都受到欢迎。当然，办事顺利也是自然的。

一位中年主妇觉察到自己的丈夫经常在家里夸奖他的女助手，她心里有些疑惑。于是开始每天描眉画眼、梳妆打扮，甚至不惜花了一大笔钱去做美容手术，谁知她丈夫对她的精心装扮却熟视无睹，仍旧每天大谈特谈他的那位女助手。

妻子沉不住气了，试探着开始打听女助手的背景。丈夫于是邀请妻子一同去探望那位女助手。一见面，妻子大为吃惊，女助手既不年轻也不漂亮，而是一位头发已经开始花白、身材已经发福的普通妇人，但她在言谈举止中透露出聪慧、自信、乐观和机智，周围的人无不受到她的感染，甚至这位妻子也抵抗不住她的魅力，十分急切地想和她交个朋友。于是这位妻子终于明白了，气质的美赋予一个女人的魅力是无可比拟的。

有一个知名的画家，非常想画一幅天使的画像，他希望这幅画能别具一格，有自己的特色。这个画像不是人们经常看到的那样，而是来源于自己的想像。

他非常渴望找到一个模特，这个人有天使的善良与修养，并有慈悲的气质以及亲和力。但一直找不到太合适的人，直到他遇到了一个山村的姑娘。画家因这一幅画而名扬天下，那位模特也得到了不菲的报酬。

多年后，有人对画家说，你画了最美的天使，也应该画个最丑的魔鬼呀。画家认为说得很有道理，但到哪里找一位丑陋的人呢？他想到了监狱，终于在那发现了一个理想的人，然而让他意想不到的是：这个人居然是以前做天使模特的女人。

当女人知道自己将被画成魔鬼时，失声痛哭。女人疑惑地问：“你以前画天使的模特就是我，想不到现在画魔鬼的居然还是我！”

画家不解地问：“怎么会是这样呢？”

女人说：“自从得到了那笔钱，我就离开了山村，到处游山玩水，后来还染上了毒瘾，把钱花完之后，为了满足遏制不住的欲望，就去骗人、做坏事，最后案发入狱。”

人性中有善的一面，也有恶的一面。如果女人不能用内涵武装自己，她就会流于庸俗，甚至将人性中恶的一面显现出来。如果女人不懂得充实自己，不懂得做个有内涵的气质女人，即便她曾经是个天使，也会演变成魔鬼。

气质是女人的经典品牌，这是现代人的共识。相对美丽的容貌而言，气质则是厚重的、内涵的，气质是文化底蕴、素质修养的升华。现代的女性越来越讲究“内外兼修”，在气质的修炼上纷纷找准从“文化”入手的捷径。于是，女人的气质便演化为高贵、性感、情趣、妩媚抑或神秘，让人们在欣赏女人时怀着一种敬畏，一种仰慕。

气质是指人相对稳定的个性特征、风格以及气度。性格开朗、潇洒大方的人，往往表现出一种聪慧的气质；性格开朗、温文尔雅，多显露出高洁的

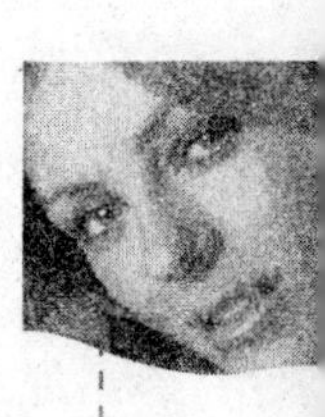

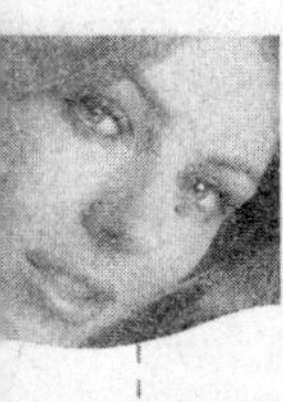

气质；性格爽直、风格豪放的人，气质多表现为粗犷；性格温和、风度秀丽端庄，气质则表现为恬静……无论聪慧、高洁，还是粗犷、恬静，都能产生一定的美感。

美貌不等于气质，从美貌升华到气质要经过磨练和洗礼，著名影星张曼玉已经完成了一个女人从美丽到气质的升华。

张曼玉刚刚出道的时候，几乎没有什么特色，她的相貌也算不上国色天香。后来张曼玉拍了很多片子，给别人的印象是美丽的、有灿烂笑容的女人。

经历过人生风雨之后的张曼玉懂得了，明星只是一时，而演员才是永远的。有了这种意识后，张曼玉懂得珍惜那些朴素的东西，从而变得更加豁达，更加深刻。她已经不再是刚刚进入娱乐圈时的那个花瓶了，她完成了从美丽到魅力的升华，逐渐散发出一种让人难以抗拒的魅力。

正是这样从内而外的升华，使张曼玉成为炙手可热的明星。1991 年的《阮玲玉》将她送上了事业的巅峰。在后来的《人在纽约》中，张曼玉不温不火的表现令她迅速出线，成为耀眼的明星，也为她赢得了人生中的第一个奖项——第 27 届台湾金马奖“最佳女主角”奖。此后的她在戏里戏外都成了吸引人的女人。她那惟妙惟肖、出神入化的表演让她“浑身都是戏”，让人们忘了这是在演戏，仿佛就是发生在我们身边的故事。这正是张曼玉登峰造极的气质带给人心灵的震动。

当她从镁光灯下走出之后，我们看到的那个真实的张曼玉，身上兼有东方的素静神韵与西方的明艳光彩，从无虚饰与矫情，自然流露出她清澈而深沉的内在气质。

2003 年，随着张艺谋的大片《英雄》在全国热映，人们看到了一个在大漠风沙中明艳逼人的张曼玉。人们不由感慨她风采依旧，年龄不但没有成为她演艺事业的障碍，反而赠给她征服越来越多观众的内涵与气质。

张曼玉的气质来源于内心自我的清醒、独立的认识，时光沉淀下来的苦涩与神韵让她完成了气质的升华。银幕下的张曼玉无论在任何场合都是恬静、微笑的，淡妆素服，不见一丝浓艳。她从不在传媒面前张扬，只是静静地微笑着。裙裾之间，女人的妩媚尽在不言中；举手投足间，巨星风采翩然而至。

有这种气质的女人就是花丛中的一朵嫣红，最后终于变成最精粹的一滴金黄色的花蜜，让你在惊叹中慢慢地回味。

在现实生活中，有相当数量的女人只注意穿着打扮，并不怎么注意自己的气质是否给人以美感。诚然，美丽的容貌，时髦的服饰，精心的打扮，都能给人以美感。但是这种外表的美总是肤浅而短暂的，如同天上的流云，转瞬即逝。如果你是有心人，则会发现，气质给人的美感是不受年纪、服饰和打扮局限的。

气质美是丰富的内心世界外露。它包含了人们的文化素质的提高、知识和经验的沉积以及品德和修养的凝练。品德则是锤炼气质的基石。为人诚恳，心地善良、胸襟开阔，内心安然是不可缺少的。

气质美看似无形，实为有形。它是通过一个人对待生活的态度、个性特征、言行举止等表现出来的。一个女子的举手投足，走路的步态，待人接物的风度，皆属气质。朋友初交，互相打量，立即产生好的印象。这种好感除了来自言谈之外，就是来自作风举止了。热情而不轻浮，大方而不傲慢，就表露出一种高雅的气质。狂热浮躁或自命不凡，就是气质低劣的表现。

气质美还表现在性格上。这就涉及到平素的修养。要忌怒忌狂，能忍辱谦让，关怀体贴别人。忍让并非沉默，更不是逆来顺受，毫无主见。相反，开朗的性格往往透露出大气凛然的风度，更易表现出内心的情感。而富有感情的人，在气质上当然更添风采。

高雅的兴趣是气质美的又一种表现。例如，爱好文学并有一定的表达能力，欣赏音乐且有较好的乐感，喜欢美术而有基本的色调感，等等。

气质美在于美的和谐与统一，在于对待事物的认真、执著、聪慧、敏锐，在于淡然之中透出明朗而又深沉悠远的韵味，在于她心中有一座储量丰富的智能矿藏，并且随着时间的推移，不断更新和积淀深厚的内涵，任岁月荏苒，亦能给人一种常新的美丽。

5. 个性是女人的名片

个性色彩强烈的女性，常具有一种震撼人心的魅力，这是因为她常能掀起心灵的风暴，从风度、气质上表达丰富的内心世界和深层的吸引力。她们大多具有很强的自尊心、自信心和进取心。

特殊的个性，会造就一个女人的独特魅力，这种魅力会使你有别于其他人，独树一帜。你的个性是通过言行举止、衣着打扮表现出来的，也可通过你独特的行事作风和处世原则表现出来，它会形成一种气质、一种风度。它会帮助你在人群中自然而然地凸现自己，为人们所认识；在无形之中也会对别人产生某种影响力，激发别人对你的信心和兴趣，你也可能因而吸引到一大批的志同道合者，共创美好的事业。从这些意义上讲，个性是一种力量，更是一种资产。

花样女人，百种性格。勇敢坚定的女人，给人一种具有力量和信心的安全感；热情而富于同情心的女人，给人以温暖、亲切的舒畅心境；机智而沉着的女人，会让处于危急情况下的人感到踏实、镇定；博学而谦虚的女人，启迪人的智慧；文雅而高洁的女人，会给人以脱俗之感，等等。同这些具有美好性格的女人相处，会让人们感到生活的乐趣、工作的美好、事业的光明。

气质不需要改变，而个性却是可以塑造的。我们知道，影响人的性格除了人的心理素质之外，还有人的社会实践。人的性格随着社会实践的发展与

变化，也会得到发展和变化。比如，一个性格开朗、热情的小姑娘，如果长期处于一个压抑、紧张的环境，就可能对自己性格的发展产生某种消极的影响；如果在人生道路上遭到某种突然变故，像失恋、婚变等，加上不善于正确调节自己的情绪，性格的发展就很可能走向自己原有性格的反面。反之，一个性格软弱的女人，身处一个团结、坚强的集体，性格必然也会受到影响而逐渐变得坚强起来；一个性格忧郁的女人，身边有几个热情开朗的朋友，有着共同的追求和共同语言，也一定会受到某种程度的感染和改变。所以，与人的心理素质相比，人的社会实践对性格更具有重要的意义。毫无疑问，美好的性格要通过美好的行为来塑造。

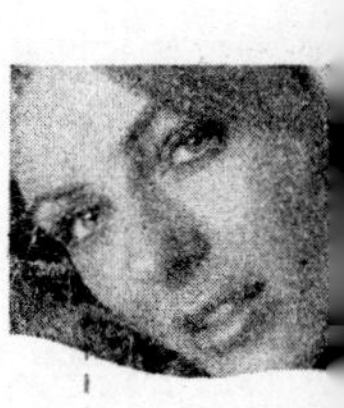

一个有个性有魅力的女人，自身有独到的吸引人之处，能更好地处理人际关系从而赢得人们与社会的尊重。这样的女人无论是在工作上还是在生意场上，都能获得最大的成功。

2006年胡润女富豪榜以5亿元排行第48位的谭海音，就是一个个性与魅力兼备的女人。她平和、宽容、真诚、坦率，她做易趣CEO，兼具时尚与沉稳，做得信心十足，底蕴十足，赢得同行与属下的夸赞。

谭海音是麦肯锡咨询公司雇用的中国首名本科咨询员，哈佛大学的MBA。她在麦肯锡干了3年，全球也跑了不少地方，独立地做了很多事，后来她发觉自己该读书了。1997年，她考取哈佛的MBA。麦肯锡咨询公司给了她9万美元的资助，但前提是读完书后至少还得回原公司工作两年。毕业后的谭海音希望在事业上能有新的东西，她喜欢开拓新的行业、接受新的挑战，她决定回国独立创业，这就是她的独特个性，她宁愿背负着9万美元的债务，也勇于顶着压力离开麦肯锡咨询公司。

压力也是动力。

她后来说："但我还是要做我想做的事，我相信凭自己的能力肯定能还这个债。"

回国后的谭海音与同学邵亦波一起创业做网站。当时国内互联网行业机会非常多，但游戏规则尚未建立，风险也很大。"但对我们这些不怕输，不怕挑战，愿意在未知环境里工作的人，这却是很有吸引力的事情。"有个性的谭

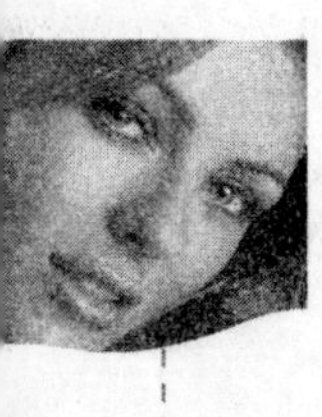

海音说。做易趣，做拍卖网站。从1999年8月18日易趣开通至今，已有350万名注册用户，累计登录商品逾2000万件，线上交易量总计达7.8亿元人民币。现在易趣“每4秒就有1件新登商品，每2秒就有1个买家出价，每5秒就有1件商品成功卖出”。易趣网已成为全球最大的中文网上交易平台。2002年3月，易趣吸引了世界最成功的电子商务公司eBay的3000万美元的投资，并与其结成战略合作伙伴关系。2005年，eBay对易趣网追加1.5亿美元的投资，易趣取得了非常大的成功，谭海音的个性与魅力也为她带来了巨大的金钱与人缘财富。

“易趣最高管理层有着中西结合的优势：海音是公司的文化中枢，我是头脑中枢。”这是董事长邵亦波对易趣管理团队的评价。

很难想像谭海音板起面孔教训别人是一副什么样子，她给人更多的感觉是平和温婉，很关切别人的情绪，而且与员工之间非常平等。谭海音很注重和员工的沟通方式，更希望通过自己的言行证明自己的能力。她不愿意把自己弄得很严肃很凶。这个行业是需要热情与创新的，管理得太严格了，会挫伤大家的感情和积极性。

在易趣，员工有事可以直接找董事长和执行总裁去谈。开会的时候，也没有繁文缛节，没有正襟危坐，只有开诚布公。

谭海音说，在企业管理上，互联网企业与饼干厂没有什么区别，企业做大后，即到了40～50人规模后，都应有一整套正规的管理体系。国内许多网络企业的发展也印证了这一点。只有专业的管理者才能让企业发展得更健康，而只依赖技术是做不大的。

谁是易趣的老板？谭海音回答说：“所有易趣人都是易趣的老板，每个人都有股份，但是易趣人的‘老板’，是我们所有的网友。”

做企业的流程，谭海音是在麦肯锡中学会的，要做人性化加职业化的领导者，不能光靠真诚、鼓舞，需要交流尤其是跨部门的交流。项目是横的，部门是竖的，需要专人负责，流程是企业的骨架，人性是血肉，缺一不可。加上在哈佛商学院也学到很多，谭海音判断事情就有了全局的观点。

谭海音对人真诚，很坦率地把自己的想法告诉别人。易趣的团队是互补

的，有时候几个决策人也会为一件事情争论不休，但都是良性的争吵，等到互相理解意见一致，他们就会尽全力去做。工作中她遇到最大的障碍是具体操作不完整、不周到，一件事情实施很重要，所以她做事要看反馈结果。

有一幅画面十分生动地反映了谭海音的管理艺术。

“噢，吃冰激凌!”办公室突然响起欢呼声，“海音请大家吃哈根达斯!”行政人员提着塑料口袋轮流分配，啧啧赞叹声不绝于耳，更多时候哈根达斯被避风堂蛋塔所代替，她自己挨个儿发到同事手里。素面朝天、头发微曲的谭海音笑着说：“我要逼着他们去休假，一年两星期，好的工作状态很重要。”

可以说，谭海音的确是一个优秀的女性管理者，在她的身上，我们看到了许多女性管理者的优势，尤其是在发挥女性感情丰富、细腻的优点上，谭海音做得十分出色，这也是她个性与魅力之美所在。

个性是在时代精神、社会生活实践和自我意识的基础上派生的一种心理特征。由于每个人的心理素质、社会经历、家庭环境和文化素养的差别，在思想、情感、性格等方面，也随之形成了与众不同的特点，从而使自己的言行举止染上特殊色彩，并且成为一个完整、具体、现实社会的人。个人的这种稳定的心理特征的总和就叫做个性。哪怕是一个极小的细节，我们也能看出一个人的个性，个性是每个人的名片。作为女人，个性是不可缺少的一个美丽元素。

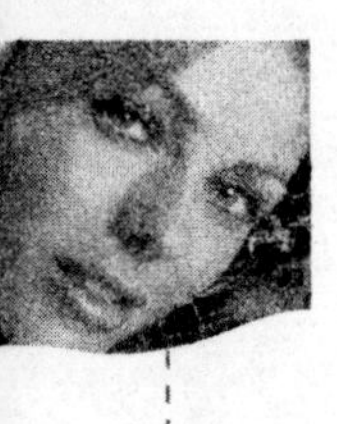

6. 自信的女人散发着一种独特的气质

自信心往往可以产生你想像不到的力量，它是一种我们看不见的力量。当一个女人拥有了自信，整个人就会焕发出不同一般的光彩。它会使你无所畏惧，会让你勇往直前。

自信心是女人对于自己能力和行为所表现出的信任情感。一个女人有了自信心就有了克服困难的精神动力。人生其实有很多需要自信的时候，在那些时刻，不同的选择就代表了不同的未来。所以，对女人来说，你更要敢于面对。要知道，这个社会有很多机会需要女人去抓住。

邓亚萍这个名字在我国可谓家喻户晓。有的人在谈及她时还会绘声绘色地将其描绘一番：矮矮的个儿，胖胖的脸，打起乒乓球来简直像只出山的小猛虎，出手快捷，攻势凌厉，左右开弓，勇不可当，往往只几板就把对方制服了。

的确，邓亚萍在我国乒坛，乃至世界乒坛上已是名声大噪，堪称“大姐大”。自她1986年拿到第一个全国乒乓球锦标赛的冠军开始，到1997年5月的第四十四届世界乒乓球锦标赛上，12年间，她一共在全国性和世界性的各种乒乓球大赛中拿到153个冠军。其中，尤其从1989年人选国家队到1997年的这9年当中，成绩最为辉煌，仅在世界级别最高的奥运会、世界杯赛和世界锦标赛这三大比赛中，一人独自获得78块金牌，并且还是国际体坛上惟一一名三次接受前国际奥委会主席萨马兰奇亲自授奖的运动员。这不但在中国乒坛，而且在世界乒坛史上都写下了光彩的一页。从邓亚萍的成长之路来看，坎坎坷坷，历尽磨难。

她4岁多时便表现了一个“铁娃”本色，平时拼拼打打从不哭闹，并且玩什么都格外专注。这些都让在河南郑州市体委任乒乓球教练的父亲看在眼里，喜在心头，认定这是一块搞体育的好料。于是，父亲便“就地取材”，精心地培养自己的爱女。

一晃5年过去了，邓亚萍在父亲的调教下，乒乓球技术已达到上等水平。为使她能得到更多的培养，父亲将她送到河南省乒乓球队去深造。然而，去后不久，便被退了回来，其理由是个儿矮，手臂短，没有发展前途。这在邓亚萍少年的心灵上留下了一道深深的伤痕。令人欣慰的是，在父亲的鼓励下，倔强的邓亚萍并未因此一蹶不振，相反练得更加刻苦，并发誓有朝一日一定要拼出个样来。

机会终于来了，1986年是邓亚萍人生重大转折的一年。那一年，年仅13岁的她，临时顶替河南省代表队一名生病的运动员参加全国乒乓球锦标赛。赛前教练们对她并不抱有什么期望，要她顶替上场纯粹是为了不使该队“弃权”。出人意料的是，这个名不见经传的矮个姑娘竟然接连击败了耿丽娟、陈静等当时很有名气的国手，一举登上了冠军宝座，爆出了此届乒乓球赛的最大冷门，成为一匹引人注目的“黑马”。

赛后，这位被判为“无发展前途”死刑的小姑娘，成了当时国家乒乓球队副教练、女队主教练张燮林手下的一名女弟子。从此，邓亚萍在中国体坛的圣殿里将其那股在逆境中练就的“铁娃”本性表现得淋漓尽致，其运动水平大大提高，经过各次大赛的历练，最终登上国际乒坛女霸主的宝座。

邓亚萍有一段描述自己心理感受的话很能感人肺腑，她说：“我并不相信命。每个人的命运都掌握在自己手里。有人说我命好，为世界乒坛创造出了一个‘常胜将军’的奇迹。我觉得，我可能天生就是打乒乓球的命，但上帝不会将冠军的桂冠戴在一个未真诚付出汗水、泪水、心血和智能的运动员身上，我自己满身的伤痕就是证明。体育运动之所以魅力无穷，一个重要的原

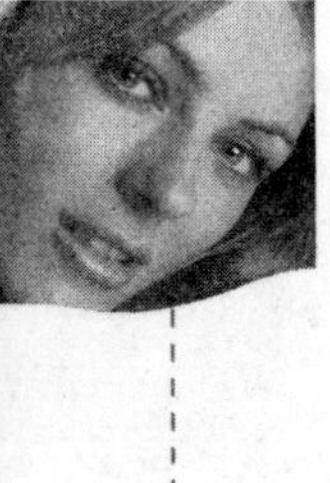

因就是它充分展示了人类不屈服命运，永不停息地向命运挑战的精神。”

自信的女人有一种不一样的吸引力，她可以让女人更妩媚生动，更光彩照人，也可以让女人更坚强更有勇气，去面对生活中所遭遇的艰难困苦，在挫折面前不低头，坦然地去面对，自信让她相信自己可以去克服所有的困难；并不断地完善自己，努力使自己趋于完美。虽然我们知道人无完人，这世上没有真正的完美的人，但是能自信地让自己向完美靠近，怎能说这不是一种最美呢？因为这样的自信，让女人看到了自己本身的价值，看到了自己的魅力，看到了生活中的美好一面。

自信的女人是由内而外的美丽，这样的女人做事能如鱼得水，能散发出自己的无限魅力。那么，如何才能成为这样的女人？

首先你要做到的是发掘自己，即看到自身的优点与长处。没有哪个女人是十全十美的，但是每个女人都有属于自己的闪光点。一个长相平凡的女人，也许她不够妖娆，不够娇媚，但是她可能拥有兰心慧质，拥有善良与体贴的美好品质，这些足够使她获得人们的赞扬与喜爱，从而她的一举一动都会散发出自信的魅力。

其次是释放自己，即将自己的美好一面呈现在别人面前。每个女人内心都藏着一个完美的女人，我们要做的事情就是把她唤出来，来到我们的生活中。如果你的内心温柔敏感，那就让你的温柔敏感呈现在人们的面前，让人去理解它欣赏它；如果你的内心热情豪爽，就不要用淑女的框子束缚了你，压抑了那个自由的你。只有将你本来的美好呈现在人们的面前才是最美丽最自然的，也只有这样才是最有魅力的女人。

每个人在生活的道路上都不可能是一帆风顺的，挫折和不幸是人生的一道风景。这也许是人人都知道的生活道理。可是，要真正领悟其中的道理，还是需要智慧的。首先，挫折能给生活以经验，告诉我们今后应该注意的问题。这自然是一笔财富。挫折和不幸，又是人生一个最好的老师，使原本不知生活艰辛为何物者，幡然醒悟。不幸，又是幸运的孪生姊妹。不幸总是与幸运结伴而行，正所谓“山重水复疑无路，柳暗花明又一村”，其实就恰到好处地体现了“物极必反，否极泰来”的事物发展的内在规律以及事物间相互转化的客观必然性！另外，为何不换一种角度来看挫折呢？当上帝为你关上一扇门的时候，他也会为你打开另一扇门。

当然，自信还需要勇气。有了勇气，才能排除万难，一往无前。勇气来源于多个方面。因为有亲人、朋友的鼓励、支持，可以走出失败的阴影，恢复信心，从头再来；因为肩上有责任、众人有期盼，可以愈挫愈勇，屡败屡战；因为总结了经验、吸取了教训，可以重整旗鼓，大干一场……还有，自信不能盲目自大。自信要注意策略、技巧、方法，如果把自信当自负，不注重实际情况，好高骛远，那自信就会成为自狂，如果女人自狂，她或许有个性，但却失去了最重要的魅力，她也难以获得人生事业的成功。

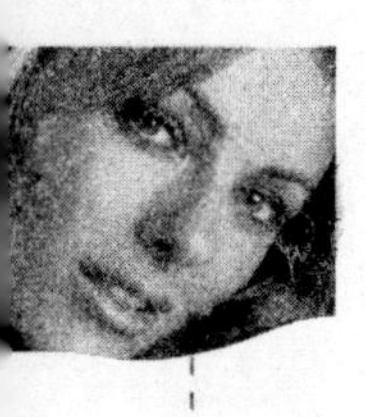

7. 梦想越大，成就越大

梦想越大，成就越大。人生真的是梦做出来的，越是卓越的人生，越是梦想的产物。可以说，梦想越高，人生就越丰富，达成的成就就越卓越。

梦想，是成功的前提，但一味沉迷其中而忽略现实，结局往往会惨不忍睹。

读职高时，王丽就喜欢上了计算机程序设计专业。调皮的她虽然学起语文、数学什么的老是呵欠连天，但一学与计算机有关的课程就立即兴奋起来，脑瓜儿也转得飞快。你要是跟她聊计算机、IT 话题，她可以侃个没完没了。“我不做陈景润，不当周树人，要做就做中国的比尔·盖茨!”这是她的经典语录。

口吐狂言，竟无人嘲笑。原来，在同学们还在拼命背程序设计指令时，王丽已独立为自己所在学校设计了一套学生管理系统软件。软件得到校领导和老师的高度评价：实用性很强！最终软件投入使用，王丽获得学校通报表扬以及 200 元奖励。

这年，王丽 17 岁。她成了校园大名人，还赢得一个足以让她骄傲得一飞冲天的雅号——“盖茨”。

初获名誉，王丽难免浮躁。“死读书有什么意思？比尔·盖茨不学这些，

还不是成了首富?”她寻思着像比尔·盖茨一样开一家软件公司。几个姐弟为“盖茨”描述的前景和“钱景”心动了，都发誓效忠。她也像老板一样，拟了公司章程、工作分配表，还印了名片。同学不再叫她“盖茨”，而改叫“王总”了。而老师们却苦口婆心地劝她以学业为重，一针见血地指出她现在的能力还差得很远；家人更是连骂带打，说她是个神经病。但她仿佛吃了秤砣铁了心，不仅带着几个铁哥们儿印传单、发传单，跑写字楼，还学着当时流行的信件营销，写了大量的信件到处邮寄。

浮躁付出代价，打击接踵而来。稚气未脱的几个小崽儿冲进写字楼，可跟企业负责人谈不上两句，就先被礼貌地告之“以后给你答复”，再礼貌地被“请”出办公室；更有甚者根本就不让她们进门，她们穿得随随便便，有的有皱褶或带污迹的衣服，让人疑是小偷。而寄出的信件大多石沉大海，偶有回复却提出要看她们的经营执照和作品。执照，“王总”压根儿就没有；至于作品，她尚可把自己的处女作《学生管理系统》寄给对方，结果大多犹如肉包子打狗，即便个别回复，但说要的是高级语言，而不是收到的小儿科。几经折腾，铁哥们儿开始借口要认真学习，找点理由收回“创业基金”。“王总”愤怒地骂道：软蛋！这点挫折都受不了。并暗暗发誓，一定要坚持到底，不成功则成仁！转眼间，离高考只有两三个月了，同学都忙着复习考大学，可她却整天跑学校传达室，盼望收获自己撒播出去的希望，摆脱目前的困境，但她收到的，除了打击，还是打击……

除了耐心等待，“王总”再也无计可施。听着有人再叫“盖茨”、“王总”，她没了骄傲和自豪，有的只是刺痛和耻辱。看来，“盖茨”不是谁都可以当的。

自以为是的王丽经受着挫折的打击。为了面子，她高考完后即悄悄地从学校消失了。

人在迷茫时，前进的方向常会难以确定。但，是金子，总会发光。

对自己计算机方面的能耐，王丽丧失了信心，还私下发泄：“什么盖茨、王总，全是自欺欺人!”接着就整天窝在家里，默默忍受着家人的责骂。怕丢脸，学不能再上了，那又干什么呢？她陷入了极度的苦恼。

对王丽的“堕落”，家人极度不理解，但犟不过这头小蛮牛。于是给她找了个去郊县推销传呼机的辛苦差事，猜想她会知难而退，再回学校继续学业。没想到，刚 18 岁的王丽却一口答应下来。每次去郊县，瘦小的她都背着个大木箱，里面装满几十斤重的传呼机样品和配件。一个大女孩和客户谈生意，让人觉得不可靠。她一次又一次吃着闭门羹，忍受着身心的双重压力。

王丽清楚自己已没了退路：在学校失败了，可以回家；而在家失败了，还能去哪儿呢？

没有退路的王丽背着大木箱常常流连在泥泞的乡场公路上。为了取得经销商的信任，她厚着脸皮拜访了一次又一次；为了等到经销商谈业务，她抱着大木箱在经销商的店门口一坐就是几个小时！日晒雨淋，稚气的脸有了风吹的沧桑，再和客户谈生意，也不再杂乱无章；举手投足间，透露出从容不迫。赢得客户的信任，她建立的推销渠道水到渠成。传呼机的利润很高。推销两年，王丽靠勤劳赚了数十万元！

逆境知缺失，顺境瞧美丽，而陷阱往往跟在美丽背面。

赚到数十万元后，王丽急切点燃再圆“王总”梦的火焰。但传呼机销售在 2001 年信息台大量赠机的风潮中迅速委靡，而手机却掀起了平民化浪潮。在通信市场摸爬滚打了两年的她，在跟进公司做了一段时间的手机业务后，开始筹划起自己的小店来。一切顺利。当年年底，王丽的手机营业店开张了。有以前建立起来的销售渠道加上她豪爽、豁达的处世风格，业务发展很快。当又听到人们喊“王总”时，心旷神怡的她有点飘飘然。

但当老板和跑业务绝非一码事儿。从跑业务转到自己做老板，打理企业，起码的规章制度等总得有吧，自己吃饱还要员工不饿。但此时的“王总”并不明白这些，只让业务员按自己的经验做事，对经销商也是有求必应，根本就没有规矩和程序的概念。随着业务的急剧增长和不规范的操作日益频繁，她的小店业务蒸蒸日上。营业 1 年多，王丽已赚了近 40 万元利润！一天，一位平时相交甚深的代理商找到王丽，说有一笔大业务，能赚不少钱，但现在差点款，请求她借点钱周转几天。有平日的交情，再加上王丽豪爽的性格，

她不假思索便拿出36万元给了代理商。这位代理商感激涕零，自觉写下了欠条，连连保证1个月内连本带利还清。让王丽没有想到的是，这位代理商老早就谋划好携款潜逃了。除了王丽，他还向好几位商家借款或调货。

突如其来的变故搞得王丽措手不及。现金手上基本没有了。王丽没办法，只有放下店里的生意，四处寻找骗子。老板的焦虑逃不过店里的伙计的眼睛，人心开始浮动了。一天，她疲惫地回到店里，只见一片狼藉，存货早让领不到工资的员工“搬”得一干二净；打电话给经销商希望能回点款，此时有的不接电话，有的支支吾吾说没钱，更有甚者干脆矢口否认不认账……

生意场上的多变和狡诈，使王丽的心凉透了底。

她独自坐在狼藉而寂静的店里，再次深陷迷茫中。

“天将降大任于斯人也，必先苦其心志，劳其筋骨。”但凡知晓此理，并能踏实做事者，前途不可限量。

关了店，王丽带着最后一点积蓄进入大学成教院学习。她选择了曾经让她颜面丢尽的专业——计算机信息管理和企业管理专业。“我纯粹是个莽娃儿，什么都不懂，光有一股蛮劲能干成什么事呢？老天爷可以给我运气，但不可能一直给我运气。第一次创业那是不懂事儿，瞎扯；第二次创业还是不懂事儿，乱整。要想做好事情，就必须学习。我觉得我最想涉足的还是计算机、IT业。可能原来的梦想让我不能释怀吧。这次既然决定要静下心来好好学习，那就要争取让这个梦想不再遗憾。另外，我对企业管理和经营的无知是我惨败的一个重要原因。我还要开店，还要让别人叫我‘王总’，所以，我必须学习企业管理知识。”王丽对自己的学习动因及决心诠释道。

一夜间，王丽仿佛长大了。在学校，她一边潜心学习，一边深入思考自己的未来。2003年，她顺利拿到大专毕业证书，也变成一个善于思考、稳重成熟的女人。随即，这个女人进入最大的电脑城，从电脑装机、接单干起。她认为：“凡事应该从底层开始干，都了解透了，才不容易犯错。”在电脑城，她干过5家，目的非常明确：“必须淘到如何管理一个企业的经验，而不是赚钱。”

2004年，初具经验的王丽离开电脑城，飞向更高的目标。在应聘一家著名的电脑公司中，她清晰的经营思维和稳健的应答风格征服了老板。没试用，她就直接进入产品批发部。两个月的行销员磨炼，一双耐克鞋被路磨烂，她的销售业绩达到每天2万～3万元，创下部门纪录；半年后，老板便决定让她负责市区县市场的销售。权利和挑战相伴而至，人事安排、财务管理、经销商维护、产品调度、市场开发……环环相扣，层层深入。每天早上9点钟开始打电话一直打到下午三四点，接着发货，然后再回访，她每天几乎打接电话都超过500个。

天道酬勤。王丽把市场月销售额做到了120万元，公司此前绝无仅有！自然，她不仅获得近10万元的绩效回报，而且掌握了大量关系融洽的顾客朋友，以及400多家经销商的渠道资源。

2005年，王丽向老板辞去了令人羡慕的职位，冲击百万元。

当能量积累足够大之后，爆发只是迟早的事。水滴石穿，当一切准备就绪，“穿石”一瞬的爆发，不就是成就大业吗？

2005年6月18日，王丽和一位朋友各出资3万元，新的电脑公司开张了。以个性化装配电脑和批发电脑配件为主，多年经营的关系和渠道，公司经营仅三个来月，居然就冲到单月最高出货超百万元的高度！

王丽以“诚信为本，用心周到服务”为经营理念，集计算机硬件批发、零售、组装、软件开发、周边设备、网络系统集成设计和施工为一体，设有销售部、财务部、大客户部、技术部和客户周到服务中心，还代理AMD、INTEL、IBM、三星、联想和华硕等多个知名品牌的产品。

环顾自己的公司，今日之“王总”微笑道：“这次我投入了全部家当18万元，将公司制度、部门规划、营销策略、人员配备等建设一步到位，并非贪大，正所谓‘攘外必先安内’，没有规范、和谐、有活力的团队，是不可能在这么激烈的市场竞争环境中存活和发展的。把软件开发作为公司的经营主业，除了情感上的因素，更重要的是现在信息产业化发展的大环境相当好，非常有利于软件业的经营。我可不想放弃这块大蛋糕。另外，我也希望圆我的‘盖茨’梦。”

“曾经我有一个梦，要做中国的比尔·盖茨。现在，这个梦依然存在，而且我会一直为这个梦而打拼!”是呀，有梦才有人生……

知识、勇敢、机遇都是事业成功的要素。而知识、勇敢和机遇完全融合在一起时，成功便唾手可得。

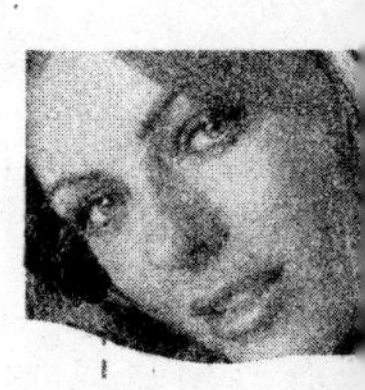

8. 漂亮的女人成功有“捷径”

有漂亮容貌的女人是幸福的。的确，漂亮在女人成功的路上起到了十分重要的作用，甚至成为一些女人的“法宝”。

常言道：“姿色是女人的事业。”漂亮女人的成功是有捷径的，因此，聪明的女人要懂得在你的容貌修饰上下足工夫，也是挖掘自身优势来助自己成功的一种不可或缺的资源。心理学家说过：“男人的成功一般是通过实际的竞争取得的，而女人的成功则往往是通过交际网络取得的。”漂亮的女人能够给人良好的第一印象，在社会交往中给人的印象更加深刻，也能较快博得人们的好感。在公关行业中，漂亮女人的优势更加明显。

荣获国际公关大奖的朱艳艳，就是一位漂亮女人。我们来看看她是怎样利用她的女人优势来创富的。

很多年轻的女孩子刚刚进入职场的时候，23岁的朱艳艳已经是兰生大酒店的公关部经理了。她算得上是中国改革开放以后第一批在本土成长起来的公关人才，当时的她对自己所扮演的角色还有些懵懂。每天都是在忙碌中度过的，比如说要把中国文化介绍给外国客人，圣诞节的时候举办餐会，举办各种新闻发布会，工作的跨度很大，从举办各类宴会到媒体联络，从企业关系维护到政府关系，几年的历练带给朱艳艳的除了成熟和自信外，还有一张无所不包的关系网。

各类媒体里，她拥有一大帮记者编辑朋友，娱乐、经济、体育记者一应俱全，办宴会展会，她的人脉资源可以一直从主持人、明星延伸到诸如食物安排之类的所有细节，还有政府部门上上下下的工作人员，朱艳艳也都混了个脸热。人生中的第一份工作，无疑为朱艳艳打开了一扇门，也为她积累了第一桶金——人脉的无形资产。

不过真正体会到人脉资源的价值，还是源于一件小事。当时有一个朋友在策划一个记者招待会，发布新闻，但是他自己和媒体不熟悉，就找人帮忙联系相关的记者。朱艳艳说，这是她第一次强烈感受到市场对于公关服务的需求，有需求就有市场，这令她萌发了创业的念头。而20世纪80年代中期，处于市场转型期的上海，甚至没几个人知道公关是什么，以至于当她在工商局办理工商登记的时候，工作人员要求给公共关系公司改个名字，理由就是从来没看到过。不过在她的坚持下，上海最早的本土公关公司之一——“视点公关公司”就这样上马了。

创业的初期总是难熬的。公司一共几个员工，每天的工作就是寻找客户。一开始是查黄页，打电话给4A广告公司，还有一些潜在的客户，或者干脆到他们公司去。但是很快就发现，收效甚微。这些公司如果没有预算，没有相关的活动经费，是根本不会考虑你的任何建议的。而且对于不知根不知底的公司，客户不敢用你。残酷的现实让朱艳艳明白了熟人介绍的重要性。后来的第一个转机发生在1996年。朱艳艳的一个朋友在一家美资的自来水管公司工作。这个朋友告诉她，公司需要做些媒体公关，但是没有太多的预算。直觉告诉她这是一个机会。虽然只是写写新闻发布稿、和媒体记者联络的简单活儿，朱艳艳还是十二万分用心地去经营，不放弃任何给别人留下好印象的机会。

第二年，朱艳艳争取到了第二个客户。当时哈根达斯推出最早的冰激凌月饼，然后把广告业务部分交给一家4A广告公司全权负责。不过当时外资的广告公司和国内的媒体少有交情，于是就自然而然想起了朱艳艳，把这部分的业务转分包给她。依靠媒体关系这笔独特的资源，她尝试最大限度地挖掘其中的潜力。几次小试牛刀后，公司逐渐步入了正轨。被朱艳艳称为转折点

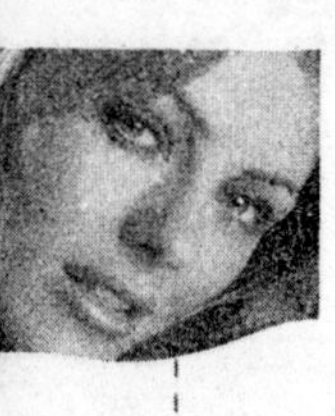

的客户是美国的家用电器巨头惠而浦。外国公司对公共关系是非常重视的，而且也有请公关公司服务的习惯。当时惠而浦进入中国市场没几年，几乎是一年换一家公关公司，但一直没有找到一家满意的公司。1997年年底，眼看着上一家公关公司的合约即将到期，朱艳艳的一位在惠而浦工作的朋友向老板引见了她。

对这次期待已久的见面，朱艳艳做了充分的准备。短短的十几分钟内，她行云流水般的讲述恰到好处地解释了公司能为惠而浦提供的服务。老板随即拍板，OK，就用你们吧！

之后就一发不可收了。联合利华旗下的诸多品牌，比如力士、多芬、奥妙，还有其他世界500强公司像三菱电机、通用磨坊等，都成为了朱艳艳的客户，而且最令她骄傲的是，这些客户的忠诚度极高，至少到现在还没有炒她鱿鱼的。而随着经验的成熟，她们的业务也从原来简单的媒体联系，发展到策划活动、政府关系和公共事务、社区关系、危机公关、全球新闻发言人等。

依靠2001年一手策划奥妙新妈妈大赛，朱艳艳还成为了首位获得国际金鹅毛笔奖的中国公关人。这让朱艳艳走上了事业的另一个高峰。

她成功的一个很重要的秘诀就是用心经营人脉。

朱艳艳有个习惯，在组织记者活动的时候，顺便记录他们身份证上的生日。就在采访的当天，正逢她的一位记者老朋友的生日，朱艳艳出其不意让快递送上一大束鲜花，令老友感动不已，在同事间也颇有面子。这种温暖的举动，朱艳艳完全是用心在经营。

公关是个特别的行业，人就像建筑中的顶梁柱，是支撑所有附属结构的根本。其中最为重要的部分恐怕就是媒体关系了。一个企业想要在公众心目中建立诚实可信的形象，无非就是通过各类媒体传达信息。而信息的传递又是双向的，企业有没有积极主动地提供信息是一个方面，而记者是不是对这些内容感兴趣，是不是愿意做报道又是另一个方面。公关的职责就是架起企业和记者之间的桥梁。

朱艳艳说公关的秘诀就是用心，用真诚和别人交朋友。靠交情能令一切

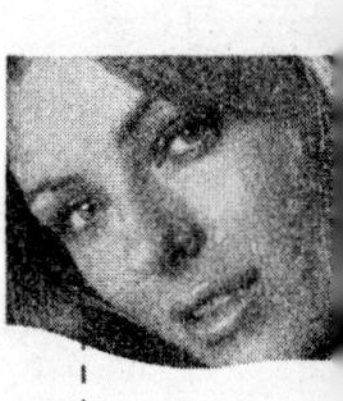

水到渠成，而粗俗的拉关系或者利益交换，只能是短暂的利益共生。朱艳艳认为这其实是无心插柳柳成荫，不能把人际关系当做生意来做，但是当你用心地呵护这些关系的时候，回报是自然的。她说，记者其实是最聪明的一群人，你是否真心，大家心里都有一杆秤。

不得不承认，女性赏心悦目的亮丽、天生的细心和周到也帮了朱艳艳大忙。在适当的时候，在别人需要帮助的时候，送上合适的关怀。这种细腻而微小的动作常常能成为别人尘封记忆里不断回忆起的往事。

朱艳艳争取到她最重要的大客户之一——联合利华，其实是有一段有趣的故事。故事是从惠而浦开始的。当时惠而浦的洗衣机和奥妙洗衣粉搞联合促销，两边的工作人员正好谈起朱艳艳的公关公司。惠而浦工作人员的大力赞赏令奥妙的品牌负责人心里痒痒。很快，奥妙就成了朱艳艳的客户。朱艳艳说，现在公司收取费用是按照时间计费的，但是公司绝对不会为了蝇头小利而故意延长时间，或者建议客户做不必要的开销。她还是坚持要营造长期的合作关系。比如有时候，客户会要求开新闻发布会，其实对公司而言，新闻发布会通常可以赚更多的钱。但她们常常站在客户的立场考虑问题，一场新闻发布会的成本是很高的，如果可以避免，公司就建议不开。时间久了，口碑自然就来了。按照朱艳艳的话说，这就是润物细无声，或许也可以解释为什么朱艳艳的公司几乎从未丢失过老客户。

漂亮女人朱艳艳的成功向人们展示了女人如何把握机会，如何能利用自身优势来获得好的人缘，同时又利用好的人缘来开创事业是非常重要的。

漂亮的女人招人喜欢，“窈窕淑女，君子好逑”嘛。生理的天然优势，可以转化为后天生存的优势，花容月貌、身材姣好的女孩，更容易让眼球来“电”，给人以愉悦之感，从而赢得生存机遇的优先权。

“美女经济”正在成为现实中一个让人避无可避的词汇不断出现。甚至有公司喊出了“打造成中国美女经济的第一品牌，成为美女经济海洋中扬帆远航的航空母舰”的口号。漂亮女人，一次上镜，一个广告，一次表演，都能带来滚滚的财运。在模特、影视媒体业，漂亮女人的价值就尤为突出。

第二章 舌绽莲花，在交际中说出女人魅力

P.

女人一生的成败，往往取决于口才的好坏。作为女人，光给人一个好的外表和举止是不够的，如果再加上会说话的技巧，你的人际关系会处理得非常好。口才好的女人，说出话来准确得体、巧妙恰当，让人听后如沐春风，而她们往往也可以很顺利地达到自己的目的。

1. 把赞美当成一种习惯

在和人交往的过程中，适当地赞美别人是有礼貌、有教养的表现，不仅可以获得好人缘，而且还可以使双方在心理和情感上靠拢，缩短彼此之间的距离。

马克·吐温曾说过："一句精彩的赞辞可以代替我 10 天的口粮。"渴望得到赞美是每个人内心中最迫切的需求之一，恰当好处地赞美别人，自然会得到别人的回应与赞美。

在许多场合，适时得当的赞美常常会发挥它的神奇功效，林肯曾经说过："人人都需要赞美，你我都不例外。"人人都渴望赞美，这是人们的共同心理。在人与人之间，无论是朋友之间，夫妻之间，师生之间，父母和子女之间，还是领导与下属之间，互相赞美是必不可少的。

因为这些适当的颂扬，常常会由此提高了他人的尊严，更有利于改善自己的人际关系。

在你想赞美一个人的时候，随口称赞是不好的，一定要表现出一种足以使对方认为"称赞得有理"的热诚，而且所称赞的一定是一个无可争议的事实。

如果特别喜欢某人，或者特别想成为某人的朋友，可以了解此人的优点和缺点，称赞此人希望被称赞的地方。大部分人都有某些优秀的品质以及希

望被他人认定为优秀的部分。一个人被赞赏时着实能令他高兴。任何人都有渴望他人褒奖的欲望，要想发现别人的闪光点，观察乃是最好的办法。

仔细观察、细心体会并敏锐地抓住他人喜爱的话题。通常，自己想要被称赞、希望被认定为优秀的地方，往往会出现在最常见的话题里。也就是说别人乐此不疲经常提到的话题，或经常展现的学识便是他自以为优越的地方，只要抓住这一点，就能一举制胜。

赞扬别人要恰到好处，很多人都不太了解这其中的学问。这是因为你还不是十分了解人们多么希望自己的想法及喜好能获得支持，特别是企望明明是错误的想法，甚至是自己的小缺点，能得到他人的谅解与认同。如果我们只考虑自我的想法便对他人的习惯及服装等方面挑毛病，必然会对他人造成伤害；反之，若能加以认同，别人则会感到无限的欣喜。

这里要记住的是，虚伪地赞扬别人是不行的。比如你看到一个并不漂亮的女孩，不能称赞她太美丽。因为这样，她会觉得你是在故意戏弄她或是你太虚伪。这样的效果就太糟糕了。其实你不一定要称赞她漂亮，你可以改为称赞她性格温柔或有某种特长也是可以的。

但一定要注意，不管称赞别人什么品质，都要实事求是，而不是挖空心思揣测。如果你想赞美一个人而又实在找不出他有什么值得赞扬的地方，那么，你可赞美他的家庭、他的工作或和他有关的一些事物。

在心理学上，有一个术语叫做“晕轮效应”，大致意思是对一个人有好感就可能喜欢和他有关的所有的事物和人，也比较容易接受他的观点和建议，也会觉得他所有的言行举止一切都很好。

贝蒂看中了一处房子，希望能把它租下来，但是据说房东很难缠，许多人试过要求降低租金，最后都失败了。不过，贝蒂还是想试一试，于是她约见了房东。

贝蒂站在门口，热情地欢迎房东的到来。一开始她并不提及房租的事，只是闲聊，并表示自己非常喜欢这个房子。

“这里安静，光线也很好，你果真是有眼光，里面的装修也考虑得很周全，很有品位!”

房东听后喜滋滋的：的确，这栋房子无论是起初的选址、房屋设计还是室内装潢，都花费了自己许多的心血。

“难得你和房子这么投缘，希望你能住得长久一些……”房东高兴地说。

“我也这么想，不过……”贝蒂略微迟疑了一下，“不过我实在负担不了这么昂贵的房租，恐怕我最多只能住两个月了……”

房东见她如此热情有礼，犹豫了一下，接着说：

“以前几个房客总是不停地挑房子的毛病，让我很是恼火，要是他们都像你这样我就省不少心了……”最后房东主动减低租金，双方协商好彼此都能接受的价钱。

离开的时候，房东还关心地说：“如果房子还需要有什么维护的地方，你尽管打电话告诉我！”

如果贝蒂不是从对方的房子入手，恐怕她也难以达到自己的目的。

俗话说：好语一句三冬暖，恶言出口六月寒。女人要想长久保持自己的吸引力，不时给对方三两句赞美之语是绝佳处方。因此，女人要懂得赞美。

那么，怎样赞许别人才是合适的呢？

（1）女人要确定赞美别人的最佳内容。每个人都有长短处，却都希望长处被人称赞，如果他能写一手好字，能唱一支动听的歌，女人就应紧紧抓住这些闪光点予以称赞。还有就是女人要看准他人的所想和所爱，然后就赞其所想的如何有远见，并想方设法把自己的所爱与他人的所爱相接近，还要说出其所爱的好处。这样，人与人之间的距离就越来越近，彼此间的共同语言也就越来越多。

（2）女人要学会捕捉最佳时机。同一句赞美之词在不同的时间、地点、场合，其所起的作用和效果也迥然不同。

（3）女人要学会选用最巧妙的方式。语言表达是一门奥妙无穷的艺术，用何种方式称赞爱人，其学问也很深。称赞的方式一般分为直接称赞和间接称赞两大类。直接称赞，语发由衷，这样会使人受到莫大的鼓舞；而旁敲侧击，虽是引用他人的赞美之言，但比直接称赞更令人陶醉。

赞美是一种聪明的、隐藏的、巧妙的“献媚”。生活需要真正的赞美来调

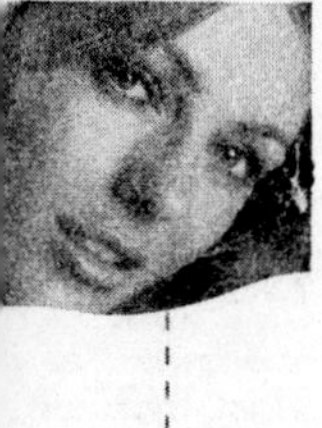

和；成功需要赞美来填充颜色。成功正是由于赞美才得以更加耀眼招人。而失落时也需要赞美，一条失败的路并不是毫无是处，再丑陋的东西也终会有美丽的一面。只有认真地发现值得赞美的点点滴滴，人们才能够看到充满阳光的明天，世界也正是由于这些赞美才变得如此扣人心弦，摄人心魄。

渴望得到赞美是每个人内心中最迫切的需求之一，恰当好处地赞美别人，自然会得到别人的回应和赞美。当你赞美别人的时候，好像用一只火把照亮了别人的生活，使他的生活更加有光彩；同时，这只火把也会照亮你的心田，使你在这种真诚的赞美中感到愉快和满足，并激起你对所赞美事物的向往之情，引导自己朝这个方向前进。

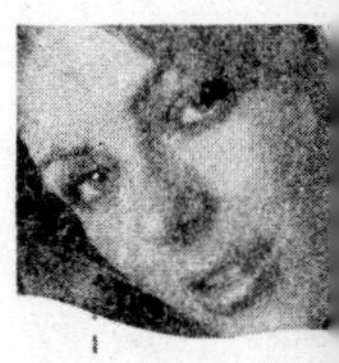

2. 选个好话题，让人一见如故

许多女人对谈论的话题存在着误解，以为只有那些风趣、幽默或令人震惊的事件才值得谈起。其实，只要你稍加留心，身边的一些小事都可以让你们双方谈得兴高采烈、意犹未尽。

两个人萍水相逢，素昧平生，该怎样沟通呢？有人感到拘束无比，羞于启齿；有人觉得找不到共同话题，无法交谈。他们或局促一角，尴尬窘迫；或欲言又止，话不成句；或说话生硬，使人误解……

之所以出现这种现象，除了缺少和陌生人说话的勇气和信心外，彼此找不到共同的话题也是一个重要的原因。好的话题，是初步交谈的媒介，深入细谈的基础，开怀畅谈的开端。一旦找到合适的话题，就能使谈话融洽自如。

两个中年妇女从浙江某县城上车，坐在同一条长椅上。

“你好，请问你在什么地方下车？”其中一人问对方。

“到终点站，你呢？”

“我也是，你到浙江什么地方？”

“我到杭州找我丈夫，你就是此地人吧？”

“不是的，我是从外地来走亲戚的。”

经过双方的言语试探，双方都对浙江很熟悉，又都是外来者，这样她们的共同点就彼此清晰了。两个人发现对方的共同点后谈得很投机，下车后还

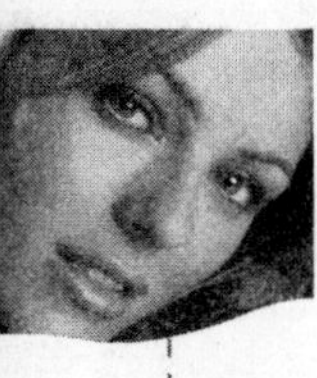

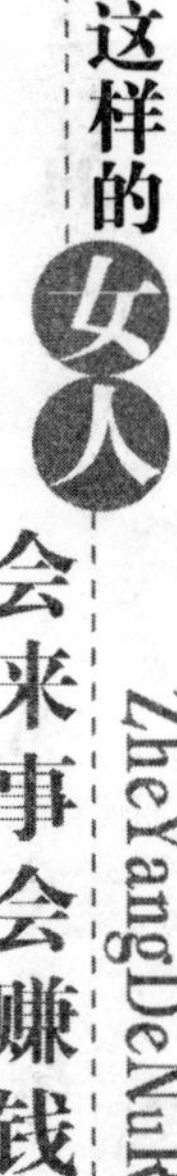

互邀对方到家做客。

那么，该如何寻找合适的话题呢？你不妨从天气、籍贯、兴趣和衣着等方面着手。问对方这些方面的问题不易触及其敏感处。

例如："你故乡是哪里啊？"

"扬州。"对方回答。于是，你就顺着扬州往下发挥："那是个不错的好地方呢，不但风景美丽，住在那儿的人们也颇富文人气息。"

"是啊，咱们扬州……"谈起家乡，对方很快兴奋起来。

如此这般，你就轻松地让对方打开了话匣子。

或者，你可以说："今天天气真好，如果能外出郊游，一定很不错。"

"是啊，你喜欢爬山还是游泳？"对方配合得不错。

"我喜欢爬山……"顺势类推，绝对能找出源源不断的话题，甚至觉得意犹未尽呢。

可见，一个懂得沟通技巧的人，总是能找到一些有趣的话题。哪怕是刚见面的陌生人，也能很顺利地进行沟通，这就是人们常说的"自来熟"。

俗话说得好"一回生二回熟。"若要衡量同陌生人第一次谈话的成败，首先要审视交谈的话题，因为话题的好坏，直接影响了交谈的结果，是交谈的第一要素，不容轻视，更不能忽视。一般情况下，谈话要选择一些容易引起对方兴趣的话题，这样有利于创造一个轻松活跃的谈话氛围，使交谈得以深入、友谊得以发展。

在交际中，我们对每一次交谈的话题都应该精心选择，不应随心所欲、张口就来，若如此，在还未进入交谈内容，就已经危机四伏了。

但在具体选择这些话题时，要顾及谈话对象。一个话题，只有让对方感兴趣，谈话才有维持和继续的可能。比如，自己是球迷，就切莫以为别人都是球迷。逢人就谈球赛，遇到对球不感兴趣的人也大谈特谈，让对方感到索然无味、失去兴趣。

现代年轻人的话题总是局限于流行的服饰、时代的潮流等，有的人除了流行以外，对其他的话题都不感兴趣，这种做法已限制了话题的范围。那么怎么才能让自己能成为说话的高手，又怎能成为受人欢迎的人呢？

美国女记者芭芭拉·华特，初遇美国航空业界巨头亚里士多德·欧纳西斯时，见他正与同行们热烈讨论着货运价格、航线、新的空运构想等问题，芭芭拉没法插上一句话。在共进午餐时，芭芭拉灵机一动，趁大家谈论业务中的短暂间隙，赶紧提问："欧纳西斯先生，你在海运和空运方面都取得了伟大的成就，这是令人震惊的。你是怎样开始的？当初你的职业是什么？"这个话题一下叩动了欧纳西斯的心弦，他立即同芭芭拉侃侃而谈起来，动情地回顾了自己的奋斗史。

选择话题，除了注意对方的需求外，还要小心避开对方的禁忌，尽量选择"安全系数大"的话题。每个人除了有若干"禁区"外，还存在"敏感地带"，谈话中都应当小心避开。譬如，不幸者忌谈他遭受不幸的往事，失恋者忌谈爱情与婚姻问题，残疾人的家庭忌谈家中的那位残疾者等等。有时，与医生、律师等专业人士交谈，在他们工作以外的时间里，不宜谈过分具体的专业话题，如什么病该怎么医治，什么纠纷该怎么处理等。同要人交谈，往往忌谈政治、宗教和性的问题。对于一些很难处理的"敏感话题"，一般要尽量避而不谈。

某文艺编辑曾讲过一段故事。他邀一位名作家写稿，该作家非常难合作，各报社的编辑对他大伤脑筋。因此，这个编辑在见面前也相当紧张。

一开始果不出所料，各说各的，怎样都谈不拢。闹得编辑很是头痛，只好打定主意，改天再来。

这一次，编辑把几天前在一本杂志上看到有关作家近况的报道搬出来，并说："您的大作最近要翻译成英文，在美国出版了。"作家见对方如此关心自己，就很感兴趣地听下去。编辑又说："您的风格能否用英文表现出来？"作家说："就是这点令我担心……"他们就在这种融洽气氛中继续谈下去。

本来已不抱希望的编辑，此时又恢复了自信，获得了作家答应写稿的允诺。

我们可以看出，在交谈中出于劣势的一方常常是寻找话题的责任者。例如，在求人办事的过程中，求人者需要仔细挑选交谈的话题；在谈生意的过程中，希望合作的一方则有选择交谈话题的义务；至于在情侣的交谈场合中，

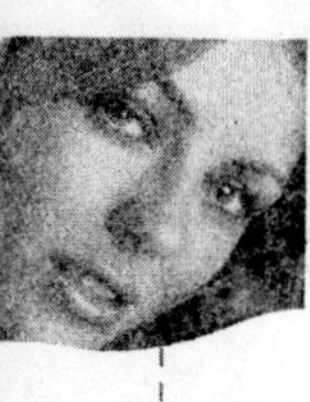

往往会听到男人喋喋不休地谈论这种或那种的事，而单位如何如何，通常是最常见的话题。那么，如果这对恋人是在同一个单位服务的话，这倒是个很不错的话题；否则，一定会使女方觉得无味。

总结起来，一般而言，以下几种话题，容易引起大家的谈话兴趣：

（1）与谈话者自身利益密切相关的话题；

（2）与谈话者兴趣、角色相关的话题；

（3）具有权威性的话题；

（4）新奇的话题；

（5）某些特殊的话题；

（6）社会和他人禁锢、保密、敏感的话题。

就算是刚认识的陌生人，彼此也一定有许多相同的地方。或是共同的兴趣爱好，或者是在籍贯、经历方面有相似的地方。总之，共同的话题可以有很多很多，只有你多花些心思，多一些锻炼，肯定能够找到。

3. 幽默的女人惹人爱

幽默往往是有知识、有修养的表现，是一种高雅的风度。大凡幽默的女人，大多也是知识渊博、辩才杰出、思维敏捷的人。

大多数成功的女人都是能言善道的，而不成功的女人大多不善言词。如果你学会了怎样说话，很容易就会获得成功。我们最喜欢和能理解我们的人说话，因为他们可以清楚地表达出对你的关心。善于说话的女人一个重要的特质是有独特的风格，而且沟通起来非常容易。比方说幽默感，这是到处都受人欢迎的说话风格。幽默是精神的缓冲剂，是女人社交中的超级武器。

一个说话处处流露出幽默感的女人是可爱的，她诙谐的谈吐、可爱的表情，会让每一个与之交谈的人都开心、愉快，更会给众人留下极深刻的印象。这样的女人必然会在众人之中脱颖而出，成为人们经常提起的热门人物。开朗大方的你，虽然很健谈，可惟独缺少幽默的艺术，不妨在你的谈话中加一些幽默的调料，给你的谈话内容加些精彩的片段。性格内向的你虽不健谈，可是一出口便是幽默连篇的句子，怎能不叫大家对你这个并不太引人注意的女人刮目相看呢？

多一些幽默的话语，给别人带来快乐，给自己的生活也增添了乐趣。

丹尼每天早上都想多睡一会，于是经常迟到，为此不知道上司厉声警告她多少次了。最后一次，上司还盯着她的眼睛说：“丹尼！要是你下次再迟

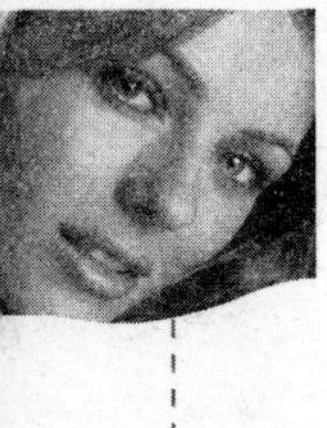

到，你就自己收拾东西，不用我多说了！”

一连好几天，丹尼都起得很早，但是这天却不巧遇到了交通堵塞。“轮胎漏气”、“闹钟坏了”、“孩子生病了”……这些理由也太不新鲜了，而且这些老一套已经不管用了，上司大概已经为解聘准备好了托词，或者说是自己造成了这一切。

等到丹尼到了办公室的时候，里面悄然无声，每个人都埋头干活。一个同事冲她使个脸色，示意老板生气了。果然，老板一脸严肃地朝她走了过来。

丹尼突然满面微笑地握住上司的手说：“你好！我是丹尼，我是来这里应聘工作的！我知道35分钟之前这里有一个空缺，我想我应该是最早来应聘的吧，希望我能捷足先登！”说完，丹尼一脸自责又充满希望地看了看上司。

办公室的同事都哄堂大笑起来，上司也忍不住笑出声来：“快点工作吧！”说完快步走出办公室兀自大笑了起来。丹尼保住了自己的工作。

这就是幽默的巨大作用。它总是能让人愉快地接受，继而喜欢这个幽默的制造者。如果一个人博得了别人的喜欢，即使他犯了错，也会被轻易地原谅。

一个懂得幽默的女人，她不一定美丽，但却是智慧的，而且善解人意的。这样的女人喜欢生活，懂得用自己的方式面对难解之情，用微笑放松自己，懂得用智慧的花香把自己熏陶得更加富有魅力。

现代女性已经完全走出了家庭，不再是专业的家庭主妇，在各个领域都端坐着许多出类拔萃的佳人，经过动荡岁月的洗炼，在生活中淘炼出达观的人生态度。这样的女人知道如何周游于社会的每个角落，无论在步行商场，还是在豪华餐厅，都传递着莺歌妙语。幽默不是餐桌上低级的笑话，也不是舌根下无聊的怨言，幽默是一种尺度适当的娱乐。

幽默的风采，玩笑和打趣，使生活更加多姿。有人说，一个没有幽默感的女人，就像鲜花没有香味，只有形，没有神，那外表的光鲜，让人感觉就是少了一口气。

一个女人要想培养幽默感，就得以一定的文化知识、思想修养为基础；多学习那些诙谐、风趣的人开玩笑的方式、方法。至于那些性格比较内向、

做事过于认真呆板的女人，要学会欣赏别人的幽默，在社交过程中尽量让自己轻松、洒脱、活泼，想办法将话说得机智、委婉、逗笑。当然，开始尝试会感到不大自如，但只要我们坦率、豁达地在与朋友的交往中不断实践，幽默感便会变得自如，往往会油然而生，使交往更加情趣盎然。

善于理解幽默的女人，容易喜欢别人；善于表达幽默的女人，容易被他人喜欢。幽默的人易与人保持和睦的关系。现实生活中常常不乏令人碰得头破血流仍然得不到解决的问题，但是，如果来点幽默，却往往会迎刃而解。使同事之间、夫妻之间化干戈为玉帛。幽默还能显示自信，增强成功的信心。信心有时也许比能力更重要，生活的艰难曲折极易使人丧失自信，放弃目标，若以幽默对待挫折却往往能够重新鼓起未来希望的风帆。

女人在运用幽默时，一定要表情自然轻松，只有这样，您才能将幽默的轻松气息“感染”到身边每个人。记住，一个看来满面愁容或神情抑郁的女人，是不可能真正地发挥幽默的魅力的。幽默的人生，是乐趣无穷的。所以，学会和善于运用幽默，会令女人的社交生活更为丰富和快乐。

需要注意的是，幽默既不是毫无意义的，也不是没有分寸的耍嘴皮，幽默要在人情人理之中，引人发笑，给人启迪，就需要女人有一定的素质和修养。

从幽默的功效来说，其形式有多种。既有愉悦式幽默、哲理式幽默，还有解嘲式幽默、讥讽式幽默。为了达到幽默的礼仪效果，女人对等同事、朋友，宜多用愉悦式幽默和哲理性幽默；对待自我、对待友人也可以根据情况适当运用解嘲式幽默；对待敌人、恶人则要用讽刺性幽默，以便在用幽默讥讽、鞭挞对方的同时，给周围的同事、朋友以愉快。

既然幽默的谈吐是一个人思想意识、智慧和灵感在语言运用中的结晶，那么，要提高说话的幽默感，我们可以从以下几个方面做些努力。

（1）高尚的情操和达观的人生态度

“幽默属于乐观者，幽默属于生活中的强者。”这话很有道理。幽默的谈吐是建立在说话者思想健康、情趣高尚的基础之上的。它对人提出善意的批评和规劝，它必然要求批评者有较高的思想境界和较佳的修养。一个心地狭

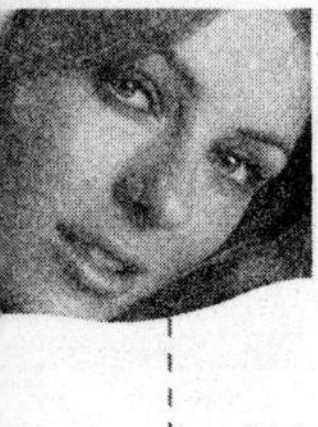

窄、思想颓废的人不会是幽默的人，也不会有幽默感的。

有乐观的信念，才能对一些不尽人意的事泰然处之。

（2）良好的文化素养和表达能力

中国人的幽默谈吐，是同他的聪明才智紧密相连的。因此，这就要求我们有良好的文化素养、丰富的文化知识。如果一个人对古今中外、天南地北的历史典故、风土人情等等各种事情都有所了解和掌握，再加上有较强的驾驭语言的能力，说话就生动、活泼和诙谐。古今中外著名的幽默大师，往往又都是语言大师。幽默并不是矫揉造作，而是自然的流露。有人非常有见地且深有感触地说："我本无心讲笑话，笑话自从口出。"其中的道理正说明了这一点。

古今中外浩瀚的书籍中，特别是在讽刺小说、喜剧剧本、漫画集锦、笑话集和寓言等作品中，幽默语言的记述甚多，不妨多多阅读这些作品，可以从中受到启发。此外，还可以多欣赏些滑稽剧、相声等文艺节目，从而开阔眼界，丰富知识。因为，幽默是在广闻博见的基础上产生奇妙联想而涌现的语言。对实际事物、对历史知识所知甚少的人，一向孤陋寡闻、离群索居或者深居简出的人，是很难具备幽默智慧的，当然也就谈不上有幽默感了。

（3）敏锐的观察力，丰富的想像力

反应迅速是幽默谈吐的特点之一。这就要求言谈者思维敏捷，能言善辩，然而这些又是对生活深刻体验和对事物认真观察的结果。敏锐的观察力不仅是从事科学研究必备的条件，也是具有幽默谈吐的重要因素。

谈吐幽默，应做到"意料之外，情理之中"。必须能够把一件平凡的事物由里往外、由外往里看个透，一两句话道出那讳莫如深的引申之意，从人们熟视无睹的现象中创造出别人所不曾问津的东西。

另外，一个人的幽默感与他的社会活动紧密相连，要使自己谈吐风趣，最好的办法是向生活学习。中外无数的大政治家、大思想家、大文豪都是极富幽默感的人，在我们的周围也不乏开朗风趣的人。跟各行各业的人聊天，你会经常意外地发现他们运用语言之妙，足以令人倾倒。在接近他们的过程中，你会增强自己语言的库存和会话的才能。

幽默，也是一种酵母，跟幽默的人在一起呆长了，自己就会受到“传染”。

（4）注意言语的健康

说话幽默风趣，切忌出语油腔滑调或低级趣味。

虽然我们不能苛刻地要求幽默的语言都要有深刻的思想意义，但一定要健康，切莫庸俗、轻浮，更不能混同无聊的调笑。

例如有的人嘲笑人家的生理缺陷，如口吃、跛脚等毛病，这是很不道德的；又如有的人对男女之间的话题津津乐道、绘声绘色、哗众取宠，博得哈哈一笑。这样非但不能表现幽默，反而只能显露庸俗和浅薄，要知道，幽默的出发点应当是善意的。

说话人含而不露的神情会增加幽默的效果。因此，谈吐宜含不宜露，宜淡不宜浓。我们每个人都有这样的体会，一个人在说笑话之前，如果自己前仰后合，笑得透不过气来，怎么叫人产生幽默之感？

另外，幽默也不能过于深奥，应通俗易懂，否则使人像猜谜一样，百思不得其解，也达不到欢娱的效果。

最后，再提一下，人们对新鲜事物更感兴趣。因此，即使是很幽默的话，讲了多遍也会使人厌烦，因此应力求新颖，言人之未言，发人之未发。

4. 见什么人说什么话

与人谈话要注意场合和身份，根据场合把握说话的分寸。根据不同的情况，场合可做多种分类，而每一类别，对说话的风格都有不同的要求。

所谓入乡随俗，注意适应性，就是说，我们在说话时要适应时间、场合以及自己的身份，否则，就会影响表达效果，也达不到交际目的。这也是人们常说的“到什么山上唱什么歌”，“是什么身份说什么话”。生活中，人是各种各样的，因此，他们的心理特点、脾气秉性、语言习惯也各不相同，由于这个缘故，也就决定了他们对语言信息的要求是不同的。所以，女人要注意见什么人说什么话，不能用统一的通用的标准语的说话方式来交流。

《战国策》曾经记载过这样一个故事：

卫国有一家人去娶新媳妇，这新媳妇一边上马车，一边指指点点地问婆家的人：“车辕两边的马是谁家的呀？”赶车人说：“是借的。”新媳妇听了这话，忙对赶车人说：“轻点打它，也别猛抽那驾辕的马！”

马车到了婆家门口，伴娘搀扶着新媳妇下了车，新媳妇又指手画脚地对伴娘说：“做完饭，要把灶里余火弄灭，不然，会失火的！”

当新媳妇走进院子，看见当路的地方有个石臼，连忙说：“快把它搬到窗户下面去，在这儿会妨碍走路的！”知道这件事的人，都笑话她。

这位新媳妇从上马车到进婆家门，一共讲了三次话，从这三次讲话的内容来看，都是很有道理的，而且非常重要。第一次，嘱咐赶车人不要猛打驾车的马，因为马是借来的，所以应该倍加爱惜；第二次，吩咐伴娘做完饭后要熄掉灶里的余火，新婚之夜，宾客乱纷纷的，稍有不慎，引起火灾，就会乐极生悲；第三次，指使仆人将妨碍走路的石臼搬到窗下，以利行人往来。可是，为什么人们要笑话她呢？原因就是她说这些话时没有考虑具体的场合与身份。她的三番话，若是在娘家说，人们会觉得她是个很体贴家人，很会过日子的好姑娘；若是结婚三天之后再说，人们则会称赞她是个善于持家的好媳妇。因为按古时候的风俗，新媳妇进门三天之内是不能多言多语的，何况是在新婚之日呢？所以虽然新媳妇的话说得很合情合理，但因说的场合不对，所处的身份不同，却受到了别人的嘲笑。

由此可见，时间、场景和身份对说话效果有着很重要的影响。所以，我们就得注意要使我们所说的话适应时间、场景和身份的要求。说话是要有对象的，对牛弹琴，无论说得再精彩也是没用的。只有女人根据实际情况，一点一滴地了解对方、熟悉对方，才能够尽其所能地施展自己的言语魅力。这对于所熟悉的人是容易做到的，但对于初次见面的陌生人，女人应该做到：边看边说，察言观色，巧妙应答。

（1）看面部表情

一个人心灵中的每一项活动都表现在脸上，刻画得很清晰、很明显。有的人口头表示赞同，但他的眉头却不知不觉地紧皱了起来，或者他的嘴唇突然紧闭，而且嘴角向下撇。这些表情恰恰是内心不愉快的流露。因此，他口头上的赞同其实是言不由衷的。

（2）看身体表情

几乎每一种体态、每一种动作都是一种特殊的语言，都在表现着一个人的内心世界。假如谈话的人双脚开立，双臂交叉在胸前，这就表明此人怀有某种敌意，他在自我防卫；而当他不仅双臂交叉，而且双拳紧握时，那就是说他不只是在自卫，而且要进攻了。又如一个谈话者常常摊开双手，这表明此人是真诚坦率的，对人毫无提防之心。

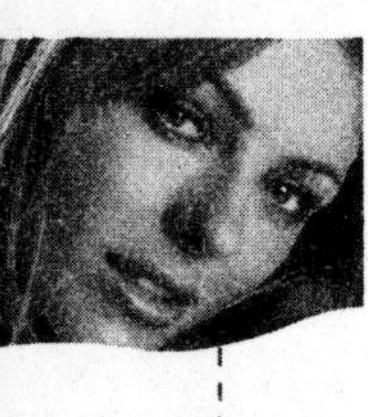

（3）看语言表情

与人交谈时，女人不但要看他说什么，而且还要看他怎么说。这就要从对方说话声音的高低、强弱、快慢、腔调等等听出他的言外之意、弦外之音。这是因为说话声音的种种变化不但是表现一个人的性格，而且能够表明一个人的情绪与心境。例如急性子的人说话节奏快、声音响亮；慢性子的人说话节奏缓慢，声音低沉；忧伤时的人语速慢、声音低、节奏平缓；而兴奋时的人则语速快、声音高、节奏强烈等等。

“看人说话”主要是注意捕捉上述三种表情。从这些表情变化中女人便可随时猜度对方的心理状态，透视对方的心理需要，然后随时调整自己说话的内容与方式，并透过巧妙机智的言语获得预期的良好效果。

现实生活中，因为不了解对方的性格、志趣或者没有猜准对方心意而无意引起对方反感，甚至伤害对方的事是屡见不鲜的。对一个做事雷厉风行、说一不二的人，你却慢条斯理，沿着羊肠小道跟他“绕圈”，只会让他不耐烦甚至躁动发火；对一些优柔寡断的人，你也采用优柔寡断的态度与他交涉，常常会因为表达含糊，词义暧昧而使交易告吹；如果你的领导是个呆板而不懂幽默的人，你最好不要对他开玩笑。假如你偏用幽默的言语跟他讲话，他可能会骂道：这个家伙，尽跟我说些无聊的话！对一些爱露锋芒的人，你若任他肆意妄为，你们的交往可能会由于你们之间产生相互警惕以至嫉妒而遭失败。对一些“假正经”（心里想的跟嘴里说的相反），你若真跟他“正经”，那你可不会给别人留下好印象。

错估对方的性格特征，会使交往受到阻碍。这方面处理的一个基本原则是采取与对方性格特征相反的态度。不过，这也只是个基本点，要参考着用，如果对一个生性懦弱的人采取强硬的态度，当然会遭到对方的反感。许多事例告诉我们：如果你没把握住对方的性格，必将陷入难以自拔的困境，所以你务必留意。

所以说，“见什么人说什么话，因人而异”是非常必要的，否则就会犯“对牛弹琴”的错误。

在一般情况下，运用“因人而异”要考虑以下几个方面：

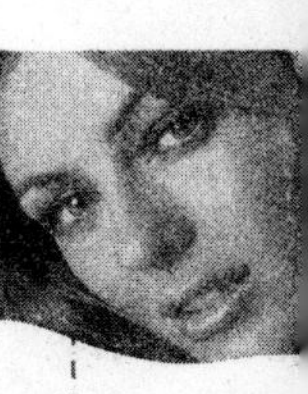

（1）根据性别的差异。对男性，需要采取较强有力的劝说语言；对女性，则可以温和一些。

（2）根据年龄的差异。对年轻人，应采用煽动的语言；对中年人，应讲明利害，供他们斟酌；对老年人，应以商量的口吻，尽量表示尊重的态度。

（3）根据地域的差异。对于生活在不同地域的人，所采用的劝说方式也应有所差别。比如，对于我国北方人，可采用粗犷的态度；对于南方人，则应细腻一些。

（4）根据职业的差异。不论遇到从事何种职业的人，都要运用与对方所掌握的专业知识关联较紧的语言与之交谈，这样对方对你的信任感就会大大增强。

（5）根据性格的差异。若对方性格直爽，便可以单刀直入；若对方性格迟缓，则要“慢工出细活”；若对方生性多疑，切忌处处表白，应该不动声色，使其疑惑自消。

（6）根据文化程度的差异。一般来说，对文化程度低的人所采用的方法应简单明确，多使用一些具体的数字和例子；对于文化程度高的人，则可以采取抽象的说理方法。

（7）根据兴趣爱好的差异。凡是有兴趣爱好的人，当你谈起有关他的爱好这方面的事情时，对方都会兴致盎然，同时，对你无形中也会产生好感。因此，如果你能由此入手，就会为下一步的劝说工作打下良好的基础。

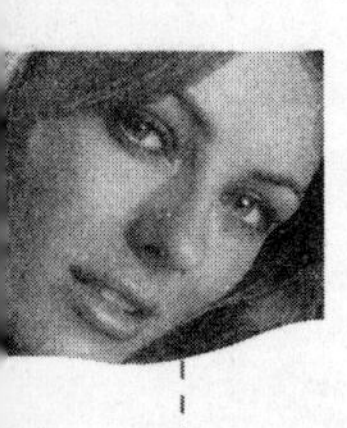

5. 沉默让语言更有力量

沉默是语句中短暂的间隙，是超越语言力量的一种高超的传播方式。恰到好处的沉默能收到“此时无声胜有声”的效果。

大部分女人是感性的，所以也就喜欢用语言去表达自己，女人天生的好奇心也会让自己什么事情都问个明白，讲个清楚。如果一个女人整日喋喋不休，男人就会厌烦。因此，女人在掌握表达技巧的同时，还要学会在适当的时候保持沉默，有时无声胜有声。

有位著名的女谈判专家替她的邻居与保险公司交涉赔偿事宜。

理赔员先发表了意见：“女士，我知道你是谈判专家，一向都是针对巨额款项谈判，恐怕我无法承受你的要价，我们公司若是只出100美元的赔偿金，你觉得如何?”

女专家表情严肃地沉默着。根据以往经验，不论对方提出的条件如何，都应表示出不满意，此时，沉默就派上用场。因为，当对方提出第一个条件后，总是暗示着可以提出第二个、第三个……

理赔员果然沉不住气了：“抱歉，请勿介意我刚才的提议，再加一些，200美元如何?”

良久的沉默后，女谈判专家开腔了：“抱歉，无法接受。”

理赔员继续说：“好吧，那么300美元如何?”

女专家过了一会儿，才说道：“300美元？嗯……我不知道。”

理赔员显得有点慌了，他说：“好吧，400美元。”

又是踌躇了好一阵子，女谈判专家才缓缓说道：“400美元？嗯……我不知道。”“那就赔500美元吧！”

就这样，女谈判专家只是重复着她良久的沉默，重复着她的痛苦表情，重复着说不厌的那句缓慢的话。最后，这件理赔案终于在500美元的条件下达成协议，而邻居原本只希望能要到300美元！

沉默所表达的意义是丰富多彩的，它以言语形式上的最小值换来了最大意义的交流。沉默既可以是无言的赞许，也可以是无声的抗议；既可以是欣然默认，也可以是保留观点；既可以是威严的震慑，也可以是心虚的流露；既可以是毫无主见、附和众议的表示，也可以是决心已定、不达目的决不罢休的标志。当然，在一定的语境中，沉默的语义是明确的，就像乐曲中的休止符一样，它不仅是声音的空白，更是内容的延伸与升华，是对有声语的补充。

与人相处时，特别是遇到问题产生不同看法时，适时的沉默，并不意味着胆怯、畏缩和无能，反而意味着理解、宽容和尊敬，更容易起到沟通感情和解决问题的作用。如在与人交谈时，适时的沉默与作曲家认为两音符之间的空白与音符本身同样重要的道理是一样的。适时的沉默，既能体现出人的学识修养，也能避免说出效果不够理想的言语——言多必失；当然，我们并不是主张回到那种“万马齐喑”的沉闷局面，那是对人们心灵的严重压抑。

心理学家则认为：适时沉默能使说话者变得冷静，肩部和嘴部的肌肉放松，会更加心平气和，语言流畅。适时沉默是一种明智的行为。

沉默是一种品格，沉默也是一种境界，沉默使人获得力量，沉默的人生是智慧的人生，沉默的境界是有力量的境界。生活总是无端地冒出许多烦恼，喧嚣的世界又总是扰得人不得安宁。所以，女人要学会适当的保持沉默，也就找到了摆脱烦恼的最好方法。许多时候，女人的沉默比大声吵闹更能表达自己的思想，沉默更具有摄人心魄的力量。沉默时，思路更加清晰，更容易找到解决问题的办法。默默地思想，默默地探求，人生总会迎来新的一天。

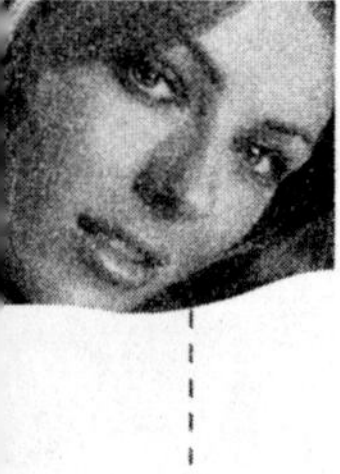

喜欢沉默的女人，并不都是讷于言谈，而整日喋喋不休的女人，则多是缺乏自信和主见的表现。

女人的一生，应是极力显示自身价值的过程，应该以自己的方式去生活，如果把自己变成别人的赝品，又如何去创造生活、迎接挑战呢？然而，在现实生活中，沉默总能给女人意想不到的力量。面对流言蜚语，女人如果学会适当的保持沉默，把来势汹汹的敌意化解，一切充满肮脏的言语就尽可化为乌有；面对失败，女人如果能学会适当的保持沉默，俯视人海，就能重扬奋斗的风帆。

适当的沉默带来力量的同时也带来孤独，但正是有了这种孤独，女人才有了脱俗和庸俗之分。孤独也是力量，是灵魂悸动后的慎重，是情感喧嚣后的缄默，是剔除浮躁后的宁静，是拒绝平庸后的坎坷，是抛弃浅薄后的深刻，是不再徘徊后的坚定。在孤独中，一个女人拥有那份属于自己的宁静，能焕发内心的潜能，从而使女人在人生短暂的季节里创造出惊人的辉煌。

所以说女人要学会适时沉默，在沉默中，发掘自身力量，找回一个真实的自我；在沉默中，享受孤独，每次孤独，都是一次进取；每次孤独，都是在人生路上实力的一次提升！

沉默可以让一个女人矜持、恬静，在男人的眼里也就温柔和宽容了许多。让男人不知道你在想什么，这时候的男人往往有一种征服的欲望，这种状态也许会让女人在男人的眼里更具魅力。而不是从他面前走过时像空气。做到恰倒好处的沉默是很难，可以在自己难以控制自己的情绪时去看书，让书籍充实自己的生活。看书可以让女人充满灵性，让自己变的聪慧和内秀。同时也会得到很多生活的感悟。

沉默对一个女人来说，可以得到更多关爱。沉默是金，可惜许多女人都不知“金”在何处。其实在生活中，特别是在关键、急躁、生气时，每一句话，如果不说，可能更有价值。

日常生活当中，女人要想得到幸福，懂得该沉默的时候就要沉默又是何等重要的一件事情。懂得了又能做到的就更不是容易练就的本事。

学会沉默的女人最美丽。美丽一旦到了这种地步，能获得男人一生的珍惜关爱，幸福地共度一生。所以说，无论在什么时候，女人都要学会沉默当中的技巧，该说的一定要说，不该说的就一定要保持沉默。

在日常交往中，沉默往往会给你带来益处。在某些场合，沉默不语可以避免失言。许多人在缺乏自信或极力表现得礼貌时，可能会不假思索地说出不恰当的话给自己带来麻烦。

研究谈话节奏的学者们认识到，有张有弛的谈话在人际交往中至为重要。《谈话的艺术》的作者、心理学教授格瑞德·古德罗解释说："沉默可以调节说话和听讲的节奏。沉默在谈话中的作用就相当于零在数学中的作用。尽管是'零'，却很关键。没有沉默，一切交流都无法进行。"

6. 难言之时学会巧开口

在说话办事的时候，由于时机与环境的限制，个人的见解与看法有可能难以言表，但对于重要的话又不可不说，否则便阻塞了沟通的渠道，这时，只有用机巧的说话方式导入，才能将话说出口而不觉为难。

当我们遇到麻烦事想求助他人时，会觉得不知怎么开口，多少有些不好意思。而事实上，只要掌握了一定的口才技巧，就不会觉得开口是件难事了。

难言之时如何开口，以下几点对我们可能有所帮助。

(1) 声东击西，委婉开口

倘若我们的朋友、长辈不慎有所差错，但在众目睽睽之下，又不便当面指出，有口难开时，可以采用“声东击西”的方式，也就是用提醒身旁人的方法，使朋友、长辈能自己慢慢察觉，而后纠正过失。如此一来，不但能收到我们所期望的效果，更能替他们解围，岂不是一举两得吗？

在芸芸众生中，每个人都有他独特的性情、特殊的兴趣与不同的生活态度，因此，在与人沟通上，常常会产生观念上的冲突。所以如何适当地表达自己的意见，更好地让对方接受，实为现代社会一个重要课题。

当我们的意见和观念与人不同时，首先，应当给予对方发表意见的机会，并且表明我们已接受了他的观点，尔后再委婉地述说自己的意见，这样就可

以和谐地交流了。

比如，当对方表达了他的观念，而我们无法认同时，我们可以说："不错，你的看法细密周到……但我认为在那种场合应……"不但能表现出自己的涵养，又能坚持自己的立场。

凡此种种，皆是我们立身处世所不可忽视的。

（2）注视对方眼睛，大方开口

我们都知道，眼睛是一个人的灵魂之窗，可以说是传递人类心灵语言的重要工具。通过眼神，可以看出一个人的心意；通过眼神的交流，也可交换彼此的感受。

"言有尽而意无穷"，放在说话技巧上也恰到好处，因为有时语言无法完全表明我们的心思意念。在这种情形下，彼此心灵间的沟通，就必须靠彼此眼神的交流。因此，无论是要拒绝别人，或是责备他人等等，不妨也试试此法，也许更能达到我们的目的。

眼睛既是灵魂之窗，当然我们一切的言谈，不论是请求、询问，还是劝戒，都可从眼神及态度上表现出来。随着视线高低的不同，说话的语气自然不同。若是我们为了答谢别人的恩惠，我们的视线应是由下往上注视，用一种澄澈的眼神向对方表示感谢，并随着眼光自然地说出感激之言，别人就会体会到你的由衷之言而感到十分高兴；如果我们因错误而需得到别人的宽容，应在主动承认的同时，视线向下并说出道歉之语，也会得到别人的谅解。

（3）注重仪容礼节，诚恳开口

身为现代人，必须与他人建立起和谐的人际关系，彼此互相扶持，由此共谋事业的发展，而这一切的一切，都须依靠一个条件，那就是亲切热情的态度，端庄大方的举止。

比如说，一个态度亲切、举止端庄的人，给别人的第一印象必是一种温文尔雅的绅士风度；反过来说，若是我们看见一个举止粗野、蓬头垢面的人，即使他有满腹经纶，也会让人敬而远之。由此可见，只有在说话技巧与合宜举止的充分配合下，才能圆满达成彼此的交流。

在日常生活中，我们常要求别人要有礼貌，要守秩序，然而有时自己却

疏忽了。这个社会是一个互动性很强的社会，我们怎样对待别人，别人也会怎样对待我们。因此，只要我们处处以礼待人，真诚恳切，那么在打交道的时候便更能轻松自如。

求人办事想要获得好的结果不是件容易的事情。所以，要使对方心甘情愿为你帮忙，就必须练就一副铁嘴铜牙。

7. 倾听使女人更美丽

在谈话的过程中，如果能耐心地倾听对方说话，这就等于向对方表示了你的兴趣，等于说是告诉对方“你说的东西很有价值”，或“你很值得我结交”。无形中，你让说者的自尊得到了满足，使他感到了自己说话的价值。

会倾听的女人是迷人的。她温柔的注视，她赞同的频频点头，她始终保持微笑的表情，会让每一个倾诉者为之赞美和欣赏。

古人将那些善于倾听的女人名为解语花，真是一个绝妙好词。聪明的女人不但是一朵鲜艳的花，更重要的是一朵解语花。

每一个人都渴望被倾听，当一方在侃侃而谈时，他总是希望对方在专心致志地聆听。只有感觉到别人对自己的欣赏时，一个人才会更加自信。因此，学会聆听，做一个合格的聆听者，不仅是一种与人交往中的文明礼貌行为，也是表达对他人的欣赏和帮助他人建立自信心的重要方式，同时也将有助于自己获取信赖，赢得友谊。倾听者的魅力在他人面前会迅速增加。

“倾听，你倾听得越久，对方就会越接近你。据我观察，有些业务人员喋喋不休。上帝为何给我们两个耳朵一张嘴？我想，意思就是让我们多听少说！”凯丽娜·吉拉德对这一点的感触很深，因为她从她的客户那里学到了这一道理。

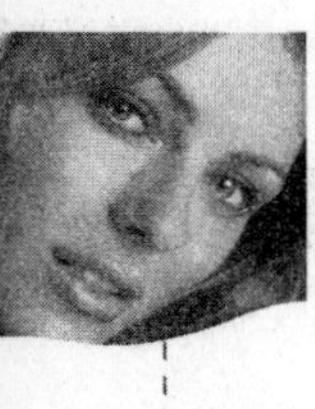

凯丽娜花了近半个小时才让一个客户下定决心买车，而后，凯丽娜所需要做的只不过是让他走进凯丽娜的办公室，签下一纸合约。

当两人向她的办公室走去时，那人开始向她提起他的儿子，因为他儿子就要考进一个有名的大学了。他十分自豪地说："凯丽娜，我儿子要当医生。"

"那太棒了。"凯丽娜说。当他们继续往前走时，凯丽娜却看着其他的人。

"凯丽娜，我的孩子很聪明吧，"他继续说，"在他还是婴儿时我就发现他相当聪明。"

"成绩非常不错吧?"凯丽娜说，仍然望着别处。

"在他们班是最棒的。"客户又说。

"那他高中毕业后打算做什么?"凯丽娜问道。

"我告诉过你的，凯丽娜，他要到大学学医。"

"那太好了。"凯丽娜说。

突然，那人看着他，意识到凯丽娜太忽视他所讲的话了。"嗯，乔，"他说了一句，"我该走了。"就这样他走了。

第二天上午，凯丽娜给那人的办公室打电话说："我是凯丽娜·吉拉德，我希望您能来一趟，我想我有一辆好车可以卖给您。"

"哦，伟大的业务员小姐"，他说，"我想让你知道的是我已经从别人那里买了车。"

"是吗?"凯丽娜说。

"是的，我从那个欣赏、赞赏我的人那里买的。当我提起我对我的儿子吉米有多骄傲时，他是那么认真地听。"

随后他沉默了一会儿，又说："凯丽娜，你并没有听我说话，对你来说，我儿子吉米成不成为医生并不重要。好，现在让我告诉你，你这个笨蛋，当别人跟你讲他的喜恶时，你得听着，而且必须全神贯注地听。"

顿时，凯丽娜明白了她当时所做的事情。凯丽娜此时才意识到自己犯了个多么大的错误。

"先生，如果那就是您没从我这儿买车的原因，"凯丽娜说，"那确实是个不错的理由。如果换我，我也不会从那些不认真听我说话的人那儿买东西。

那么，十分对不起。然而，现在我希望您能知道我是怎样想的。”

“你怎么想?”

“我认为您很伟大。我觉得您送儿子上大学是十分明智的。我敢打赌您儿子，一定会成为世上最出色的医生。我很抱歉让您觉得我无用，但是您能给我一个赎罪的机会吗?”

“什么机会?”

“如果有一天您能再来，我一定会向您证明我是一个忠实的听众，我会很乐意那么做。当然，经过昨天的事，您不再来也是无可厚非的。”

3年后，他又来了，乔卖给他一辆车。他不仅买了一辆车，而且也介绍了他许多的同事来买车。后来，凯丽娜还卖了一辆车给他的儿子——吉米医生。

看来做一个谦虚忍耐的听者，是谈话艺术当中一项相当重要的条件。因为能静坐聆听别人意见的人，必定是一个富于思想和具有谦虚柔和性格的人。这种人在人群之中，起初也许不大受注意。但最后则是最受人尊敬的。因为他虚心，所以，为任何人所喜悦；因为他善于思维，所以，被众人所信仰。那么，怎样做一个良好的听者呢？第一是要真诚。别人和你谈话的时候，你的眼睛要注视着他，无论对你说话的人地位比你高或低，眼睛注视着他，是一件必要的事情。只有虚浮，缺乏勇气或态度傲慢的人才不去正视别人。别人对你说话时，不可做着一些绝无必要的小动作，使对方认为他的话无关紧要。

愿意倾听别人，就等于表示自己愿意接纳别人，承认和重视别人。如果你能面带微笑，用一种专注而又迫切的眼光看着他，那会让人感觉你是欣赏他的。在这种氛围里，对方会充分地展现自己。如果一个人总善于让别人在你面前有一种强烈的表现欲，那你定能主动、积极地做个好朋友，做个好领导。如果一个职员向你这个经理提建议，即使开始还有点紧张，但你的倾听会使他马上感到放松和自信。倾听是一种无言的信任。

注重倾听的人总是善于理解和沟通的。当一个为成功而喜悦的人面对一个微笑着倾听的朋友时，他会感到这位朋友是理解他的，也是为他而高兴的。当一个因失恋而愁眉苦脸的人面对一个表情凝重而专注倾听的朋友时，她会

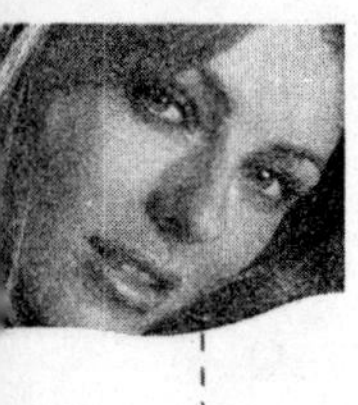

感到自己的痛苦朋友能理解，虽然朋友没能提出如何重获爱情的好建议，但她已感到自己得到了一点心理安慰。倾听是一种愿意和朋友分担喜悦或忧愁的表示。

注重倾听的人肯定是其他人成功或失败时首先寻找的对象，他们有话会对你说，有苦会向你诉，他们毫不顾忌地向你敞开心扉。通用公司的全体员工平均每人一年要提出十个左右的建议，可以肯定公司的经理们个个都是善于倾听的。

每个人要做到善于倾听还得注意一些技巧。

（1）耐心的耳朵

不要在别人说话的时候打断别人，任由自己发挥。这种不礼貌的行为会扰乱对方的思路或者抢了对方的风头，因此让他耿耿于怀。时刻记住：当别人说话时闭上你的嘴！让你的耳朵保持顺畅。

即便对方言语乏味，你也要耐着性子聆听。因为别人对你说的话不会感兴趣，除非他已经说完。

（2）虚心的精神

不管你的地位高于还是低于对方，都要特别注意自己听话时的诚意和态度，且必须以真诚、虚心的态度来倾听，否则你永远不能了解到隐藏在这些言语后面的真实情况和别人内心的想法。

面对下属的牢骚或抱怨，甚至是偏激的用语，上司如果态度冷漠，摆出高傲的姿态，爱理不理，他将失去了解隐藏在这些怨言背后情况的机会；当孩子兴致勃勃地讲述和表达自己观点的时候，如果父母心不在焉，根本就不当一回事，时间一长，孩子就会疏于和家长交流，甚至对自己的表达能力自卑；老人的叮嘱若总被晚辈认为是啰嗦的废话，两者的代沟会越来越深；夫妻如果总不屑于听取对方的建议，终会因为不信任产生隔阂，重则感情决裂。

高傲和自以为是让人厌恶和排斥，只有虚心才能给人平等和尊重的感觉，这才是获得好人缘的基础。

（3）表情是面镜子

让你的表情和对方的神情与内容一致。如果对方说出的是幽默笑话而你却一脸愁苦，别人势必认为你在想自己的心事。如果对方讲到紧张处的时候你能屏声静气，那无疑会让对方产生一种成就感。

总之，用你所有的感官去倾听，这样才真正充分利用了这门艺术并发挥到了极致。

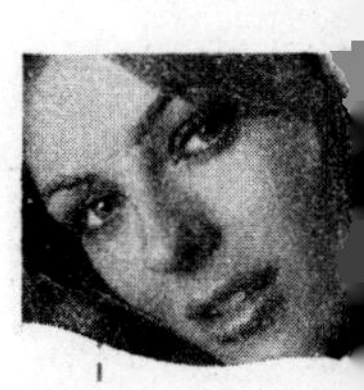

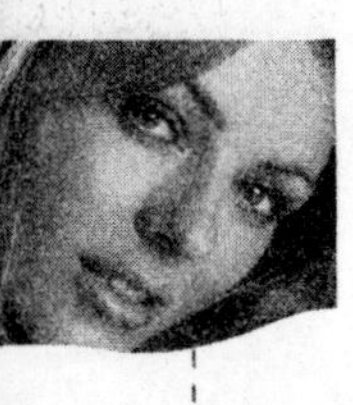

8. 先声可以夺人

作为女人要注意：请求别人时礼貌些、告诫别人时婉转些、对人说话时温和些、与人交谈时小声些。这样，既为别人也为自己的形象，更为我们的社交处世营造出一个文明、和谐的环境。

虽然遗传因素决定了一个人的声音，但是你还是可以通过后天的努力，让其优美。想想那些影视歌星们，她们充满个性和魅力的声音无不是他们受欢迎的原因之一。

良好的词汇能使你的谈话活泼生动，不过这都得靠声音传送。遣词与声音决定了女人的沟通能力，以及公众对女人的看法，这种影响不论是公事或与朋友交往都无时不在。

托德妻子的脾气很暴躁。一天，因为家里的猫把碗打碎了，他妻子便开始大声骂起来。她的声音实在是很高，而且极有穿透力，连整栋居民楼的人都听见了。如此刺耳的声音，感觉就像尖锐的铁器划在了锅底上。

托德连忙把书和椅子搬到阳台上大声地朗读起诗歌来。他的儿子带着取经一般虔诚的神情问他的父亲："爸爸，这个方法管用吗？根据我的经验，她的声音只会比你的更高！"

"对，不会管用，这个我也知道，但是至少这里的人们不会猜疑是不是我拿着刀在割她的脖子！"

首先，这里所说的“先声可以夺人”，并不是让你用托德妻子那样的声音去“激荡人心”，要告诉你的是：借助优美、悦耳的声音你能成为一个招人喜欢的女人。

很多人完全不晓得自己的声音听来怎样，当有机会听到自己的录音时，通常会大吃一惊：“这是谁的声音？我的声音不是这样的。”事实上，我们平常所听到的只是自己说话声的回响，和别人从外界听到的不一样，也和录音带里的声音不同。

有时说话声音难听，恐怕自己也很难察觉到，由于家人和朋友都已习惯你的声音，所以并不在意，也不会告诉你他们的想法。懂得如何美化声音是宝贵的资产，因为难听的声音可能阻碍事业发展，也必然影响人际关系。得体的表达，不仅仅表现在口若悬河、口舌生花，更要让人听得顺耳。叫人着迷的语言还应该表现在说话发音、说话的语调、说话的节奏、说话的音量及说话的速度等方面。

（1）注重自己说话的语调

语调能反映出一个人说话时的内心世界、情感和态度。当你生气、惊愕、怀疑、激动时，你表现出的语调也一定不自然。从你的语调中，人们可以感到你是一个令人信服、幽默、可亲可近的人，还是一个呆板保守，具有挑衅性，好阿谀奉承或阴险狡猾的人。你的语调同样也能反映出你是一个优柔寡断、自卑、充满敌意的人，还是一个诚实、自信、坦率以及尊重他人的人。

无论你谈论什么样的话题，都应保持说话的语调与所谈及的内容互相配合，并能恰当地表明你对某一话题的态度。要做到这一点，你的语调应能：

①向他人及时准确地传递你所掌握的信息；

②得体地劝说他人接受某种观点；

③倡导他人实施某一行动；

④果断做出某一决定或制定某一规划。

（2）注意你的发音

我们所说出的每一个词、每一句话都由一个个最基本的语音单位组成，然后加上适当的重音和语调。正确而恰当地发音，将有助于你准确地表达自

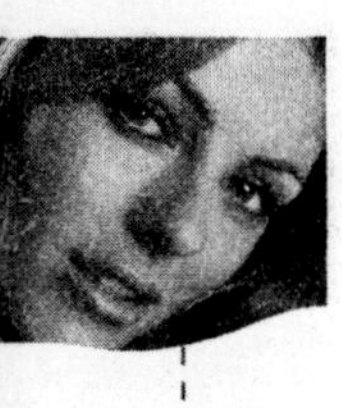

己的思想，使你心想事成，也是提高你的言辞智商的一个重要方面。只有清晰地发出每一个音节，才能清楚明白地表达出自己的思想。

相反，不良的发音将有损于你的形象，有碍于你展示自己的思想和才能。如果你说话发音错误并且含糊不清，这表明你思路紊乱、观点不清，或对某一话题态度冷淡。当一个人没有很大的激励作用而又想向他人传递自己的信息时通常如此。令人遗憾的是，许多管理人员经常出现发音错误并养成了一种发音含糊的习惯。有些人养成了他们自以为是的一种老板式的说话腔调，说话哼哼嗯嗯，拖腔拉调。他们还以此为得意，认为这样才体现出自己的威严及与众不同。但其结果可能是适得其反，因为这种“官话”会使下属感到极不自然，从而产生一种本能的抵制情绪。

(3) 不要让发出的声音尖得刺耳

我们每个人的音域范围可塑性很大，有的高亢，有的低沉，有的单纯，有的浑厚。说话时，你必须善于控制自己的声音高度。高声尖叫意味着紧张惊恐或者兴奋激动；相反，如果你说话声音低沉、有气无力，会让人听起来感觉缺乏热情、没有生机，或者太过自信，不屑一顾，或者让人感觉到你根本不需要他人的帮助。

有时，当我们想使自己的话题引起他人兴趣时，便会提高自己的音调。有时，为了获得一种特殊的表达效果，又会故意降低音调。但大多数情况下，应该在自身音调的上下限之间找到一种恰当的平衡。

(4) 不要用鼻音说话

当你用鼻腔说话时，发出的声音让听者十分难受。在日常生活中，我们经常听到“嗯……哼……嗯……”的发音，这就是鼻音。如果你使用鼻腔说话，第一次见面时绝对不可能引人好感。你让人听起来似在抱怨、毫无生气、十分消极。有些人将“哼嗯”这种鼻音视为一种时髦的和别人交谈时，选择合适的速度以引起他人的注意。任何情况下都不能吞吞吐吐。否则，你除了被冠以“思维迟钝”之外，也许还会被认为是个傻瓜。偶尔的停顿无关紧要，但不要在停顿时加上“嗯”或紧张不安地清一下嗓子。

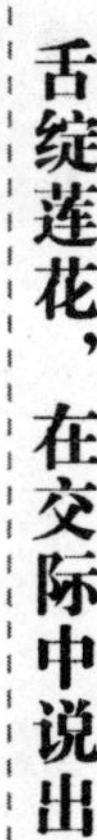

9. 他人的“逆鳞”碰不得

用丑语诋毁自己并不了解的人和事，只会显露出自己的浅薄无知。因为很多时候，诋毁他人的人不仅没能贬低了别人，相反却会让人注意到她自己的丑恶和无知。

在中国素有所谓“逆鳞”之说，即使再驯良的龙，也不可掉以轻心。传说中，龙的喉部之下约直径一尺的部分上有“逆鳞”，全身只有这个部位的鳞是反向生长的，如果不小心触到这一“逆鳞”，必会被激怒的龙所杀。其他的部位任你如何抚摸或敲打都没关系，只有这一片逆鳞无论如何也接近不得，即使轻轻抚摸一下也犯了大忌。

在公共汽车上，有两位女士不知为什么发生了龃龉。年轻的是一个相貌平平、打扮时髦的女孩，年长的是一位气质高雅的中年妇女，从她的相貌来看，她年轻时一定非常漂亮。也许女孩理亏，就用自己在年龄上的优势作为武器，竟然嘲笑那位中年妇女是“老菜皮”。而那位中年妇女并没有用脏话反击她，而是嘴角带着几分微笑慢慢地说：“你也会老的，但是你却永远不会好看。”车厢里的人都哄笑起来，那女孩立即哑口无言了。

是啊，这句话太精辟太富有哲理了。

我们每一个人都有年轻的时候，但我们不是每一个人都曾经漂亮。就像那个年轻女孩，她的年轻其实那位老年妇女也曾经有过，但是那位老年妇女

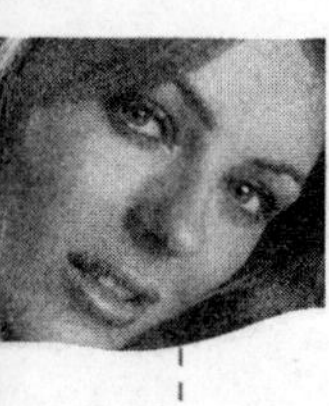

的漂亮，那个年轻女孩却永远不会拥有。即使用现代化高超的整容手段重新打造她的面容，那也是别人手下的“作品”而不是她自己的长相。

不仅如此，那个女孩还很浅薄，因为她竟以年轻作为吵架的资本，嘲笑反映着自然规律的皱纹和白头发，似乎认为她不会有老的时候。所以在我看来，她除了年轻以外几乎什么都没有，实在浅薄得很，真可谓“不悔自家无见识，反将丑语诋他人”。

事物总是相辅相成的。用丑语诋他人，往往是最缺乏知识的人。在公共场所，我们不是经常可以听见那种自以为是得令人发笑的评说吗？

一年夏天，王女士到一家时装商店选购连衣裙。她看中了一条纯白色、腰间打着皱裥的连衣长裙。因为她个子很高而且比较瘦，所以对服装颜色和款式的选择范围可以比较大。她正在试穿着，忽然听到身后有一个大嗓门的女士说：“这条裙子蛮好看的，可惜阿拉囡儿胖得像山东人一样难看，这种样式的裙子她穿不下的！”

王女士是山东人，因此听到有关对山东人的评论自然就会比较注意。于是她回头看去，只见说话的是一位长得比较矮胖的中年妇女，估计她女儿的身材也和她差不多。于是，好开玩笑的王女士假装没弄明白她的话的意思，笑嘻嘻地对她说：“哎呀，你也是山东人啊？我和你是同乡嘛！”

那位中年妇女一听王女士这么说，仔细打量了王女士一下，忽然变得很尴尬，连忙转身走了。这时周围的女士们都笑了起来，因为尽管王女士比她高很多，但这个正宗山东人的“吨位”却绝不是她的对手。

用丑语诋毁自己并不了解的人和事，只会暴露出自己的浅薄和无知。单纯的无知并不可笑，因为我们即使从记事起就开始学习，到老还有许许多多不了解不明白的事。可笑的不是无知，而是不知自己无知的浅薄。就像公共汽车上的那个女孩，如果她没有嘲笑那位老年妇女的年龄，那么在别人眼里她大约是个虽然不怎么漂亮，但却焕发着青春气息的清纯女孩。然而她的丑语却使她显得既浅薄又粗俗：就像那个时装店的中年妇女，如果她不用丑语形容山东人，那么在大家看来她不过是个长相普通的平常妇人，然而她的丑语却使人们注意到她自己不仅长得丑，而且还很粗鄙浅薄。

所以说，不要用丑语诋毁自己并不了解的人和事，否则只会显露出自己的浅薄无知。因为很多时候，诋毁他人的人不仅没能贬低了别人，相反却会让人注意到他自己的丑恶和无知。

针对不同的对象，语言的使用要很有分寸，要运用得贴切，恰到好处。对自己的言谈举止，也一定要小心谨慎，特别是不要触动对方可能禁忌的话题。至少应注意以下几点：

（1）不要说大话，过于卖弄自己

夸口、说大话、“吹牛皮”者，常常是外强中干，其目的只不过是为了引起大家对他的关注，以满足自己的虚荣心。朋友、同事相处，贵在讲信用。不能办到的事，胡乱吹嘘会给人以巧言令色，华而不实之感。过于卖弄自己，显示自己多么有才华，知识多么渊博，对方会觉得相形见绌，感到难堪，这也不利于双方的交往。

（2）不要喋喋不休地诉苦，发牢骚

内心有痛苦、积怨、烦恼、委屈，虽需要找人诉说，但不能随便地在不太熟悉的、不太亲密的人面前倾诉。一是对方可能没有多大兴趣；二是不了解你的实际情况，很难产生同情心；三是可能误解你本身有毛病、有缺点，所以才有这么多的麻烦。你的发泄若招致对方的厌倦，就极为不妙了。所以，要保持心理上的镇定，控制自己，力争同任何人的谈话都有实际意义。

（3）在朋友失意时，不要谈自己的得意事

处在得意日，莫忘失意时。朋友向你表露失落感，倾吐心腹事，本意是想得到同情和安慰。你若无意中把自己的自满自得同朋友的倒霉、失意相对比，无形中会刺激对方的自尊，他也许会认为你是在嘲笑他的无能，这样的误会很难消除，所以讲话千万要慎重。

（4）不要用训斥的口吻

朋友、同事间的关系是平等的，不能自以为是，居高临下，惟我独尊。盛气凌人的训斥会刺伤对方的自尊心。这种习性将使你成为孤家寡人。人类有一种共同的个性，没有谁喜欢接受别人的命令和训斥。不要自以为是，要为别人保住面子。

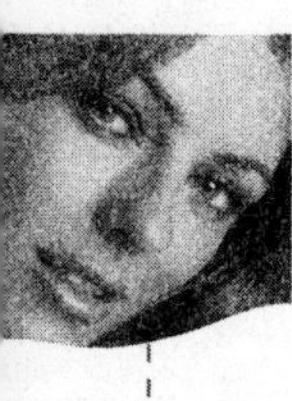

（5）不要扬人隐私

任何人都有隐私，在心灵深处，都有一块不希望被人侵犯的领地。现代人极为强调隐私权。朋友出于信任，把内心的秘密告诉你，这是你的荣幸。但是你若不能保守秘密，则会使朋友伤心，同事怨恨。隐私是人的心灵深处最敏感、最易激怒、最易刺痛的角落。当面或背后都应回避这类话题。

（6）交谈时，不要伴随一些不礼貌的动作

为尊重对方，必须保持端庄的谈话姿态。抖腿、挖鼻孔、哈欠连天等都是不礼貌的。尤其不要一直牢牢地盯住别人的眼睛，这会使对方觉得窘迫不安；也不要居高俯视，这会给人以高高在上的感觉；不要目光乱扫，东张西望，这会使对方觉得你漫不经心或另有他图。

（7）不要只关注一个人

在和三人以上的多人交谈时，不能只关注一个人而冷落旁人。最好是一个话题唤起大家的兴趣，令众人都发表见解。

（8）不要中间把话题岔开或转开

话题被打断，会让对方产生不满或怀疑的心理，或者认为你不识时务、水平低、见识浅，或者认为你讨厌、反感这类话题，或者认为你不尊重人，没有修养。如此，双方便无法建立起亲密的关系。

（9）不要滔滔不绝地谈对方生疏的、不懂的话题

你所熟悉的专门的学问，对方不懂，也没有兴趣，就请免开尊口。滔滔不绝地介绍这方面的内容，对方会产生错觉，或认为你很迂腐，或认为你在卖弄，或觉得你是在有意使他难堪。

（10）出现争辩时，不要把人家逼到山穷水尽的地步

当将要陷入顶撞式的辩论旋涡之中的时候，最好的办法是绕开它。针锋相对、咄咄逼人的争辩只能屈人口，不能服人心。

所以在交谈中，必须坚持“求同存异”的原则，不必把自己的观点强加于人。

会说话的人会避开这个雷区，只有那些做人不灵活的人才会踏人这个可能让自己毁灭的地方。

第三章

胆大心细的女人赚大钱

人生就是一场博弈。敢冒风险的人，才能赚取最多的钱，在事业上才能取得最大成功。女人只要消除自己的一身娇气，敢闯敢拼，敢于吃苦，就能增加自己成功的筹码。

1. 心态决定女人的命运

一个女人能否成就人生，首先在于其是否拥有一个成功者的心态。虽然有些女人对自己的认识有一定的局限性，并会受到周围环境的制约，但心中怕做强人，注定就是弱者。

我们必须面对这样一个事实：在这个世界上，成功卓越的女人少，失败平庸的女人多。成功卓越的女人活得充实、自在、潇洒，失败平庸的女人则过得空虚、艰难、忧郁。

积极的心态创造人生，消极的心态消耗人生。积极的心态是成功的起点，是生命的阳光和雨露，滋润着女人的生活；消极的心态是失败的源泉，是生命的慢性杀手，使人在不知不觉中丧失动力。所以，女人选择了积极的心态，就等于选择了成功的希望；选择消极的心态，就注定要走入失败的沼泽。女人要想成功，想把美梦变成现实，就必须懂得“心态决定命运”这一人生哲理。

吴士宏，这个大名鼎鼎的女人，这个从一名小护士靠着不懈的努力和奋斗坐到了一个通常不属于女人位子上的女人，无疑是大家心目中的女强人。但是她有一句十分著名的开场白：“你们知道我是谁吗？我是一个女人。”这让我们听到了她作为女人的骄傲，也感受到了她身上从来都没有消散过的女人味。也许，没有谁比吴士宏更明白，她过去和现在一直是诸多媒体和众人的

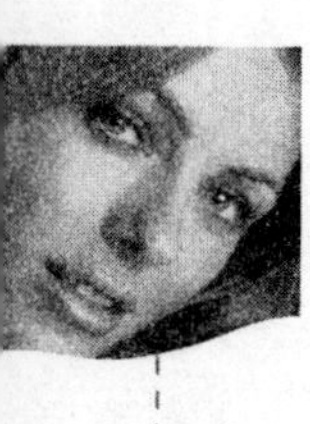

焦点，因为她是一个女人。“女人”这个名份，成了她的一道光环——让男人侧目，让女人自卑的光环。

吴士宏曾为北京长椿街医院护士。1985年，获成人高考英语专科文凭后通过外企服务公司进入IBM公司任办公勤务。一年后获培训机会进入销售部门，因业绩突出不断晋升，从销售员直至IBM华南分公司总经理，被称为“南天王”。1997年任IBM中国销售渠道总经理。1998年出任微软（中国）公司的总经理，通过大刀阔斧地修整，使微软的业绩实现了增长。1999年6月因个人原因辞职，在IT业引起震动。后跳槽至TCL信息产业集团任TCL集团常务董事、副总裁、TCL信息产业集团公司总裁。曾出版自传《逆风飞扬》。

在中国经理人中，护士出身的吴士宏被尊为“打工皇后”。在信息产业界，吴士宏是第一个成为跨国信息产业公司中国区总经理的内地人、惟一一个在如此高位上的女性、惟一一个只有初中文凭和成人高考英语大专文凭的总经理。

在吴士宏谈到自己的成功时说，她的成功与自己的长相有点关系。

吴士宏从小就不是人们眼中漂亮的孩子，她自己也清楚这一点。为此，她常抱怨爸爸妈妈为什么不把自己生成男孩，男孩长得好看不好看无所谓，女孩就完全不一样了。于是，她就拼命发挥自己的长处，她的长项就是聪明，她拼命地考第一并第一个交卷，她带着男孩子们去淘气，再后来她进篮球队，成了惟一学习好的篮球队员。于是，她也拥有了一份骄傲，她相信自己也不比漂亮的女孩差。

不幸的是，她1973年初中毕业，由于父母所谓的“政治问题”不能继续上学。一年后，她被分配到一个街道小医院当护士，用她自己的话说，那是一份“毫无生气甚至满足不了温饱的职业”。而真正改变她命运的是1979年那场大病，四年中三次报病危却侥幸存活，但模样就更不乐观了，头发掉光了，脸横着比竖着宽。病中她曾很深刻、很痛苦地在想：身体好了之后，我还能像原来那样活吗？大病之后，彷佛自己的生命又从头开始，对生命、生活和时间的感受变得从未有过的强烈，一晃就是十年过去了。1983年吴士宏

似乎悟出什么，决定自学英语。她依靠一台小收音机，用了一年半的时间学完许国璋的三年英语教程，并通过成人高考取得英语专科学历。那时，她没钱没时间，一天二十四小时，八小时工作是铁定的，她换成了夜班，从零点到五点半能偷出四个小时，她两小时花在路上（骑自行车省钱），四小时吃饭睡觉，上厕所不耽误看书，余下的十个小时学习时间对她来说已经够本了。

1985年，当她鼓足勇气，穿过那威严的转门和内心的召唤，走进了世界最大的信息产业公司IBM公司的北京办事处，当她顺利地通过两轮的笔试和一次口试、最后主考官问她会不会打字、一分钟能打多少时，实际上从未摸过打字机的她，在面试结束后，飞也似地跑回去，向亲友借了170元买了一台打字机，没日没夜地敲打了一星期，双手疲乏得连吃饭都拿不住筷子，竟奇迹般地敲出了专业打字员的水平。她成了“蓝色巨人”IBM公司北京办事处的一名普通职员。按照吴士宏自己的说法，在IBM的前几年，她扮演的是最卑微的角色，沏茶倒水，打扫卫生，完全是脑袋以下肢体的劳动。几次屈辱的经历使她再也不能忍受低微的命运，她开始偷偷地找机会，她去找高级员工中她惟一敢去说话的人，一个优雅的美国人苏珊，苏给了她理解和考试的机会！她居然考过啦！她成了不可思议的“助理工程师”！苏则是一如既往的优雅和善，并说“不用谢我，是你自己做到的”。

是IBM教会她正视他人的视线，这是她重建自信的开端！这正如她所说的那样：“那段生活对我的影响也很大，倒并非是‘打杂’之类的工作有什么屈辱，而是身处一群无比优越的真正白领阶层中，常常会觉得自己真的没有能力，没有价值。这样一种感觉就是自卑，它伴随我很长一段时间。所幸每个人都有不断变化的机会，身处的环境中也不断会有新的刺激出现使人往上或往下走。如果说什么促使我往上走，那就是这种来自自卑不断的刺激，当时就像不断有鞭子抽打着我，那样一种痛、一种触及心底、层层包裹下的自卑和尊严的纠结，对我刺激的力量是如此强大。在别人眼里我很成功，然而我的内心曾长期徘徊在脆弱地带，甚至有时在挫折面前几近崩溃。我曾看到一位作家谈自尊，认为首先要接受自己，对自己负责，完善自己，做真实的自我。我发现自卑的成因源自不接受自己，没有对自己真正负责。我后来花了

几年时间才克服并超越了这种自卑。自卑之后，才有升华，而有了自信，可以促使你做更多的事情。”

再后来，她成了“超级销售明星”，再后来，竟有人说她“好看”，她说第一次有人说她好看差点把她气晕。

说她好看的也是个美国女人，是她在IBM的老板之一。她看着她，直接了当地告诉她：“Juliet，You are very pretty（你真好看）!”

她愣住了，她看出这个美国女人确实是真心的，她告诉她美丽是值得骄傲的。从此她开始学习欣赏自己，开始喜欢自己的样子。她开始穿很少女人敢穿的大红大黄的衣裳，而她穿着也的确好看，压得住，正匹配她浓重的眼睛、蓬松的头发、浑圆的曲线和强烈的性情。她终于可以完全不介意在人群中抢眼，她开始喜欢这种感觉。她从自卑走到了自信，而这一路走来又是多么艰辛，付出了多少努力，其中滋味也只有她自己知道了。

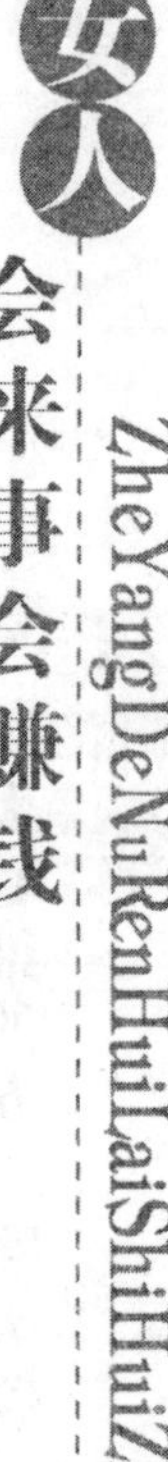

自信和激情终于浇出了迟来的美丽。在IBM时，她的模样真可谓青春灿烂。热情的眼神、快乐的笑容、干练的肢体语言、剪裁得体的职业装，是人们印象中典型的白领丽人，是一个公认的女人味十足的人。

她尽情地挥洒着做女人的自由和快乐，她爱唱歌，联欢会上她就尽情地唱；她爱跳舞，那就跳起来，疯狂热烈的西班牙舞于她正合适。在广州做华南区总经理那段时间，她玩得最疯。既然都是年轻人，都爱玩，那就索性玩个痛快。年终晚会上，简直是专业时装表演，总经理带头，一会儿皮衣皮裤皮靴地玩酷，一会儿长裙飘飘地玩浪漫。从员工到家属，从合作伙伴到媒体朋友，都卷入了青春的漩涡中。

有人问她：“这么个玩法，不怕失去权威感吗？她说，不会呀，只要第二天一上班，你心里想的是工作，全公司就都是工作的气氛了。”

难怪有人说她是“百变女人”了。

吴士宏在IBM公司工作了12年，以勤奋好学工作拼命著称，从一名勤杂人员成长为高层管理。1998年2月吴士宏改任微软中国公司总经理，执掌世界上最富有公司的金印，1999年10月又任TCL集团信息产业公司总裁，一直是中国年薪最高的“打工皇后”。

吴士宏说过这样一句话："努力工作会被看见的，这是我的经验。"是的，她是这样说的，更是这样做的。不管是在逆境还是在顺境，她都一如既往地努力再努力地工作。

关于吴士宏有太多的话题。她的能耐有多大？她的什么最值钱？与其说她是一位踌躇满志精明干练的经理人，不如说她是一位自信"将相本无种"而奋起与命运抗争的个性鲜明的女子——尽管这种抗争带有国人不怎么喜欢的刻意张扬和出人头地的成分。但无可否认的是吴士宏成功了，从一个护士到外企职员，从自学成才到经理人，从部门经理到成为一家最著名的外国公司在中国的掌门人到 TCL 老总，这一系列蜕变过程中经历的痛苦和艰难使她一步一步慢慢地成熟起来。

《中国青年报》对她有这样的评价："作为女人，她更像一个温文、安静的淑女，带着优雅的微笑和气质，她不很在意自己的'女性意识'。她做事为人非常本色，狂潮到来时多一份清醒，逆境到来时多一份坚定。"《南方都市报》则说："将来，她一定会为纯粹女人的幸福而退隐江湖。她不太像企业里疯狂的女强人，倒有一些纯真少女的浪漫气质。"

无论如何，吴士宏是很爱惜她所拥有的"女人"这个名份的。蛹化为蝶式的故事也好，凤凰涅槃形容也罢，都已成为历史。作为一个女人，一个普通的女人，一个成功的女人，一个个性鲜明的女人，吴士宏说，她希望她的能力得到承认，但不愿意她的女人魅力被忽视。

如果一个女人内心深处始终认为自己是一个弱者，那么她就永远也不可能成为强者。女人想要成为强者，就要相信自己一定可以成功，像强者那样去思考和行动。

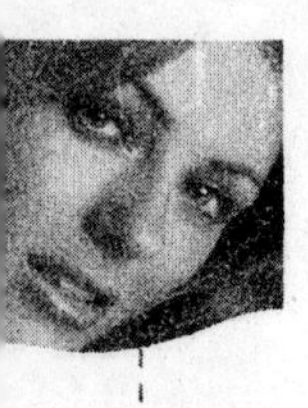

2. 该干就干，该闯就闯

在创富的道路上，要想成就一番大事业，取得一番大成功，就要把胆子放大，在不违背社会道德和法律制度的前提下，去冒最大的险。

有的人办事顾虑太多，畏缩不前，结果寸步难行，一事无成。你必须有大无畏的英雄气概，该干就干，该闯就闯，不要前怕狼后怕虎。

做事必须要有闯劲，“闯”意味着勇气和胆量。成功的把握总是相对的，失败的可能才是绝对的。没有人愿意自己正在进行的生意出事，也从来没有一个不出事的生意人。当问题来的时候，如果你越怕误事，往往就有事；索性大胆去闯，反倒没事。做任何事情都不能只停留在空想阶段，一定要把想法快速落到实处，才能行之有效。

如果想和她共进晚餐，那么请先付一万美元。这个出场费让许多好莱坞明星都望尘莫及，但苏茜·欧曼却做到了。她原本只是一个平凡的女子，但对财富的追求改变了她的一生，也改变了很多人。

苏茜出生在一个最普通的美国人家庭。苏茜回忆说：那时在我家，金钱意味着紧张、忧虑和悲哀。13 岁的时候，她进一步体会到了金钱那震撼性的力量。当时，苏茜的父亲有一家小小的鸡肉食品作坊，出售一些汉堡、热狗和油炸食品。有一天，炸鸡肉的油着火了，几分钟内整个作坊成了一片火海。

他父亲在被大火吞没之前逃了出来。

这时，让苏茜一生难忘的事情发生了：他父亲不顾一切地又冲进火海，因为他想到他的钱箱还在那着火的房子里。她的父亲机械地搬起了那个已经被大火灼热的金属钱箱，并把它扛了出来。当他把钱箱扔到地上的时候，钱箱上已经黏上了他的胳膊和胸口的皮肤。

父亲冒着生命危险冲入火海，让小苏茜意识到，对父亲来讲，金钱显然比生命更重要。从那一刻起，挣钱、挣大把的钱开始成为她的职业驱动。

苏茜的第一份工作是在加州伯克利的巴特卡普面包房当女招待。当时，她的梦想只是开一家有餐厅、美发沙龙的休闲娱乐公司。有一天，她向父母说了自己的想法，可是父母对她说：我们没有足够的钱帮助你。第二天，她向几位老顾客诉说了自己的烦恼。没想到第三天，一位叫弗雷德的老顾客居然交给她一张5万美元的支票！

苏茜第一次有了可以创业的启动资金。不过，她临时改变了主意，并没有去开小餐馆，而是根据经纪人的建议购买了石油股票认购权。那是1979年。

在开始的几个星期，苏茜的账户上获得了500多美元的盈利。她完全被这种崭新的生财之道迷住了。正当她处在欢喜中时，石油股走势突然逆转，苏茜几乎失去了全部的投入和原先的盈利。

不过，让苏茜庆幸的是，在证明经纪人对她的交易风险有误导以后，关林弥补了她账户里的亏损。这让她意识到，要对投资者负责，必须要选择正确的公司和正确的经纪人。于是她到关林证券找到了一份工作。

从此以后，苏茜开始了投资顾问的职业生涯。在关林工作3年多以后，苏茜便跳槽到了保德信证券担任投资副总裁。1987年，她建立了苏茜·欧曼财务集团，她的财富和事业在世人面前展开了一条辉煌之路。

起点无所谓高低，只要你努力，成功就在眼前。用你的手加上你的灵感为自己创造更大的财富。不要放弃任何一个巧妙的想法，别以为那仅仅是个想法，它可能给你带来难以置信的巨大财富。

有时，你不得不为成功而冒险，正如你必须为失败而冒险一样。如果你

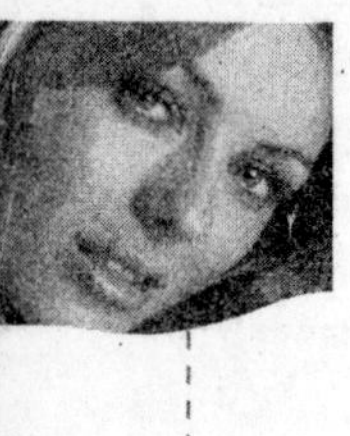

试图逃避，或被压垮，你就输了。所以说，要想成功，你就要敢于冒险，要有一股“闯”劲，也要有一股“硬”劲，只有这样才能把想法落到实处。

一名叫辛迪的美国家庭主妇，某一天突发奇想，要依靠自己的力量，在三年内购买一栋600多平方米的房子。

对一个家庭主妇来说，这实在是一个不大可能实现的计划。辛迪决定写一本畅销书，卖到100万本。她把这个点子告诉老公，却换来一顿嘲笑。辛迪想：别人可以做到的事，我一定也做得到。她不断地告诉自己：我一定会成功，我的书在三年之内一定会卖到100万本，财富会大量涌来，所有的机遇之门都会为我打开。

在这样的自我确认下，辛迪开始行动。

辛迪觉得自己这本书的市场对象是女性。她认为女性的工作压力比较大，或者不被先生了解，她想给她们带来一些快乐，这样她们就会把书介绍给周围的朋友。辛迪觉得她的读者们通常会去超级市场、美容院等地方，所以专门打电话给超级市场的采购员以及美容院的老板。

她很直接地向别人推销自己的书：“我是某某作家，我最近出了一本书，一定会成为畅销书。我相信这本书摆在你的超级市场，摆在你的服装店，摆在你的美容院，应该会帮你赚不少的钱。”

她说：“我将寄一本样书给你，一个礼拜之后，我会再打电话给你。”辛迪的厉害之处在于，她从来不问别人是否有兴趣购买，而是直接就问：“你要订购多少本?”

一个礼拜之后，她再打电话：“我是辛迪，你看过我的书没有？你准备订购5000本还是10000本?”

对方说：“辛迪，你可能不了解，我们这个超级市场从来没有订过任何一本书超过2500本。”

辛迪说：“过去等不等于未来?”

对方说：“不等于。”

“所以总有一个开始，你准备订购5000本还是10000本?”

对方说：“那……我订4000本好了。”第一笔生意就这样成交了。

辛迪打电话问第二个人：“我是辛迪，你收到我的书没有？你即将订10000本还是20000本？”

对方说：“你的书很幽默，我和同事都很欣赏。但我们订书从来没有订过这么大的量，我订购4000本好了。”

辛迪说：“你简直在侮辱我，你才订购4000本？像你这么大的连锁店你订4000本？你不只侮辱我，还在侮辱你自己，难道连你都不相信你的连锁店卖得出去吗？”

对方吓了一跳，问：“一般人订购多少本？”辛迪说：“10000到20000本。”

对方被她说服了：“那我订12000本！”

之后，辛迪又卖书给军队。对方告诉辛迪：“我们这里的人是不会有兴趣的，我们这里都是男人，你不可能在我们这个地方销售任何书。”

辛迪问：“请问你上司是谁？”

“我上司也不可能买！”

她说：“把这本书交给你上司，我下个礼拜打电话找你上司，就不找你了。”

一个礼拜之后，对方打电话来说：“辛迪，我的上司说，我们决定订购4000本。”因为他的上司是女的。

不管多少人对你说“No”，都不重要，重要的是找到下一个说“Yes”的人。这是辛迪得到的一个经验。她的书从来没在任何一家书店卖过，完全是自己一个人在卖。辛迪的书卖出了整整140万本！之后她又写了好几本书，都很畅销。到这个时候，辛迪要实现的愿望，已经不是买一栋大房子那么简单了。

在某种情况下，生活就是一场博弈。敢冒风险的人，才能赚取最多的钱，在事业上才能取得最大成功。

3. 退缩是要不得的

人要活下去本来就是很严峻的，退缩是要不得的，既然走上人生这条路，注定我们要锐意追求不回头。

有人曾经做过这样的比喻，人就是一根弹簧，越是有压力的时候就越能显示出自己的能力。这个比喻很贴切，人必须像弹簧一样，在压力面前有一股的反弹力，遇挫而更强。

有时候，面对严峻的挑战，有的人退缩了，并且这样安慰自己“退一步海阔天空”，其实这样的思想是万万要不得的，因为这是懈怠的迹象和苗头。我们应该有“欲穷千里目，更上一层楼”的豪情壮志，坚决与困难不妥协，从而克服一切困难。

她，曾多次绝处逢生。她，有过惨痛的失败经历：离婚、下岗、求职遭冷遇、厂房被烧光等，命运将她一次次抛入谷底。可她仍然奋力抗争，做针线活，蹬三轮车，在18天里就让烧光的工厂重生，人生的洗礼打造了她的坚强。她，就是吉林市华丰塑料厂厂长刘丽华。

1983年7月，儿子生下刚刚十几天，丈夫便无情地离她而去。她带着孩子回到娘家，与娘家6口人挤住在14平方米的陋室内，母亲长期卧病在床，父亲腿脚还有残疾。作为一个离婚女人，刘丽华的生活难上加难。为拉扯孩子，她兼职缝制服装，一干就是数年。

深夜，背上的孩子睡熟了，刘丽华便开始赶活。缝制一条裤子能赚0.8元钱，她累得睡着了，扑哧——缝纫机针扎进中指指甲，针尖一断就是三四节。这样累睡了、疼醒了的日子，一天天地重复着，为了拔除经常折在指头里的针尖，她专门弄了个尖嘴钳子。至今，刘丽华右手中指仍无法伸直。

可是，屋漏偏遭连夜雨，儿子突发肺结核，缺钱无药。企业又通知停产，刘丽华成了一名下岗职工，连续的打击像冰雹一样砸向他们母子，她感到绝望，感到再也不能承受生活的重压。

这时她想到了自杀，她感到自己的人生已经走到绝境，人生对她来说已经没有任何意义。在1988年12月，她带6岁的孩子来到江城大桥上，抱起懵懂的孩子，抬脚跨过冰冷的桥栏，要纵身跃向滚滚的江水。这已经是她第五次产生轻生念头。

这时一个老者快步向前，拦腰把他们母子拽了回来。"孩子，咋这么想不开？没有迈不过去的坎儿，你还抱着孩子……"老者语带关切。刘丽华的眼泪刷地流了下来，望着慈祥的老者，她百感交集。经过老者的一番劝解，刘丽华的心开始平复。

可生活怎么继续呢？她一筹莫展地领着儿子跪坐桥头，此时江岸边各工厂的职工陆续下班，2元、3元……工人们轻轻把钱放在他们母子面前。

"这些好心人帮了我，那一幕，我这辈子都忘不了……"刘丽华眼中的泪花晶莹闪烁。

好心人的帮助温暖了刘丽华冰冷的心，她决定从头再来，用自己的劳动回应命运的挑战。回家的路上，她给儿子买了一瓶治疗肺结核的药和一袋奶粉，并决定用好心人帮助的钱创业。

刘丽华曾在塑料厂工作，她决定用掌握的技术加工塑料包装袋。她花50元钱买了一张学生课桌当机身，用皮筋儿代替弹簧，在垃圾堆里拣到一个废电熨斗，拽出里面的云母片当电热条，一台土热合机被她"制作"成功了。没想到合闸试机时，"砰"地一声，热合机烧坏了，刘丽华趴在桌上哭了。邻居老师的儿子是个电工，听完刘丽华哭诉，告诉她，这台热合机缺少调压器，承受不了这样的电压。刘丽华又在垃圾堆里翻了10多分钟，找到了一个被扔

掉的调压器，她的热合机终于能用了。

她家离吉林市毛线厂很近，刘丽华知道该厂需要大量塑料包装袋。于是，她骑着破自行车到毛线厂要活，可供销科的人没人理她："不用，不用，你这姑娘怎么这么烦呢？我们国有大厂不可能用你个人的东西……"一连 10 多天，刘丽华听到的回答只有这些。

直到一天下午，刘丽华再次来到毛线厂。供销科只有魏科长一人在，他看到刘丽华，起身就要走："你个大姑娘家，总往这跑啥？你到底怎么回事？"

刘丽华简单倾诉了自己的遭遇和想法，魏科长听完，一声没吭，转身从柜子里甩出一沓塑料包装袋："1 角 7 分一个，能做吗？行，你就先做 4000 个。"

刘丽华心里清楚，魏科长对自己抱有怀疑，她拿起袋子说："我肯定能做，明天看样品。"

经过刘丽华的东挪西凑，终于借到 50 元，而这 4000 个包装袋的原材料也是刘丽华下了"生死状"才借来的。

真诚和质量感动客户，刘丽华连夜赶制了 2000 个包装袋，当她一夜未眠把产品摆在魏科长面前时，整个供销科的人都惊呆了。他们不相信这样的包装袋出自一个小作坊，更不相信她能接受 1 角 7 分的低价，魏科长当即表示先订 10 万个，10 天内做完。

第二天中午，魏科长和科里老董找到刘丽华的家。"妈妈，我饿。"儿子一声声叫着，可家里没有吃的，刘丽华正暗自掉泪。魏科长劈头就问："1 角 7 分，你能行吗？"

刘丽华平和地说："其实，你们平时的进货价是 2 角 6 分，1 角 7 分我根本就赚不到钱，刨去电费、料钱，我只能是给你们加班加点，干搭人工。"

魏科长和老董相视一笑："那你为什么还接？""没办法，不接——我连这个活都没有。不过，我知道你们会来找我的。"刘丽华微微一笑。"姑娘，你赢了！"魏科长哈哈大笑，他主动把价钱提到 2 角 4 分钱，并让刘丽华先领 4000 元料钱。

"我当时不知道自己怎么走出来的，支票攥在手里，怕汗水溺湿了；放在

兜里又怕丢了。”回到家，刘丽华一把举起儿子欢呼雀跃，积压在心底的酸楚顺着脸颊扑簌落下，看到妈妈哭了，儿子张开小手拭去她的眼泪：“妈妈不哭，不哭……”

这次活之后，刘丽华拿到了有生以来赚到的最多一笔钱——1万元。

8年过去了，1996年6月，刘丽华的生意越来越大，生产规模扩大了许多。这时，谁也不知道，这个每天蹬着三轮车送货的女人，已积累了上百万元资产。

这时，塑料包装、印刷加工厂很多，但搞彩印的人还很少。刘丽华觉得这是发展方向。可这一次，她遭遇到了人生的又一个难题。彩印机运回来了，可工人谁都不会使用，刘丽华也是一知半解。“刀都上反了，更别提印刷。不到三个月，30多万元流动资金就消耗殆尽了，这次教训让我记忆深刻。”她急得满嘴起大泡。

最后还是在相关政府的帮助下争取了10万元贷款，即将倾覆的企业终于度过难关。

2002年，刘丽华的华丰塑料厂已发展成产品种类繁多的民营企业。一场无情的大火再次把她推入谷底。

2003年1月8日凌晨，工人操作不当引起大火，厂房全都烧塌掉了，而所有货物都付之一炬。在东北这个最寒冷的早晨，刘丽华无声地哭了。“货呢?”“都烧没了。”工人们带着哭腔回答，货是马上要交给客户的。

这场大火，后来查明是配电设备老化、短路，火星爆出，引燃堆满易燃货物的彩印车间。100多万元资产就这样付之一炬，儿子刘书言正在佳木斯念大学，回来时，他根本不知道发生了这么大的变故。

刘书言担心妈妈从此消沉，但他却看到妈妈正在号召工人重新建厂。“当时，工厂面临两个情况：一是重新建厂，另一个更为急迫，货物没了，如何保证客户准时提货？毕竟年关是客户最大的商机。”

有工人建议，暂时封锁消息，刘丽华一口拒绝。她把所有客户都找到现场：“现在你们都看到了，货全烧毁了。如果大家相信我，我保证准时供货，另外我还要重新建厂……”看到这种场景，客户们深深感动了，有的客户主

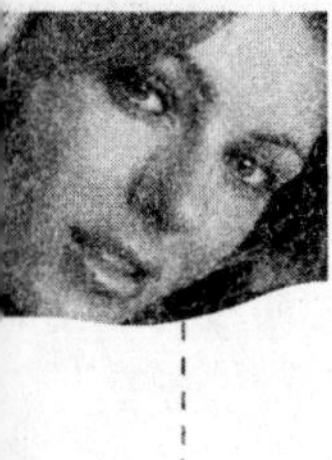

动把积欠货款交到刘丽华手里。

为抢回时间，刘丽华让工人到其他厂家租用机器，高价赶工。

一连17个日夜，终于把春节前的订单全部按期完成。其间，工人们又主动加班，在废墟上重新建厂，他们用塑料薄膜扣在厂房上当做棚顶，有的工人站着就睡着了，梦里还在喊着“救火啊”、“快点干”。看到工人累得不成样子，刘丽华感动得落下了眼泪。

为抢在春节前重新建厂，完成节后订单，还需再购进彩印机。山东招远塑料印刷机械厂侯经理特地飞到吉林查看，看到工人奋战的一幕，他说：“刘丽华，就冲着你们压不垮的劲儿，我相信你们，我用最短时间把设备配齐。你什么时候有钱，什么时候给。”

2003年1月27日，新设备终于运回来了，工人们像娶亲一样放起了鞭炮。抚摸着崭新的设备，大家失声痛哭。

2003年9月，刘丽华事业的又一个春天到来了。美国圣马丁市市长和兄弟集团总裁当·龙先生来到长春市，准备在东北寻找一家“塑料包装生产基地”。这是绝佳的机遇，刘丽华找了一名临时翻译，立即赶赴长春。

当·龙先生一个接一个地会见客户，但又一次次失望，谈判从9时一直到凌晨1时，眼看着一家家企业被下了逐客令。最后，当·龙先生从谈判桌旁站了起来，表示谈判已结束。

刘丽华一听急坏了，她几乎站了一天一夜，腿都浮肿了，怎么能一句不谈就结束呢？就在当·龙先生将要关门时，刘丽华顾不上礼仪，立刻冲进去，大声请求当·龙先生继续谈判！当·龙先生感到很吃惊，蓝眼睛里闪出一丝惊讶。

刘丽华诚恳地说：“先生，这次机会对我们来说都很重要。我是带着所有员工的希望前来找您的，为了和您谈谈，我已站了一天一夜。我知道这样做很唐突，但我真的希望您看看我们的样品，再下结论。”

诚恳，打动了这个美国人，当·龙先生冲刘丽华点点头，又走回了房间。他看完刘丽华带来的真空袋等产品，又听了报价。他情不自禁翘起大拇指说：“刘小姐，你果然是抱着一片诚心来的，这太让人感动了。我明天就去看你们的工厂，没问题的话，这个协议我们签了，相信我们会是很好的合作伙伴，还会是很好的朋友。”

刘丽华悬着的心终于放下来了，这一次，刘丽华签下了200万美元的产品协议，并从当·龙先生手里接过了兄弟集团授予的“吉林市塑料包装生产基地”的牌子。随同来访的美国圣马丁市市长也喜欢上了刘丽华。“刘丽华，你是好样的，我们就喜欢与真诚的人做朋友！”他郑重宣布，授予刘丽华圣马丁市荣誉市民称号。

刘丽华就是这样一位勇往直前、从不畏惧的生意人。

在做生意的时候，只有勇于行动，一心奔赴目标，有大胆而坚定的勇气，才会战胜困难，取得成功。

4. 一份执著，一份韧劲

大凡成功的女人，都缺少不了一份执著和一份韧劲，成功的路是弯弯曲曲的，只有不怕艰险才能到达成功的终点站。

要做新世纪的成功女人，你就要把你的性格磨炼成外圆内方的铜钱，在看似柔弱的外表下，保持着坚强的心。

过去的女强人总摆出一副难以亲近的表情，用面具遮盖自己，以为这就是坚强，就不会被男人看不起。所以男人总说不喜欢女强人，因为觉得她们强悍的外表太不近人情了。

而现代的成功女性已经不需要这种刻意的伪装了，因为她们明白，刻意的伪装和自己真正的内心世界差距太大，已经不符合新世纪了。所以要做新世纪的成功女性，我们应该用温柔表现我们的强硬，用理性赢得属于自己的位置，让所有人都看到我们拥有温柔的外表和坚强的内心。

坚忍不拔是一种强有力的精神，惟成功可嘉，无失败之理。杨玉晶是一名成功女性，她有着令人羡慕的财富和办事能力，却少了股女强人般硬梆梆的劲头。她待人真诚、亲切，浑身上下散发出积极向上的力量，跟她在一起，让人觉得生活特有奔头，再大的挫折也能跨过去。谈起她的成功和坚韧，她笑着说："我不怕输的原因有两个：一是尊严，它让我体会到人生的动力；二是家庭，它让我珍惜眼前的幸福，并努力奋斗。"

1993年，杨玉晶从黑龙江迁至烟台定居，应聘到一家藏药分装厂做办公室主任。她尽职尽责地工作，可时间一长，她就闲不住了。办公室工作琐碎、机械，跟她的性格与理想太不相符了。于是她主动要求调到销售部门做销售。老板把别的销售员“攻”不下来的烟台地区各医院交给她。她也自信满满地给自己打气：“加油，你一定能成功!”可是，药品要进医院是很困难的，要经过三检五审不说，光竞争的企业就有100多家。医院的人一听她说是医药代表，连理都不理她。杨玉晶一出师就受挫，常常难过地流眼泪，但很快，她就调整好自己的心态，想：“人家不接受我，说明我的工作做得不到家。做事先做人，我首先应该让他们接受我，然后他们才会接受我的产品。”想好后，她就开始了她的“微笑工程”，哪怕再讨厌的人，她也会只看他们的优点，并始终以笑脸示人。没多久，医院的人对她的态度就转变了。一年下来，她的药品成功进入了烟台十几家医院和大型药店，她的销售业绩更是达到100多万，年底时，她拥有了自己的新车——一辆白色的捷达。

工作上小有成绩后，杨玉晶又遭受了一次小小的挫折。

公司老板看到药品销售市场打开后，就改变了公司制度，个人收益不再与业绩挂钩，并且拖欠了杨玉晶几万元的工资不给。在这种情况下，杨玉晶选择了辞职。

经过这次事情后，杨玉晶想，要成事就一定要有自己的事业，于是她跟丈夫商量，想自己开办一个小型企业。丈夫不同意，认为自己的收入较高，用不着妻子再出去抛头露面。但是杨玉晶坚持这样做，丈夫也只好支持。

有了创业的想法后，杨玉晶非常关注一些市场信息。她发现一些著名的床上用品如“富安娜”、“黛富妮”等都是深圳出产的，而山东作为一个产棉大户，却没有几个著名商标，主要以出口加工为主。看准了这个市场空白点后，杨玉晶决定从家饰入手。她在烟台注册了一家自己的公司——玉锦家饰，想打造一个属于山东人自己的名牌家饰。为了走好第一步，杨玉晶特意从深圳请来一名专门的设计人员，把鲁绣和中国的传统文化以及女性对床品的理解融入家饰用品中，设计成样，又到各绣花厂、缝制厂、包装厂、印刷厂联系订制，终于生产出了符合她理想的家饰用品。她的床品进入了烟台、北京

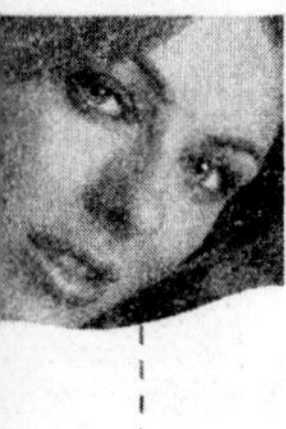

各大商场，并在山东省有了三家加盟店。

但是，花了这么多心血的玉锦家饰，其销售情况并不乐观，又正好赶上了“非典”，销售更是雪上加霜。杨玉晶又一次遭受失败。

问题出在哪里呢?

杨玉晶静下心来，仔细分析了北方家饰市场后发现：玉锦家饰的床品由南方设计师设计，颜色比较淡雅，而北方人多数是结婚或过年时才购买床品，选择的颜色大多浓烈而厚重；她的床品尺寸也偏小，北方人身材高大，1.8米、2米的床很常见；还有她们设计的床品品种少，很多时候顾客不能一次购齐……

杨玉晶第一次办企业就遭遇了这么大的失败，身边没有人做过企业，更没有人可以帮她，她陷入了危机中。就在她最艰难的时候，丈夫李友和站在了她身边。李友和辞掉了年薪30万的工作，全心全力地帮助妻子渡过难关。他们将所有加盟店的货都撤了回来，准备一切重新开始。

痛定思痛，两人总结教训，采取了一系列改进措施。他们针对北方市场开发了新的花色品种，对缝制工人进行技术培训，开了两家直营店，听取顾客意见，认真分析了顾客的消费层次和心理，从实际角度设定利润。经过一年的摸索，她的产品销量直线上升，回头客越来越多。她的专卖店在烟台已开了四家，并且在长春、济南等地也有了连锁店。

成功的秘诀就是坚持，而且要坚持到底。很多人在走了很长的路之后，却放弃了，他并不知道其实自己和成功只差一步。如果再跨出一步，成功就唾手可得了，因为没跨出这一步，之前的辛苦都白费了。

新世纪的新女性虽然有了很多和男人平起平坐的机会，但面临的困难也相应比男人多，这时候就需要女人的坚韧，能知难而进，坚持到底。成功的人和失败的人最大的不同就在于能不能做到坚持到底。

如果我们自己在挫折之后就对自己产生了怀疑并失去信心，那么我们就已经失败了，因为失去信心意味着无法坚持到底。要记得，做什么事都不可能是轻而易举的，都必须要坚持，成功是需要努力和持之以恒的。女人有女人特有的坚韧，成功的女人做什么事都能坚持到底，都能直面挫折。这样的女人是男人成功的好助手，而且她的坚韧能让自己更美丽。

外在的美貌是短暂的，经不起时间的摧残，只有内在的美是永恒的。坚韧的女人有着坚强和柔韧两种性格，她们坚强地面对挫折，柔韧地面对失败。不仅自己能赢得成功，还可以帮助身边的人。

懈怠的女人是懒惰的，坚韧的女人是勤奋的；懈怠的女人是不自信的，坚韧的女人是自信的；懈怠的女人不会美丽，坚韧的女人美在内心。

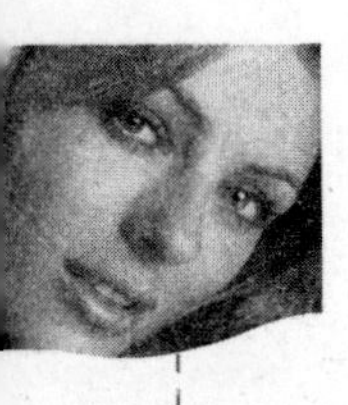

5. 磨难与财富同在

毅力能够超越愤怒、悲惨、恐惧、不平，同时内心明确地告诉自己生命是美好的，尽管有很多磨难，但都能够挺住。

精神力量在物质世界里，也常有其对应的位置。人在陷入困境时总会寻求摆脱，从而全力以赴扭转局面。一位登山运动员有感而发说："在攀登的过程中，有时登山者会陷入欲下不能的境地，这样一来他就只能向上攀登了。有的登山者会故意创造这种局面，因为身后没有退路了，他会向上爬得更起劲。"

一个女人要干一番事业，总会伴随着困难和障碍，甚至还存在着一定的风险。许多女人一事无成，不是缺乏成事的能力，而是没有勇气去行动。与其说是由于尽力而失败，不如说是因为害怕失败而放弃努力。虽然单凭勇气并不能确保成功，但尽力后失败总比坐失良机要好得多。

拥有3个亚达生态园、固定资产上千万元的丁亚平不满足，她还要继续扩大生态园的规模，开发玫瑰产品系列，不仅要占领国内市场，还要打入国际市场。这一切都是她拄着双拐从5000元起家，一步一步干起来的。

丁亚平，一直都在车里。因为她工作的时候，几乎都坐在车里面。车里她常备有三样东西：喉片、双拐和日记本。因为身体的原因，渴了她也很少喝水，就含一粒喉片。在车里坐一天，丁亚平的双脚就会水肿，用手一摁一

个坑，连鞋都难穿上。丁亚平就是这样，靠着非凡的毅力打拼出了一个生态王国。

丁亚平1962年出生在河南省商丘市梁园区一个普通干部家庭，两岁时患了小儿麻痹症，十几年来经历大小手术数十次，双腿留下80多处伤口。1980年高中毕业后，丁亚平被安排到市商业局第二服务公司当会计，可是她渐渐感到在机关自己的抱负难以施展。1991年春天，丁亚平毅然辞职下海。她筹借了5000元，租了一间门面做起百货生意。为去常州进货，她搭公共汽车，长途奔波上千里也不敢喝水，加上晕车，曾经在下车时昏倒在地。三九寒冬，她租一辆机动三轮车去进货，坐在车上一天一夜，冻成了一个冰人。

3年苦干，门路大开。1994年，她先后创办了亚达快餐店、亚达家具店、亚达装饰总汇，办起了亚达一条街。同时，还以窗帘装饰为突破口，扩大规模经营。

窗帘装饰需要有较强的设计能力和较高的艺术眼光，这方面丁亚平知之甚少。为此她到北京拜师，可窗帘店只卖布，不卖艺，丁亚平只能架着双拐在一旁偷看，一站两三个小时，常常累得脸色苍白、汗水湿透衣衫。终于有一位师傅被她的精神打动了，愿意跟丁亚平到商丘传授窗帘装饰技术。

技术为亚达窗帘腾飞安上了翅膀。丁亚平接手几个高档宾馆的窗帘装饰工程后名声大震，不仅带起几十家门市部，业务还迅速扩展到周边县市，第一年就赢利近百万元。到1998年，丁亚平不仅赚了几百万元，还安排了100多名员工就业。

丁亚平有钱了，她追求的目标更高更远。

1999年，丁亚平在梁园区310国道租农民100亩土地，建设起亚达生态园。在生态园建设中，丁亚平总是拄着双拐亲临现场指挥，一站就是几个小时。修建水上游乐园时，她整天坚守在工地，一次在水渠边不小心滑下坑底，摔裂了两根肋骨，痛得昏厥过去。醒来后，她坚决不去医院，靠吃止痛片坚持了10天，直到把水上游乐园修成。

丁亚平是个感情丰富的人，对玫瑰更是情有独钟。2002年，丁亚平在梁园区林场承包150亩土地，在虞城县田庙乡返租农民260亩土地，又建起两个

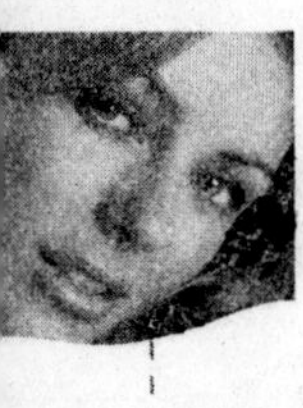

亚达生态园，全部栽植“风华一号”玫瑰。

种植玫瑰3年后才能见效益，丁亚平花高价培育了150万棵玫瑰苗，请来外地一位技术员。俗话说“同行是冤家”，这位技术员家中也有玫瑰苗，怕丁亚平夺了自己的市场，刚一开春他就做了手脚，提前把塑料薄膜揭开，致使95%苗木枯死。2003年初冬，丁亚平又培育了110万棵玫瑰苗，可次年夏季遭遇几十年不遇的涝灾，28天连阴雨，玫瑰苗又全军覆没。两年的接连失败，丁亚平几乎赔进所有积蓄，这时合作伙伴却要撤走投资，又逼丁亚平交出近50万元的资金。就在关键时刻，市、区领导帮她解决具体困难，市妇联派出专人帮她跑贷款，市残联领导给她筹措十几万元资金，周围村庄的众乡亲也来到园内帮她整地拔草。在各方面的支持下，2004年初冬，丁亚平又培育了40万棵玫瑰苗，丁亚平的500亩玫瑰进入中产期，将有一笔可观的收入。不久，国家商标总局传来喜讯，由丁亚平申请注册的玫瑰酒（玫儿红酒）、玫儿红茶、玫儿红系列饮料商标已被批准。

玫瑰好看但带刺，成功美丽但蕴涵着艰辛。成功的路不平凡，只有不断拼搏的女人，才能享受这道独特的风景。

如果说人生、事业、财富，像一座座大山，那么“高胆商的女人”就会不畏艰险，不断攀登，把每一次困难都当成一次挑战，把每一次挑战都当成一次机遇，并最后傲立巅峰！而缺乏行动力的高智商者，只能望洋兴叹。

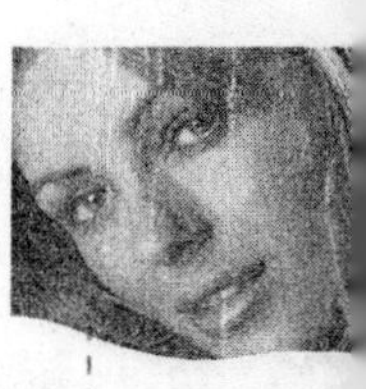

6. 敢想敢做，把自己打造成真正的"财女"

一个小小的灵感足以带来巨大的财富。不要放弃你的任何一个巧妙的想法，别以为那仅仅是个想法，它可能给你带来难以置信的巨大财富。

赚钱的灵感来自悟性，来自经验。有了灵感逮上机会还得有胆量去迅即运作。如果该出手时不出手，财运便与你"拜拜"了。

梦想有时离我们很远，也很近。与其坐等别人把饭喂到自己口中，还不如奋力用双手去博取。所有的人都能梦想成真，但不是依靠梦想就能成功，不是光凭运气就能成功，也不是依靠他人就能成功。成功是一串看得见的努力，成功是独立不懈地拼搏。

有许多人没意识到自己的潜力，过分谨慎就是其中最大的原因。他们知道自己能干得更好，但他们从没有放大胆子往前冲。同那些比他们成功的人相比，他们有同样的能力，但他们却甘愿屈居下风。他们看见机遇但不去抓住它们。他们看到老朋友成功了就纳闷为什么自己不行。他们有时也有一些"赚百万元的念头"，但就是不采取行动。在这种情况中，是传统的观点在作怪："不要鲁莽行动，这里很可能有危险，不要去尝试。"在面对是否采取行动的问题上，特别是这种行动涉及到冒险时，犹豫不决就会坐失良机。

只要你勇敢的往前看，大胆地去闯每一片属于自己的天地，不要被自己

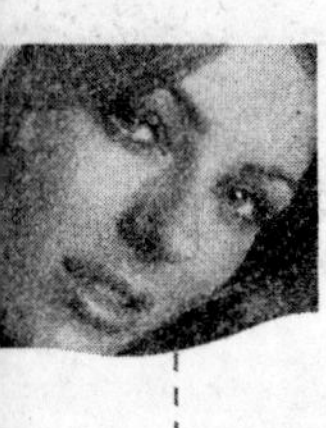

的心情所束缚，只为自己心中的信念而努力。要抱着一种“天再高，地再广，我也要去闯一闯”的信念，让勇气和智慧去当那前进的桨，勇敢去创造属于自己的天空。

卖宝马车的李莹气质刚强，敢做敢为，如今，她凭着自己“大胆去闯，敢梦敢想”的勇气和好强的性格，在创业的路上越走越顺。卖宝马前她是家庭主妇，再之前是北大校花。角色多变，生活的聚光灯下她的每个身影都很精彩。“刚强和大胆是被逼出来的，要做事情，必须得承受一些压力。”李莹说。现在的李莹既是一对儿女的母亲，又是成功的职业女性。

李莹毕业于北京大学东语系日语专业，2004年创设北京盈之宝汽车销售服务有限公司，出任董事长，获得华晨宝马和德国宝马特许经营权，投资近亿元人民币在北京兴建亚洲地区最大的宝马中心——盈之宝。展厅内四处都摆放着雕塑，大厅里有人在拉小提琴，钢琴声流泻如水，三层有经典剧院，四层的俱乐部分为艺术画廊、红酒室、雪茄屋和戏梦人生餐厅，设施古典而豪华。

短短三年，盈之宝已从亚运村一个4000平方米的临时过渡店，发展为拥有望京和亚运村两处展厅的4S店。其中，位于望京高科技园区的望京展厅，建筑面积达15，700平方米，是宝马在亚洲规模最大的四位一体服务店。她办公室前立着一尊雕塑，长发如瀑，看上去端庄贞静，而雕塑的名字赫然是：内在的力量。恰似办公室内李莹的写照。她和一般的女子不同，这位北大校花的办公室没有镜子，一面书柜靠墙而立，她对着书柜隐隐反射出来的自己整理头发和衣服，没有脂粉气，却懂得告诉化妆师该怎么为她化妆。

早在北大东语系学习时，李莹就因为自己的智慧和美貌名动全校，被公认为是校花。大学毕业的最后一年，正好赶上国家进行毕业双轨制的改革，是服从国家分配，还是自主择业，摆在李莹面前。当时，三个受人羡慕的机会降临到她头上：外交部门、研究单位和日资企业。但是她一一放弃了。“我从小就知道，自己要的是跟别的女孩子不一样的生活。”她不想因外事纪律的限制而影响她与德籍华人的男友的交往；她不要研究单位清贫的生活；她也

不愿意在日资企业受寄人篱下的制约。她想的是："真正渴望有那么一天，拥有一笔财富，无需看旁人眼色，买喜欢的衣服，去想去的地方，自主决定情感的施与受。"要如此的自由自在，最理想的职业便是经商。于是，李莹下定决心，"下海"创业。

一开始，受到资金限制，李莹和她先生只是做医疗器械代理，当时对行业不熟悉，步履维艰。几个月才有第一笔生意，虽然只赚了几百元，但是营销的大门从此打开了。跳跃式的发展使李莹经商的领域很快涉及医疗设备、卷烟、酿酒、汽车贸易等多个行业，在短短的3年间，已积累了千万财富，远远超越了自己设定的100万元的目标，创造了一个财富神话。

2003年下半年，宝马公司决定在中国市场拓展服务网络，挑选代理商。李莹做出了大胆的决策：参与竞争。这在常人看来似乎很难理解，因为这需要承担风险和牺牲。"我的人生，到目前为止，偶尔的失意当然会有，但还没有过被打败的沮丧感，争取宝马经销权，是我人生中最大的挑战。"李莹说。

当时有两千多个经销商参与竞争。这是一场硬碰硬的综合实力的较量。没有足够的储备资金和银行存款证明，没有地段好的够水平的展厅，没有对宝马品牌的深刻理解和一整套胜人一筹的营销策略，在竞争中是难以取胜的。恰恰在这些方面，李莹显示了优势。李莹身上独特的自信个性和文化气质得到了宝马公司的认可。在其后的考察中，雄厚的资金实力和寸土寸金的店址得到对方的赞赏。这使最终如愿以偿的6家经销商中，李莹的"盈之宝"脱颖而出，第一个获得授权，并于2004年4月17日在京开业。

李莹成功的例子告诉我们，面对竞争激烈的大千世界，成功所需要的只是放开胆子敢拼敢打的闯劲。胆子放大一点，步子放快一点，你离成功就会越来越近。

追求成功是人生永远的目标。但在茫茫人海中却只有少数人能够打开成功的大门，成为人类的精英。成功者与失败者的最大区别主在一个"拼"字，"三分天注定，七分靠打拼"，敢拼才能赢。要想获得成功，必须用奥运冠军

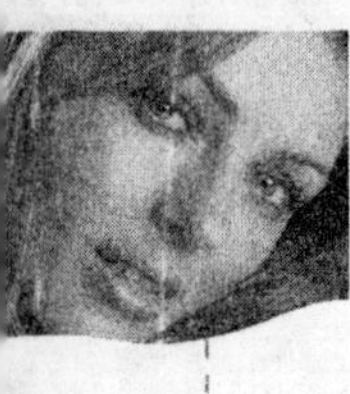

的拼搏精神，领悟人生的成功真谛，方能夺取自己的人生金牌。

“钱”，需要拼命挣才能获得，要说“钱”能“想”出来，不啻天方夜谭。然而，要想在竞争激烈的市场上创业成功，就必须善于开发新思维，多想、巧想、妙想，“想”出一条条新财路……

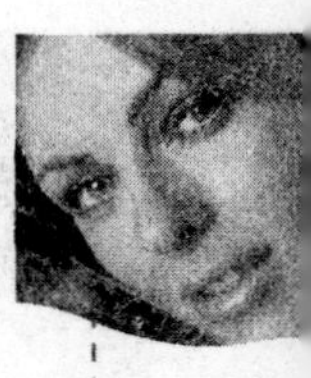

7. 战胜自己的女人才能赚大钱

“什么样的生活向我走来，我就向什么样的生活迎面走去。”人生其实就是一场与自己作斗争的战争，只有用那种坦然和从容应对才能让我们走得更轻松。

人的一生，是风风雨雨、坎坎坷坷的一生，遭遇过无数的对手和敌人，但最强大的敌人并不是外部的，而是我们自己！正如哲人罗兰所说：“最强的对手，不一定是别人，而可能是我们自己！在战胜别人之前，先得战胜自己。”

其他的敌人是较容易战胜的，惟独自己这个敌人是难战胜的。我们常常错过机会，是因为我们的犹豫和拖延；我们常常满足现状，是因为我们没有追求和理想；我们常常回避困境，那是因为我们缺少自信……其实每个人都有战胜自己的经验。

她，一个已在北京漂泊了10年的外表娇弱而内心坚强的女子，一个承受过多次手术之苦、生命之重，还能依然热爱生活的乐观者。

她叫王茗，一头披肩长发，身着白色上衣，面部略施淡妆，看上去精神状态不错，她的青春曾有过多次病痛手术，曾有过颠簸挣扎的经历。不过，如今的她已拥有了一家自己的广告公司。

“我从小就很独立，印象中自己似乎很少有依赖的习惯。”她说话干脆而

有力，让你很容易为她所感染。凭直觉，她是一个能给人留下特别深刻印象的人，这一切自然不是因为她姣好的容颜，而是她给人的第一感觉是“她不是一个如我们一样拥有健康的人，但却是一个极为坚强和乐观的女子”。因为，曾经的手术和太多病痛的折磨，已在她的身上留下了永远的烙印……

（1）由于身体不好，我才有机会上学

“我出生在安徽巢湖地区的一个偏僻丘陵地带，母亲在中年时因丈夫患肺结核病逝后，改嫁我父亲，后来有了我和弟弟，家里兄弟姐妹共5个。3岁时我就时常哭嚷着说自己腰痛，可由于当时家庭比较清贫，没条件医治。我就这么一直拖到6岁，站都站不起来，每天只能在家里爬来爬去。后来，父母不得不想办法送我去医院查看，经诊断后才发现我得了骨结核，只好进行接骨手术重新恢复。在身体遭受病痛后，父母考虑到凭我的身体是不可能干什么农活的，所以我才有机会被破例送去上学。因为当时老家男尊女卑思想太严重，全校仅有2个女生上学，我是其中一个，另一个是独生女。所以总的来说我还算是比较幸运的。12岁那年，我以优异的成绩考上了当地重点高中，可是在我还没有读完高二时，家里人认为我还是去学门真正的手艺才能有出路，至于考大学他们根本没想过，我自己当时也没什么太多概念。再说，即便能考上大学，家里也不可能供得起我。于是我就辍学了。”

她沉浸在童年的回忆里，时而皱眉，时而沉默，回忆过去有美好也有痛苦，童年的生活是心灵深处最为难忘的记忆。

（2）北京，我的重生之地

“在父母的苦心安排下，我经历3年缝纫学艺生涯。可后来渐渐的，我就想逃离家里那种一成不变、面朝黄土背朝天的生活，而且父母都60多岁了，我心里隐隐有一种冲动和愿望，那就是走出家乡到外面去看看，这想法在当时家里人看来似乎是不可思议的，但我最终还是决定出来了。

“1992年年初，17岁的我，揣着向同学借来的300元路费和一个老乡踏上了我向往已久的北京。到北京的第一份工作，是在一家私人开的服装加工厂做服装，那是一家地下服装厂，条件很差，一天需要工作12个小时之久。后来，我慢慢地还清了借来的路费，还用余下的一点积蓄选报了北师大开办

的中文业余进修班。因为当时我想，如果不去学习，我就会很难生存，更谈不上在北京立足。因此，我就这么一边工作一边上学坚持将近2年。后来，可能是因自己长时间超强度工作的缘故，我发现自己已到了必须用双手来支撑着腰才能行走的地步。当时，我并没有太在意，我想挺一挺也许就能过去。但到最后，情况却恶化到了'瘫痪'的境地。

"之后，我不知费了多少周折去求医。我记得特别清楚，我住进304医院的那一天是1994年的腊月二十五，再过4天就是农历的春节。那时厂里的同事都已回家过年了，而我的诊断结果是：我的骨结核已经到了腐碎融合的地步，必须住院再次手术。当时，我的所有积蓄仅有2000元钱，幸运的是从一位同学的亲戚那里借来了4000元，总共6000元，可动我这样的手术费用少说也得要一两万元，余下的那部分我该怎么去筹？万幸的是那天接待我的骨科副主任特别好心肠，他见我是一个人拖着病躯来求医，而且快过春节了，我一个外地女孩又无家可归……他就决定让我先住进医院等过了春节后再说。就这样，我在304医院过了一个我有生之年都无法忘记的春节。

"我住的骨科病房是在15层，同病房有3个病友，但她们每天都有家人来送饭、陪床，惟独我自始至终一个人默默地承受着病痛的煎熬和切肤的思念之苦。除夕夜那天，我就那么静静地趴在医院15层的窗台上，无助地看着灯火阑珊的北京夜市，大街上的人群和车辆在不停地穿梭着。可这些给我的感觉却是那么的陌生和遥远，一种不知自己身在何处的感觉让我体味到了生命的渺茫与脆弱，我突然产生一种"我是否不该降临到这个世界上"的念头，我想到了轻生。我想，从15层跳下去会是件简单的事，就这样让生命自由落体般地寂静结束，在这异乡的大年夜里……可模糊的视线里，我好像看到自己那白发苍苍的父母在向我走来，猛然间，我意识到，我不能为了解脱自己的一时痛苦而把更深的痛苦留给亲人，再说既然这个世界赋予了我生命，我又怎能随便地就给结束了呢？

"往事有太多的酸楚，经过了几番痛苦挣扎、跋涉在生命边缘，如同那一朵历经风霜的秋菊，躲在繁华背后，独自清凉、独自芬芳……

"大年初七，在医院节后上班的第一天，我在万般无奈的状况下，抱着一

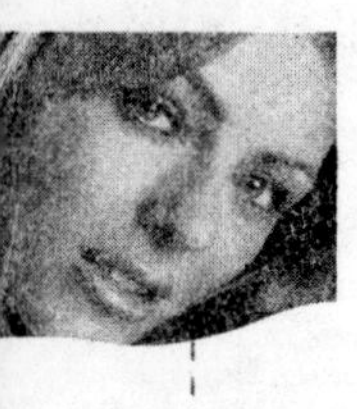

线希望求助了304医院的院长，我跟院长讲了我当时的情况，希望他能帮助我。后来院长详细了解了我的情况和病情之后，当即就下了先治病要紧、医疗手术费后说的决定。在经过长达10个小时手术之后，我惊喜地发现自己的知觉已完全正常，手术成功了！由于我个人原因，也为了尽可能地给医院节省开支，接骨头时提取了我身上别的部位来进行补充。当时，不知是经受了多少“支离体散”的痛苦煎熬。不过，我庆幸自己是如此的幸运！如果没有他们，我也许将永远是一个不能自立的残疾人，如果没有他们，我更不会有今天。304医院为我免费治病的消息不胫而走，在各大媒体上作了一些报道之后，相继而来的是社会上有很多好心人不断地来关心我、帮助我……直到现在，我一直与他们保持着联系。我从心底里感激他们。世上终是好人多，命运无情而人有情……

“手术后，我在病床上整整躺了一年，没法坐起来。这是对我生命意志的一种极度考验，我曾不止一次地悲观过、沮丧过，还有过轻生的念头，可也许是对生命本能的渴望，而且这个世界上曾有那么多好心人在用心帮助我和关心我……终于我熬过了那段黑暗的日子，也许正是因为这些经历坚定了我生存的信念，我发誓，我一定要努力让自己的第二次生命活得有价值、有意义。”

(3) 让生命更有价值

生命作为一个个体是多么的渺小，然而，却是世间最珍贵的，对生命的那份热爱之情及对苦难经历的种种感怀，也许，也正是因为如此才可能一步步走到成功，走到灿烂的今天。

“我的人生的转折点就是起始于广告业，一开始我做的是地图征订广告，地图广告很琐碎，但我的运气不错，进公司不到一星期，我就做成几个单子，所以，在当时公司100多名员工中我一下子被大家所熟悉，也正是在那段时间，我才开始对北京真正地熟悉起来。比较有戏剧性的是，有一次，我陪一个朋友去应聘中央台下属的一个广告公司，结果，那家广告公司录取了我，而没有要我那位朋友。就这样阴差阳错地进入了电视广告界，一直干到现在，而且乐此不疲。做广告，这是一份很有挑战性的工作，有很大的空间让你去

发挥，而且永远在创新。

“在今天以信息传播为主的时代里，企业家们的困惑是：企业不做广告是等死，可做些无序以秒读费的广告又是找死。因为巨额的广告费投放像把双刃剑，这把剑既能打造出一个金字品牌，同样也可能毁掉一个原本实力雄厚的企业。因此，选择了广告行业的我会尽力在企业与媒体之间架一座好的桥梁——做好广告人。

“这几年来，我一直在努力让自己的生活变得充实点，让自己的生命更有价值些。通过不断的努力，我拥有了自己的公司，也圆了我一个梦。

“一个女人要挑战自己，战胜自己，靠的不是投机取巧，不是耍小聪明，而是自信心。女人有了自信心，就会产生意志力。人与人之间、强者与弱者之间、成功与失败之间最大的差异就在于意志力的不同。女人一旦有了意志的力量，就能战胜自己的各种弱点。

“没有一个女人的成功是一蹴而就的，没有谁可以一步登天。恰恰相反，所有的成功都是经历了一连串的失败之后才产生出来的。成功和失败都由自己做主的，当你不认为自己已经失败时，你就战胜了自己。”

酸甜苦辣的味道每个女人都会尝到，百味人生需要女人慢慢地体会。其中，每种滋味都有耐人寻思的道理，有不可控制的生活使然，更有挑战人生、战胜自我的神韵玄妙。只要勇敢面对、善于发现、不断提升，美好的生活就摆在女人的面前，人生的画卷自然也就色彩斑斓。

8. 生命有限，追求无限

女人的魅力之源是坚强，坚强就是“伤心时能够保持微笑，孤独时可以享受孤独。”

我们每个人都有遇到挫折的经历，挫折会让我们感到失败和无助，然后产生自卑感，自我否定，影响我们实现梦想。我们要做的就是让挫折帮助我们解决问题，而不是向挫折屈服。现在紧张的生活节奏让我们经常陷入烦恼和焦虑中，虽然我们不断要求自己提出解决的办法，可是却往往陷入怪圈找不到方向，让我们有消极的感觉，产生挫败感。

只有坚韧能让我们体会到战胜挫折的快乐，而战胜挫折的过程就是保持坚韧状态的过程。面对挫折而不退缩，保持拥有坚韧品德的人，可以面对来自任何方面的挫折而不畏惧。因为你可以把挫折看作是高山，坚韧的意志力会让你登上这座山，并能轻易地翻越它。

她就是一个凭着执著与韧劲获得了成功的坚强女人。她柔弱的外表下埋藏的是一颗不服输的心与永不言弃的精神。在“生命有限，追求无限”理念的支持下，她一步一个脚印，稳妥而又扎实地向着成功不断前进。

孙秋萍生于1965年，十年动乱没有对她的生活造成太大冲击。她像许多人一样，过着平凡而又普通的生活。

1983年，孙秋萍高中毕业，经过熟人介绍，她进了一家企业幼儿园做老

师。但这家企业经营状况并不好，到1996年时，幼儿园就被解散了。孙秋萍也因此而失业。

过惯了平稳生活的孙秋萍当时一下子“蒙”了，失业了怎么办呢？自己又没有很高的文化，又没有得力的社会关系，这以后的生活怎么办呢？“屋漏偏遭连夜雨”，孙秋萍失业不久，丈夫也下岗了。家里丧失了经济来源，孩子又在上学，双方父母年事已高，压在孙秋萍夫妇身上的重担更沉重了！

孙秋萍没有灰心，她在家附近的日本料理店找了一份洗碗工的工作，每月工资不到500元！虽然工资低，但孙秋萍没有抱怨，也没有不满，为了生活，她放下架子，做了一名洗碗工。

孙秋萍只有高中文化，对日语一窍不通。上班第一天，厨师长——日本人金田三郎用日语给她分配工作：“把洗完的盘子都拿过来！”孙秋萍完全不知道他在说什么，当然也就没有把盘子送过去。金田三郎见她没反应，又用日文说了几次。孙秋萍看了他几眼，也不知道他是在跟自己说话，就继续洗自己的。厨师长见她无动于衷，非常生气，把炒菜的勺子往池子里一扔就走了。

后来，在厨房里工作的同事告诉他，厨师长只是让她把盘子拿过来。

孙秋萍十分难堪，她意识到要在这样的环境下工作，不懂日语是行不通的。她在心里暗暗下定决心：“一定要把日语学会！”当天下午下班时，她就用刚学会的日语向厨师长告别：“下班了，您慢走！”厨师长十分惊讶，随后竖起大拇指，用生硬的汉语对她说：“你是一个很努力的中国人，一定会有发展的！”

此后，她便做了生活中的有心人。日本料理店来往的基本都是日本人，为孙秋萍学习日语提供了便利的语言环境。不论是工作，还是休息，她都很用心地听他们说话，从中学习发音和吐字。没多久，她的日语大有起色。

厨师长知道后，就开始提拔她，并向她传授一些日本料理的烹饪技术。

一个月后，她被调入了后厨，开始真正接触日本料理的做法。在这一年的工作中，她凭着自己的细心与敏感，基本掌握了日本料理的烹饪。她的勤奋与努力也被日本老板看在眼里，没过多久，她被提拔为前厅经理。

一直到2001年，这家日本料理店生意越做越红火，而孙秋萍的工作能力与表现也渐渐得到了同行的认可。有好几家料理店都开出特别优厚的条件请她过去工作，但孙秋萍丝毫不为所动。她除了是一个工作认真努力的人，还是一个重情重义之人。“是这里培养了我，我不能走!”

2001年年底，孙秋萍所在的日本料理店的老板出国劳务，便结束了在中国的料理店生意。孙秋萍又失业了。

此一时，彼一时。这个时候的孙秋萍面对失业，跟5年前的心态完全不一样了！经验就是财富，而她现在已经是一个拥有丰富日本料理店的经营管理经验的业内高手了。

她受聘于长春另一家日本料理店担任店长。可是好景不长，她在实际工作中发现，自己的管理方式与这家料理店家族式的管理方式很难融合，于是她毅然辞职离开了。以后她又服务了几家料理店，问题还是没有解决，怎么办呢？是改变自己、随从大流，还是自己干呢？

静下心来，孙秋萍那股不服输的劲头又冒了出来，自己干就自己干！“天下无难事，只怕有心人!”

决定自己干后，孙秋萍理清思绪，做了一些简单的准备，向银行贷款20万元，又从亲戚朋友处借来一些钱，开了一家规模约160平方米的日本料理店。

因为有着丰富的管理经验和工作经验，不到一个月，孙秋萍和她的日本料理店在长春就小有名气了。孙秋萍信心满满：“不到一年的时间，就一定能把银行贷款还清!”

命运弄人，2003年4月，孙秋萍和她的日本料理店遭遇了一次巨大的打击——“非典”爆发了!

“非典”期间，光顾料理店的客人寥寥无几，即使是周末，店里的顾客也很少。孙秋萍每个月至少要赔3万元。不仅孙秋萍和她的料理店如此惨淡经营，别的饭店情况也差不多，甚至还有些饭店因为承受不起亏损而倒闭了。

为了改变这种状况，孙秋萍伤透了脑筋，她开始计划为各个学校和医院送日本盒饭。有个教授在她的店里订了一份盒饭，为了让老教授吃上热腾腾

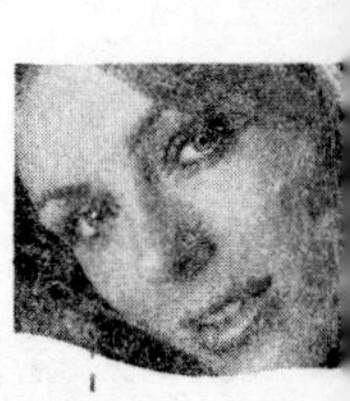

的饭菜，孙秋萍亲自打车将盒饭送到了教授家里。

老教授十分感动，就将孙秋萍和她的料理店向学生推荐，而孙秋萍打车送饭的事也成了业内美谈。

凭着自己的信誉和真诚，孙秋萍终于挺过了那段困难时期。

“非典”后，孙秋萍更务实了。她把全部精力都投入到料理店上。

一天，孙秋萍像往常一样工作着，这时店里来了一位日本老人，他进门就叫服务生喊来经理。孙秋萍来到老人面前，问老人有什么需要。老人看了她一眼，慢慢地说：“我给你出一道题，如果你能答上，我就在你这里用餐。如果答不上，我就再找别家。我问你，日本的清酒温度多少最为适宜?”

孙秋萍不假思索，很快地回答：“37 摄氏度。”

老人听到这个回答时非常兴奋，因为日本是以清酒来衡量料理店是否正宗的。而老人在长春其他几家日本料理店也提出过这个问题，其负责人均没有正确回答出这个问题。只有孙秋萍连这么简单的细节也注意到了，这让日本老人非常满意。在品尝过孙秋萍做的料理后，老人亲切地说：“这是我们家乡的味道!”

日本老人和孙秋萍结成了朋友，他不仅自己常常来这里用餐，还不断地把她的料理店介绍给自己的朋友。

注重细节是孙秋萍的一贯作风。她的料理店内，墙壁窗棂一尘不染，连牙签盒里的牙签都摆放得整整齐齐。每天料理店开门前，孙秋萍都要戴上白手套对每个窗棂进行检查。

细节决定成败，对服务和食物都力求做到尽善尽美的孙秋萍和她的料理店在长春越做越红火，很多顾客都慕名而来，而孙秋萍无论多忙，都是笑脸相迎，生意也因此越做越大。

现在，孙秋萍当年开店时借的 20 万元贷款已经全部还清，并拥有了近百万元的个人资产。面对成功，孙秋萍更自信了，她说要把自己目前的店铺在现有的基础上扩大一倍，并争取把店开到日本去。

坚韧需要坚持到底。任何意志都不是一时产生的，是需要点滴积累的过程。要培养坚持到底的坚韧，就必须先要做到积极主动地参与，才能做到集

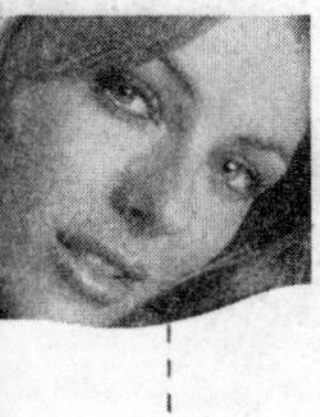

中注意力在所做的事情上，才能做到坚持到底。

坚韧需要乐观的心态。乐观的人永远保持着积极向上的心态，永远充满了勇气，所以才能让坚韧坚持到底。

坚韧需要逆境的磨炼。身处逆境可能是一种不幸，可是却能够充分锤炼我们坚韧的意志。因为要摆脱逆境就必须要有坚韧的性格，才能做到摆脱逆境的限制，得到解脱。

坚韧需要自信的帮助。自信是挑战挫折的动力，让我们可以勇敢地挑战挫折，没有自信就是有再坚韧的意志，我们仍然难以成功。自信是坚韧的支撑，因为有了自信，坚韧才有了意义。

坚韧代表了一种积极向上和自信乐观的人生态度，拥有这种态度去生活的人，能经历任何挑战，因为他们是从乐观的角度看待身边的一切的，他们相信风雨之后一定能再见彩虹。面对挫折和失败，你是打算放弃呢，还是作为考验继续努力呢？人的一生不可能只有成功的喜悦，而没有挫折和失败的经历，毕竟“失败是成功之母”。

一个人如果能把挫折和失败看作是生活的挑战，能接受这种挑战，并能重新振作起来，就能朝着既定的目标继续前进，而这个过程就需要拥有坚韧的性格以及不屈的精神。

坚韧代表的是自信和积极的人生态度，这种态度可以帮助我们战胜挫折和失败，战胜一切。坚韧实际上就是一个人如何看待挑战，如何对待属于自己的命运之路。

实现梦想需要我们在心里记住自己的梦想，想着如何实现这个梦想，想着遇到障碍的时候如何应对。暴风雨是可怕的，但只要记得风雨之后就一定有彩虹，那么再大的风雨也阻止不了你的脚步。

只有不畏任何挫折、失败和挑战，拥有坚韧的态度和意志力，才能让你的人生之旅充满风雨之后的阳光。培养坚韧的性格，客观地看待造成挫折和失败的原因。不仅要从自己的角度去找原因，还要学会从不同的角度找原因，这个角度必须是积极的，才能抓住问题的关键。不能把原因归咎于外部的环境影响，或者是自己的粗心大意，要客观地找原因，才能找到解决的办法。

了解自己的优点培养自信心。只有了解自己、知道自己的优点、对自己有信心的人，才能不惧面对人生的挑战，积极地表现自我。人的一生会碰到很多自己能力所不及的事，以及无法预知的挑战，只有正确地分析造成挫折和失败的原因，并且敢于大胆尝试，不怕挑战，才能战胜困难。当我们遭遇这样的挑战的时候，如果无法独自应对，可以与周围人沟通，共同寻求战胜挑战的办法。

培养坚韧的性格首先要有坚定的目标，不因为外部或自身原因而改变自己的梦想，影响自己的目标，并且要有强烈的渴望达到目标的精神，要求自己一定要做到。

坚韧需要自强不息，要相信自己有能力做到，并能做出正确的判断。有了正确的判断，就可以鼓励自己坚定不移地坚持到底，而不会因为盲目影响了坚韧的意志力。

当把努力和奋斗当作习惯，把人生中的挑战当作习惯，就能自然地让自己采取行动，并且能坚持到底。

所以说坚韧的性格不是天生就拥有的，要通过后天的训练培养。只有坚韧的人才能坚持到最后，笑到最后。缺少坚韧的性格，即使是天才，也会屈服在各种挫折和失败面前。

第四章 好人缘给女人带来好财运

P

得人缘者定输赢，得人心者得天下。好人缘是女人一生最宝贵的财富，是个人实力的证明，更是取得成功的最大资本。因为人缘与人生、事业是分不开的，只有拥有好人缘，才能带来好财运。

1. 把握好异性交往的分寸

光交同性朋友，可以说只打开了交际的半边大门，要想干成一些事情，最好是把大门全打开，既交同性朋友，又交异性朋友。

性别，的确是男女交往中的一道鸿沟。一个男人和一个女人交往时，性的潜在可能是经常存在，但这并非不可避免、必然发生的现象。一个男人不一定非得做了你的"情人"，才能成为你"最好的朋友"。

结交异性朋友是当今社会开放的一种新型的社交现象。过去那种男女授受不亲的时代已经过去了，我们现在经常看到社交场合中男女握手为友，彼此平等交往，共谋大业，展现了开放时代的开放精神。

一位女性这样说：我很幸运，有好几个同女性朋友一样的男性朋友——我们可以撇开性别的禁忌，无拘无束地谈论我们最隐秘的思想和情感。如果我说出一个闪过脑际的很琐碎的想法，诸如"我是不是该剪头了?"或"你觉得我该把这屋子怎么布置一下?"他们听了不会打哈欠，也不会对我的问题避而不答。

我的男性朋友们总是不带任何评判和责备地倾听我对他们诉说我的恐惧，我的担心，我的各种问题和莫名其妙的烦恼，而我也是以同样的方式对待他们。

应该承认，男女间除了性的关系，还有一种真诚的友谊存在，异性朋友

可以互补互敬，互相促进。人是靠各种各样的感情生活于这个大社会当中的，曾经有人将介于爱人和朋友之间的感情称为“第四类感情”，也有人曾热烈地讨论过“男女之间除了爱情是否有其他感情因素存在”。其实，无论男人还是女人，或许都需要全方位的感情关怀，这几类感情之间可能有互相不能替代的成分，“蓝颜知己”这种称谓的出现表明，人们正在不断演绎和区分种种感情新模式。

这是一种新型的男女关系，它不同于恋人，两人之间的距离比恋人要远。也不同于朋友，两人之间的距离又要比朋友来得近，在这种关系中男人把女人叫做“红颜知己”，女人把男人叫做“蓝颜知己”。以往我们过多地描述“红颜知己”，而忽略了“蓝颜知己”。其实正是这些“蓝颜知己”们用自己健康的心灵去安慰、关怀着现代女性们，才使女人们走出以家庭、婚姻为主的情感旧旋律而构建起更为丰富、完整的现代新型感情世界。

那么，如何把握异性交往的分寸呢？这里大有学问。

（1）自然交往

在与异性交往的过程中，言语、表情、行为举止、情感流露及所思所想要做到自然、顺畅，既不过分夸张，也不闪烁其辞；既不盲目冲动，也不矫揉造作。消除异性交往中的不自然感是建立正常异性关系的前提。自然原则的最好体现是，像对待同性同学那样对待异性，像建立同性关系那样建立异性关系，像进行同性交往那样进行异性交往。

（2）不宜过分亲昵

过分亲昵不仅会使自己显得太轻挑，引起人们的反感，而且还容易造成不必要的误会，即使是已经确定关系的恋人也最好不要随意流露热情和过早的亲昵。

（3）不宜过分冷淡

因为冷淡会伤害男方的自尊心，也会使人觉得你高傲无礼，孤芳自赏。

（4）不必过分拘谨

在和男性的交往中，要该说就说，该笑就笑，需要握手就握手，需要并肩就并肩，忸怩作态反而使人生厌；反之，过分随便也不好，男女毕竟有别，有些话题只能在同性之间交谈，有些玩笑不宜在异性面前开，这都是要注意的。

（5）不要饶舌

故意卖弄自己见多识广而哇啦哇啦讲个不停，或在争辩中强词夺理不服输，都是不讨人喜欢的；当然，也不要太沉默，老是缄口不语，或只是“噢”、“啊”，哪怕你此时面带笑，也容易使人扫兴。

（6）不可欠严肃

太严肃叫人不敢接近，望而生畏；但也不可太轻薄。幽默感是讨人喜欢的，而“二百五”地故意出洋相，还自以为幽默，就适得其反了。

（7）留有余地

即使是结交知心朋友，但是异性交往中，所言所行仍要留有余地，不能毫无顾忌。比如谈话中涉及两性之间的一些敏感话题时要回避，交往中的身体接触要有分寸等。特别是在与某位异性的长期交往中，要注意把握好双方关系的程度。

异性之间的友情是一泓清泉，而不适度的交往就像投入泉心的石子，会搅浑它。有些界限不能盲目跨越，如果跨越了某个界限，就会使我们陷于污泥之中不能自拔，伤害了他人也伤害了自己。

异性友谊对男女双方都是一个促进，使双方的社交圈进一步扩大，学到更多的东西。如果在男人和女人的交往中，双方的付出都是平等的，且只想友谊而不是爱情，那么，两性之间就会建立起良好的、高尚的关系。这对双方都有好处。

异性友谊虽比较难处理一点，但只要双方保持克制，以纯真对待纯真，两性之间也能建立起良好的、高尚的关系，且能发挥优势互补的作用，这对双方都非常有益。

俗话说的好：男女搭配，干活不累。过犹不及！异性之间交往要适度，不要交往过亲密，也不要对异性朋友封闭自己。要在正常的范围内，热情大方地去和异性交往，找到自己真正的朋友。

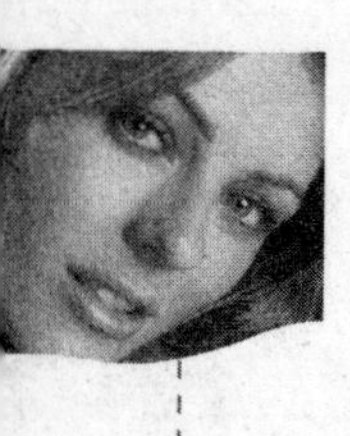

2. 关系网是女人成功的推动器

女人要闯世界，需要掌握一定的人际关系和交际手腕，借此把自己“推销”出去。否则，是块金子，也没地方让你发光。

人是群居动物，人的成功只能来自于他所处的人群及所在的社会，只有在这个社会中游刃有余、八面玲珑，才可为事业的成功开拓宽广的道路，没有非凡的交际能力，免不了处处碰壁。这就体现了一个铁血定律：人脉就是钱脉！所以，你要想成功，就一定要营造一个适于成功的人际关系网，包括家庭关系和工作关系。

聪明的女人善于打造自己的交际圈，她们在多个交际圈中长袖善舞，这不但是女人的自信，也是女人魅力的表现。女人要成功，人际关系是否协调是一个很重要的因素。

平平是美国一家大公司的职员，做的是初级会计的工作。在公司内部机构几经调整后，她感到对各方面的工作都能应付自如了。她希望能从西部调到佛罗里达州去，以便拥有更好的前途。

不过，她与那个州的各家公司都没有任何联系，所以只能通过写信和职业介绍所来和她所知道的一些公司联系。但是，她并未获得满意的结果。

于是，平平决定通过关系网来办这件事。她动脑筋搜寻了一下自己所能利用的各种关系后，列出了一个分类表。从这个分类表中，她选出一些可能

帮忙的关系。

然后，她记下了这些人，他们直接或间接地同她想去的佛罗里达州都有联系，并且同会计公司有关。

最后，她又进一步考虑，这些人中哪些人同会计公司的联系更加密切？她最终选中了两个人：一个是她的老板史密斯先生；另一个是她妹妹的好朋友布克。

平平下一步的行动，也是最重要的一步，就是想办法让帮助自己的对象，首先获得自己的帮助。一旦做到这一步，那么对方就会以报答的方法来帮自己实现愿望。

平平通过妹妹得知，布克对参加一个女大学生联谊会很感兴趣。于是，她就找到了自己的一位好朋友富兰特里蒂，因为这位好友的妹妹埃莉丝正是这个联谊会的成员。

平平结识了埃莉丝，通过埃莉丝的介绍，布克见到了联谊会的主席，并顺利地成为该会的委员。

布克为此专门举行了一个庆祝晚会，并在晚会上把平平介绍给了她的父亲。尽管她父亲同在佛罗里达州的任何公司都没有直接联系，但作为律师，他在那里的律师圈子里是很有声望的。

不久之后，通过布克父亲的一位朋友的帮助，平平找到了佛罗里达州一家职业介绍所的总经理。在那位总经理的热情推荐下，平平终于如愿以偿，不仅顺利调到了佛罗里达州，而且得到了一个十分满意的职位。

从以上这个事例可以发现，我们应该广泛与各种各样的人交往，并充分发现和发挥每个人的特殊价值，使不同的人际关系都能给自己带来帮助。

女人作为社会中的一员，肯定少不了与其他人相互交往。但交往并不是我们表面上看到的，仅仅是双方相互通通话而已，它应该包含更深一层的含义，那就是在交往双方之间建立一个良好的关系和友谊。要达到这个目的，必须学会交往的技巧。

(1) 与每个人保持积极联系

要与关系网络中的每个人保持积极联系，惟一的方式就是创造性地运用

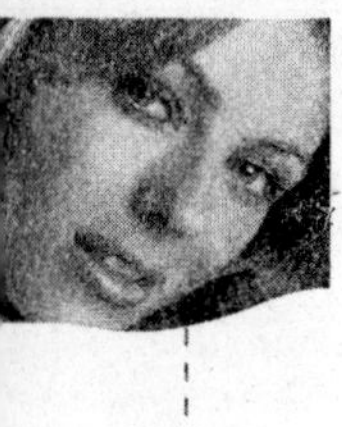

自己的日程表。记下那些对自己的关系特别重要的别人的日子，比如生日或周年庆祝等。打电话给他们，至少给她们寄张卡片让她们知道你心中想着她们。

（2）组建有力的人际关系核心

选几个自认为能靠得住的人组成良好、稳固、有力的人际关系的核心。这首选的几个人可以包括自己的朋友、家庭成员和那些在你职业生涯中彼此联系紧密的人。她们构成你的影响力内圈，因为她们能让你发挥所长，而且彼此都希望对方成功。这里不存在勾心斗角的威胁，她们不会在背后说你坏话。并且会从心底为你着想。你与她们的相处会愉快而融洽。

（3）推销自己

与人交谈时尽可能地推销自己。当别人想要与你建立关系时，她们常常会问你是做什么的。如果你的回答平淡似水，比如只是一句“我是一位电脑公司的一名职员”，你就失去了一个与对方交流的机会。比较得体的回答是：“我在一家电脑公司负责软件的开发工作，主要开发一些简单实用的软件程序。平时闲暇时，经常打打乒乓球、羽毛球，并且热爱写作。”在短短的几秒钟的时间里，你不仅使你的回答增添了色彩，也为对方提供了几个话题，说不定其中就有对方感兴趣的。

（4）无益的老关系不必花太多时间维持

不要花太多时间维持对自己无甚益处的老关系。当你对职业关系有所意识，并开始选择可以助你一臂之力的人时，你可能不得不卸掉一些关系网中的额外包袱。其中或许包括那些相识已久但对你的职业生涯无所裨益的人。维持对你无甚益处的老关系只意味着时间的浪费。

（5）遵守关系网络守则

时刻提醒自己要遵守关系网络的规则，不是“别人能为我做什么”而是“我能为别人做什么”。在回答别人的问题时，不妨再接着问一下：“我能为你做些什么？”

（6）要常出席一些重要场合

多出席一些重要的场合。因为重要的场合可能会同时汇聚了自己的不少

老朋友，利用这个机会你可以进一步加深一些印象，同时可能还会认识不少新朋友。所以对自己关系很重要的活动，不论是升职派对，还是其女儿的婚礼。

(7) 以最快速度去祝贺他

遇到朋友升迁或有其他喜事，要记得在第一时间内赶去祝贺。当你的关系网成员升职或调到新的组织去时，祝贺他们。同时，也让他们知道你个人的情况。如果不能亲自前往祝贺时，最好也应该通过电话来表达一下自己的友谊。

(8) 富有建设性地利用自己的商务旅行

如果你旅行的地点正好邻近你的某位关系成员，不要忘记提议和他共进午餐或晚餐。

(9) 激发强大能量

当双方建立了稳固关系时，彼此会激发出强大能量。她们会激发对方的创造力，使彼此的灵感达到至美境界。为什么将你的影响力内圈人数限定为10人呢？因为强有力的关系需要你一个月至少维护一次，所以几个人或许已用尽你所能有的时间。

(10) 帮助他人

如果朋友遇到困难时应及时安慰或帮助她们。当她们落入低谷时，打电话给她们。不论你关系网中谁遇到麻烦，立即与他通话，并主动提供帮助。这是表现支持的最好方式。

(11) 别总做接受者

在交往中不能总做接受者。如果你仅仅是个接受者，无论什么网络都会疏远你。搭建关系网络时，要做得好像你的职业生涯和个人生活都离不开它似的，因为事实上的确如此。

拥有好的人脉关系是现代生活不可缺少的部分，多了一层人际关系，路便会越拓越宽。但是人缘不是鸟儿，不会自己飞来。要建立一个好人缘，支起一张人际关系网，你必须积极主动。光有想法是不够的，必须将它化为行动。

每个人都有独特的优点。所以，在构建人际关系网时，一定不能太单一，也不要完全局限于自己的同行或具有共同爱好与兴趣的人中间。最关键的是要能做到优势互补，既能使自己的优势为其他人提供必要的帮助，也能使其他人的优势对自己发生作用和影响。

3. 女人的微笑魅力无穷

好穿着与好心情是一对搭档，笑容灿烂的时候，一套平凡的衣着也能将你装扮成靓丽的美人。所以说，作为女性，更要在适当的时候，将你迷人的笑脸展现给那些关注你的人。

微笑的魅力是无限的，女性的微笑更是魅力无穷。微笑是刚启封的美酒，醉人心怀；微笑是暖融去寒的春风，将人熏陶。微笑是问候，有无声的祝福；微笑是请柬，有无字的歌谣；微笑是沃土，能将友谊生根发芽；微笑是浓墨，会将恩怨一笔勾销；微笑是最好的美容，只要你永远微笑地对待生活，你就会永远美丽动人。

富兰克林说："懿行美德远胜于美貌。"这句话在大学生活里，被一个十分鲜活的例子证实了。

孙涵是学校里少有的一个丑女孩，校园里的那些帅哥和靓妹们也常以"超级恐龙"的名字来嘲笑她，更有甚者干脆直接呼她作"丑八怪"。

每当别人这样叫她时，她都气得歇斯底里，有时甚至大哭起来，她的生活就像在炼狱一样，她也总是试图躲避人们的视线，形单影只于菁菁校园。

有一天，当她又因为别人的取笑而暗自垂泪的时候，被管理校园花草的老工友于师傅看见了，问明原因后，于师傅告诉她一个能变漂亮的秘方：

第一，脸上常常挂上笑容，碰到同学甭管她怎样对待过你，都要先上前

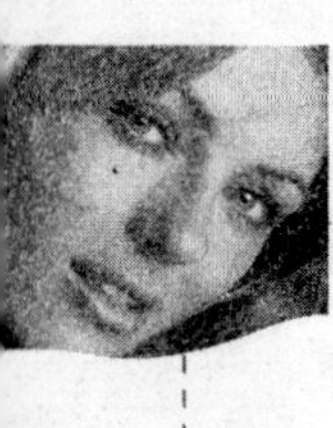

去亲切地打招呼。

第二，绝不自怨自艾，学会坚强，不再为自己的相貌想得太多。

第三，乐于助人，用一颗友善的心去服务别人。

于师傅说："只要你切实遵守这些秘诀，三个月后你一定会变成全校最美丽的姑娘。"

于是孙涵听从了于师傅的话，全心全意地去实践这些秘诀。没有多久，同学们为她的宽厚与真诚打动了，不再嘲笑和讽刺她，她果真成了全校同学中最受欢迎、最有人缘、最易于相处的人了，而且由于她的脸始终是微笑着的，就像五月的丁香花一样，虽不美丽，却很怡人，而且这种怡人的美是真正纯朴无华的那种。所以同学们开始背地里议论说："原来她还是很漂亮的啊！"

笑能够带来可以施惠于人生的催人奋进的情绪，从而增强了人们的自信心。事实上，无论是人们内心深处的达观情绪，还是荡漾在自己脸上的层层笑容，都十分清楚地展示了对自我能力的充分认识与无比的信赖。对此做过大量研究的斯坦福大学心理学家阿尔伯特·班杜拉认为："人们对其能力的自信心会对其能力的发挥产生巨大影响。能力不是固定资产，弹性极大，关键是怎样发挥它。"

在生活实践中，我们经常看到许多人，成天乐呵呵的，自己十分羡慕，却又学不来。总觉得现实中烦人的事经常出现，哪能乐得起来呢？其实，诚如古语所说："仁者乐山，智者乐水"。欧阳修说："山水之乐，得之心而寓之酒也。"即是说，如果自己心中无乐，再好的山水也不会使你快乐。

永远保持乐观的精神状态，经常"笑一笑"，不仅可以"十年少"，而且对我们事业的成功也大有裨益。

一家信誉特好的大花店，以高薪聘请一位售花小姐，招聘广告张贴出去后，前来应聘的人如过江之鲫。经过几番口试，老板留下了三位女孩让她们每人经营花店一周，以便从中挑选一人。这三个女孩长得都如花一样美丽，一人曾经在花店插过花、卖过花，一人是花艺学校的应届毕业生，余下一人只是一个待业青年。

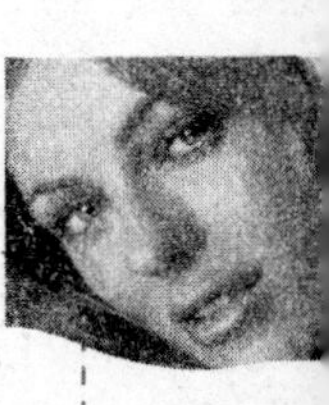

插过花的女孩一听老板要让她们以一周的实践成绩为应聘硬件，心中窃喜，毕竟插花、卖花对于她来说是轻车熟路。每次一见顾客进来，她就不停地介绍各类花的象征意义以及给什么样的人送什么样的花，几乎每一个人进花店，她都能说得让人买去一束花或一篮花，一周下来，她的成绩不错。

花艺女生经营花店，她充分发挥从书本上学到的知识，从插花的艺术到插花的成本，都精心琢磨，她甚至联想到把一些断枝的花朵用牙签连接花枝夹在鲜花中，用以降低成本……她的知识和她的聪明为她一周的鲜花经营也带来了不错的成绩。

待业女青年经营起花店，则有点放不开手脚，然而她置身于花丛中的微笑简直就是一朵花，她的心情也如花一样美丽。一些残花她总舍不得扔掉，而是修剪修剪，免费送给路边行走的小学生，而且每一个从她手中买去花的人，都能得到她一句甜甜的软语——“鲜花送人，余香留己。”这听起来既像女孩为自己说的，又像是为花店讲的，也像为买花人讲的，简直是一句心灵默契的心语……尽管女孩努力地珍惜着她一周的经营时间，但她的成绩比前两个女孩差很多。

出人意料的是，老板竟然留下了那个待业女孩。人们不解——为何老板放弃能为他挣钱的女孩，而偏偏选中这个缩手缩脚的待业女孩？

老板如是说：用鲜花挣再多的钱也只是有限的，用如花的心情去挣钱才是无限的。花艺可以慢慢学，可如花的心情不是学来的，因为这里面包含着一个人的气质、品德以及情趣爱好、艺术修养……

微笑是笑中最美的。对陌生人微笑，表示和蔼可亲；产生误解时微笑，表示胸怀大度；在窘迫时微笑，有助于冲淡紧张气氛和尴尬的境地。微笑是一种健康文明的举止，一张甜蜜微笑的脸，会让人愉快和舒适，带给人们热情、快乐、温馨、和谐、理解和满足。微笑展示人的气度和乐观精神，烘托人的形象和风度之美。

笑对于女性尤其重要，适当场合的笑，能够展示自身的最佳品位。微笑，这种笑是笑不露齿，比较斯文得体。在一些不熟悉的场合，当别人友好地看着你时，你微微一笑，那么人与人之间的关系就不会显得紧张，反而会变得

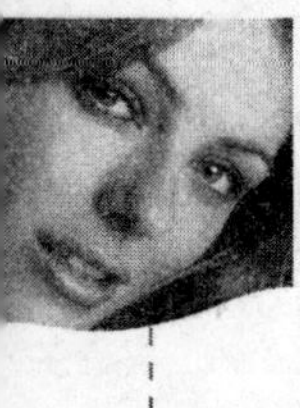

自然。这种笑属于淑女型，易使人产生好感。

媚笑，这种笑法也是笑不露齿，但眼睛斜视。这种笑不能随便使用，除非是对丈夫、情人或是心爱的人，否则会引人误会或想入非非。不过，这种笑为许多男性所愿意接受。

爽朗的笑，这种笑给人以一种愉快开心的感觉，易博得好感。但笑时切忌拍手拍腿，因为这样会显得粗鲁，除非是和一伙非常熟悉的朋友在一起才可以。这种笑是笑出声，嘴张大露齿，有时会笑得前仰后合。但在一般的社交场合中最好控制自己不要笑得太过分。

瞬间的笑，这种笑介于微笑和媚笑之间，有附和、同意、赞赏和鼓励等意思在内。

4. 友谊是女人一生不落的太阳

一个人无论有多深的学识，不管有多大的成就，假如不能同别人一起生活、互相往来，没有对别人的丰富的同情心，不能对别人的事情产生一点兴趣，不愿帮助别人，也不能与他人分担痛苦、分享快乐，那么，她的生命必将孤独、冷酷，毫无人生的乐趣。

在这个世界上，没有什么比真正的友谊，可以给人们带来更多的激励、帮助和快乐！古罗马政治家、哲学家西塞罗曾说过："如果生活中没有友谊，就像地球上失去了太阳，因为太阳是万能的上帝赐予我们最好的礼物，而友谊则可以给我们带来最大的快乐。"

一个人可以没有金钱，没有事业，没有家庭，但是人活在世上万万不可以没有朋友！朋友是巨大的财富，女人拥有的朋友更是她们的宝藏。许多时候，朋友之间的关心、帮助、体贴胜过兄妹，胜过夫妻。而且，深厚的友情往往比爱情更隽永、更真挚、更持久。但现实生活中，有相当一部分人，尤其是女性朋友，一旦有了爱情，囿于爱情与家庭，并全心全意地投入，与过去的朋友就明显地疏远，对深深浅浅的友情也不那么爱惜了。她们借口是："哎呀，太忙了。"忙确实是真忙。她们情不自禁地沉湎于小家庭的欢乐，她们津津乐道地忙着一份幸福的小日子，至于朋友、至于那些友情，有点顾不得了，似乎有无都无关紧要了。

其实，交友不仅是一种感情的交往、交流，还是生活的重要扩充。每个人都有一定的局限性，生活的环境、生活的内容、生活的经历都被内外的因素规划了，圈定了，由此，自己的视野、见地、经验、心胸，便容易为这种“规划”与“圈地”所限制，只能狭小、只能浅薄、只能片面。比较而言，男人比女人博大些，他们有更广泛的兴趣，更注重对外部世界的关注，更多一点探索与冒险精神；而女性朋友如果有了爱情与家庭之后，连朋友的交往热情都减退得一干二净，那么，她们的生活圈子、胸怀只能一天天的更窄更小，而许多悲剧的产生就是因为源于“更窄、更小”的缘故。但是，在悲剧未发生之前，她们不以为然，而悲剧发生了，她们也认识不到，这正是“更窄、更小”的潜移默化的意识在作怪。当然，不排斥要对爱情专注、对家庭负责。可是，专注不等于放弃其他的一切感情；负责不意味着要疏忽其他的一切关系。她们自以为一味地专注了，负责了，就能看牢幸福、维护家庭、守住生活。生活却偏偏不是看得牢、守得住的。生活需要变化，需要丰富，需要更新。一成不变的“守”，固步自封的“看”，只能使生活一天天地平淡、贫乏、平庸。结果，虽然存在着家庭的形式，而家庭的内容与生命必将趋于萎缩。

而对中年女性来说，这时女人的友谊可能比爱情更为重要。因为此时女人已基本上完成了相夫教子的职责，突然无事可做，年轻的时候基本上是为自己的男人和其他男人的目光而活的，现在这一切基本不存在了，女人只有把自己放到同性朋友的圈子中进行比较，看谁更年轻，还有吸引力，看谁更有钱，有事业，不管自我感觉如何，都会有所醒悟。感觉不好的，知道该为自己活了；感觉好的，知道为了自己应该继续好好活。中年女人在同性朋友面前才会找回自我。所以，女人的真心朋友，其实就是自己面前的一面镜子。

友谊和爱情对女人来说，无论在什么时候都会有一定的好处，同等重要。所以，女人结了婚，千万不要排斥掉自己结婚前的一切，更不要丢掉自己结婚前的那些朋友。保持自己的情趣、保持自己的爱好，保持自己的社交活动，保持自己除爱情以外的一切感情联系，是丰富自己、更新自己、完善自己的

很好的方法。只有这样不断地丰富、更新、变化与完善，家庭生活才更有色彩，爱情和幸福才能保持得长久。

纯真的友谊是女人一生中最美好的东西，它摒弃了人世间的卑鄙与狡诈等丑恶的现象，而代之于思想情感的默契和支持，形成了为共同事业奋斗的力量。所以，女人在一生中必须交到属于自己的真心朋友。

厚实的大城门上挂着一把沉重的巨锁，铁棒、钢锯都想打开这把锁，一显自己的神通。

“我这么粗大，坚强有力，纵使这把锁再坚固，我相信凭借我的力量我也能把它打开!”铁棒自以为很有办法，相信一定可以打开这把锁。可是它在那里努力了大半天，一会儿撬，一会儿捶，一会儿砸，费了很大的劲，最后还是无法打开门锁。

钢锯嘲笑它说：“你这样是不行的，要懂得巧干，看我的!”只见它拉开架势，一会儿左锯锯，一会儿右拉拉，可是那把大锁丝毫不为所动。

就在它们两个垂头丧气的时候，一把毫不起眼的钥匙不声不响地出现了。

“要不我来试试吧?”小小的钥匙对两位气喘吁吁的败将说。

“你?”铁棒和钢锯都不屑一顾地看了看这个扁平弯曲着的小东西，然后异口同声地说，“看你这副弱不禁风的样子，我们都不行你还能行吗?”

“我试试吧!”钥匙一边说一边钻进锁孔，只见门锁腾地松动了一下，接着那把坚固的门锁就开了。

“你是怎么做到的?”铁棒和钢锯不解地问道。

“因为我最懂它的心。”钥匙轻柔地回答。

深入别人的心灵才能轻松打开封闭的大门，真正了解别人的内心需求和想法，给予贴心适度的关怀，才能轻松获得别人积极的回应。

无论是在化解矛盾的过程中，还是在说服他人的时候，能够深入他人内心，往往能达到出其不意的效果。人和人之间为什么多是冷漠?因为大多数时候，别人说的话和做的事不能触及对方的内心，就像抓痒总是找不准地方一样，不但不能让对方产生舒服的感觉，反而还会惹人急躁和心烦。

为什么“交人要交心”?只有找到打开对方心门的钥匙，开启他的心扉，

才能进入他的世界，把他引到你的天地。人最重要的不是行走在俗世中的躯壳，而是他们心灵的感受和思想，即使是一个大俗人也会看重他自己内心的感受，并努力按照心灵和心情的意志去说话行事。

“交心”意味着尊重和理解对方最重要、最真实的感受。那些不能把话说到别人心窝里的人，永远只能游离在别人的心门之外。很多人只会谈论自己，把别人“逼迫”成为自己的听众，他们自己说着言不由衷的话，同时也忽视了别人的个性和感受。没有什么事比自己的内心得不到认知更令人恼怒的，那会让人觉得自己无关紧要而失去价值，甚至引发敌意。

必要时轻轻地拨动他内心深处的一根弦，让他和你产生共鸣。一旦你探测到对方的独特之处，在他们的情感上下工夫，触摸到对方最脆弱敏感的一环，观察到他的心理状态和情绪反应，你就能轻松地软化他。你的言语就会像暖和的春风一样化解他冰冷的淡漠，他的一切防御都将被彻底地轻轻柔柔地瓦解。一旦你挠到了对方心灵中的痒处，就削弱了他的控制力，就增加了他对你的感激和信任。

如果他害怕孤独，你就给他慰藉；如果他有所畏惧，你就给他安全感；如果他希望安静一会，你就让他一个人待着……强迫别人的意愿或者忤逆对方的情绪都对你不利。你必须把触角伸到他的心灵中，牵引着他自愿朝你的方向动。

俗话说：“酒逢知己千杯少，话不投机半句多。”所谓“知己”者必“知心”，所谓“投机”者必“投缘”，和“心机”相吻合。你对他从内到外随时随地地贴心关照会让对方觉得离不开你，他会更热衷于你，会更感激你。一旦你争取了他们的心，你就会拥有终身的朋友和忠诚不二的盟友。

朋友之间就像一条河，此岸是你，彼岸是我，真诚是连接两岸的桥，真诚是维持朋友之间纯洁深厚友谊的桥梁。但现实中，女人们的内心对人性其实是有着很深的怀疑的，这使得很多人无法始终如一地信任他人。但是，当女人在信任他人的时候，自己的内心是快乐的；当产生怀疑，本身也就充满了矛盾和痛苦。

相信他人其实是很快乐的事，女人都需要被完全地接受，在一个自己所信任的朋友那里，一定会得到安全感，觉得可以靠着他温暖着睡去，而不必担心任何危险。觉得自己心里的事都可以说出来，不会有任何负担。可见，信任是如此的重要，它决定着女人对一个人的态度，所以，人和人之间要有信任感，彼此吸引，以建立长久真挚的感情。

5. 善解人意的女人讨人喜爱

善于站在别人的角度看问题，善于为他人着想，善于谅解别人，必是一位善解人意、讨人喜爱的女人。一个人或许会犯错，但他本人并不一定会意识到这一点。不要去责怪他，那样做太愚蠢了，应该试着去了解别人，这样的人才是真正聪明、宽容的女人。

由于我们在现代生活中会有多层次情感发生的可能，你就要把理解的金钥匙当作一件艺术品来精心经营。

女人富于幻想，也爱做梦；在爱情占有上是永无止境的。女人永远是甜蜜事业旋转的主轴。所有的女人都希望婚姻是爱情梦的一种延续，但男人在实际生活中，因疏忽而犯的错误，或无意间说了错话，伤了对方的感情，都可能给爱情蒙上阴影。因此，作为一个善解人意的女人，在魅力的法则上，会给对方更多一些理解。

男人们多数都是极具理性的，他们不会因为善解人意的女人谦让而得寸进尺，他们会对善解人意的女人心存感激。在生活的河流上，他们同乘一条船，用风雨同舟显然已经不够了，因为在男人眼里，善解人意的女人不仅仅是坐船的，也不仅仅是划船的，而是帮着男人撑船的。

作为女人，如果能把善解人意作为一生的功课来做，这样的女人，一生最有好人缘。

善解人意，不应仅从文字上做善于揣摩人的心意去理解。其“善解”的“善”，也不能仅作“善于”解释。它还应包含善心、善良的愿望这层意思。善解人意，首先要与人为善，善待他人，而后才能理解人、谅解人、体察人，体现出人格的魅力。

俗话说，“善心即天堂”。只有怀抱善心的人，才能爱人、欣赏人、宽容人。本来“人”字的结构是互相支撑，懂得相互接纳、相互合作、相互融洽。尊重他人的优势和才华，也宽容他人的脾气和个性。无论是对亲人还是对别人，完全是欣赏对方美好的地方，而不去计较他人的缺点，或者说与自己不合拍的地方。不能理解的时候，就试着去谅解；不能谅解，就平静地去接受。有人说：“人生最可贵的当口便在那一撒手。”而善解人意者就很具有这种“放人一马”的涵养功夫。

一个宽容的人是厚道、耐心、开明、谦逊、友善的人，同时也是有深谋远虑和聪明智能的人。如果你真的有一个“宰相肚”，相信天下难容之事和难容之人都将如百川归海，你将敛聚众多人心。

有一位普通主管，她的职责之一是监督一名清洁工人工作。他做得很不好，其他员工时常嘲笑他，并且常常故意把纸屑或其他的东西丢在走廊上，以显示他工作的差劲儿。这种情形当然很不好，而且影响工作质量。

这位女主管试过各种办法，但是都收不到效果。不过她发现，这位清洁工也偶尔会把一个地方弄得很清洁。她就趁他有这种表现的时候在大众面前公开赞扬他。于是，他的工作从此有了改进，不久他可以把整个工作都做得很好了。现在他的工作可以说再没有别人好挑剔的地方，其他的人对他也大加赞扬。

宽容是修养、是品德、是内涵、是心态。在宽容面前，争吵和计较大可不必，即使您拥抱着真理，也不妨学一些温柔，因为有朝一日说不定您也会犯一些不可挽回的错误。在宽容面前，赌气和嫉妒都是不好的习惯，不能善待别人的长处和毛病，您将会养成叫别人难以亲近和忍受的坏脾气。在宽容面前，过激最值得商榷，除非您不打算继续交往。否则，还不如学会宽容；因为任何女人和任何男人，不可能没有您看不顺眼的缺点和惹您不快活的毛

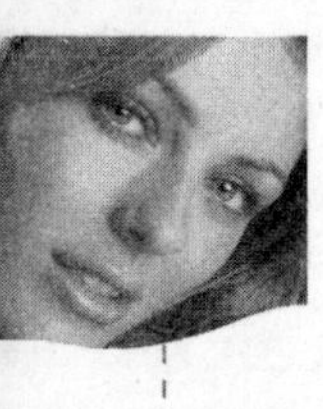

病。高山因为承受着土石树木，所以才变得雄伟；大海正是容纳了百川，所以方显得辽阔。要记住弥勒佛像两边的对联："大肚能容，容天下难容之事；开口便笑，笑天下可笑之人。"如果能对任何不顺心的事情都能一笑了之，生活中不开心的事就会减少。

有人说："用你喜欢别人对待你的方式去对待别人。"我们每个人，都是需要别人理解、同情和尊敬的。推己及人，与人相处应该豁达一些，来个"礼让三先"：与同事相处先让三分，与长者相处先敬三分，与弱者相处先帮三分。果然如此，那么沐浴我们的必将是阵阵和煦的春风和一片灿烂的阳光。

善解人意，还在善于体察他人的心境，给人以及时雨一样的帮助，让温馨、祥和、慰藉来沟通心灵。比如：对窘迫的人讲一句解围的话，对颓丧的人讲一句鼓励的话，对迷途的人讲一句提醒的话，对自卑的人讲一句振作的话，对苦痛的人讲一句安慰的话……这些非物质化的精神兴奋剂，既不要花什么金钱，也不要耗多少精力，而对需要帮助的人来说，又何异于旱天的甘霖，雪中的炭火？

人生在世，与人为伍，许多人常叹善解我者难求。那么，一个聪慧的女人，就会学着去善解他人，而当自己在善解他人时，他人也将善解你。

善解人意的女人是最"女人"的女人。善解人意的女人最有女人味，善解人意的女人最让爱她的男人放不下。

善解人意的女人譬如一方美玉，本不需要刻意地修饰与装点。善解人意的女人丰富而又单纯，朴实而又清澈，她的特质恰与美玉的特质相同。

善解人意的女人自有不可抗拒的魅力。因为她的美景是深蕴于内而形诸于外的，没有丝毫人为的痕迹。

善解人意的女人很会设身处地进行换位思考。比如在婚姻生活中，她知道躺在身边的这个男人虽然是她今生今世的至亲至爱，但作为一个个体的男人，他那颗心属于她的同时，更多的还是属于他自己；她知道，对于男人来说、外面的世界的确比家里要大得多；她还知道这个男人对她很爱恋，但男人的事业还是不同于爱情。

因此，善解人意的女人无论在什么时候都不会把男人当成私有财产，要男人对自己言听计从，不会在男人忙于工作时抱怨男人不顾家，也不会要求男人时时刻刻牵挂着自己。善解人意的女人知道好的男人就像是高空中盘旋的鹰，只有当这鹰很累了想要休息了的时候，才会回到女人身边，才会想起享受他的爱慕。

善解人意的女人是娴静的。善解人意的女人该是“静若处子，动若脱兔”里所指的“处子”。就像你不会忽视了挂在厅堂里的一幅淡雅的水墨画儿一样，在稠人广众之中，你也不会忽视了一位安静地独坐一隅的善解人意的女人。

善解人意的女人不会轻易受外界的干扰，任凭一些红男绿女在那里吵翻了天，她仍能独守着那一份娴静。她会专注于你的谈话；你提问的时候，她会轻声地回答。当她高兴地望着你的时候，她脸上的笑涡也是浅浅的，让人联想起荷塘上小鱼儿跃出水面的情景。

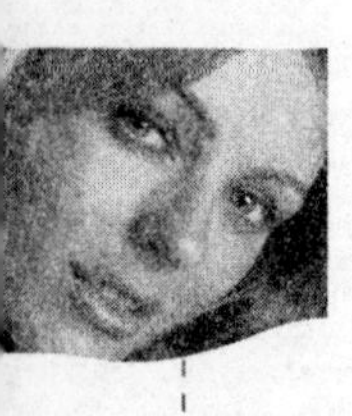

6. 柔弱是女人一生的宝贵财富

柔弱是女人一生的宝贵财富。如果你希望自己更完善、更妩媚、更有魅力，你就应当保持或挖掘自己身上所独有的特点——柔弱。

对付敌人，当然希望泰山压顶，一举全歼。但是如果敌人过于强大呢？以硬对硬，犹如以卵击石。俗话说，滴水可以穿石，柔竹能敌强风，不妨来个“纤细阴柔之术”。何为“纤细阴柔之术”，其术“纤”为表，而思虑之“细”在其中，“柔”为表，而行事之“阴曲”在其里。心细如丝，方能防欺绝奸；行事曲折隐秘，才能出人意料。

柔弱之水可为滔天巨浪，摧枯拉朽，吞噬一切，可凿岩穿石，水滴洞穿。可见，柔并不等于弱，刚也并不一定等于强，关键在于人怎样去利用它，怎样恰到好处地利用它。

“柔”被弱者利用，可以博得人同情，很可能救弱者于危难之间。因此，“柔”往往是女人的护身符。

女人与生俱来就有生理心理上的脆弱感。这种脆弱感是激进的女权主义者和男人最鄙夷之处，它又常常只是一种隐蔽的力量。女人必须唤醒它的威力，善加利用，用自己的敏感去觉察环境的危险，用自己的细腻去精心计划防御竞争者的战争，再用以柔克刚的方法去赢取最大的利益，包括盛名、财富和爱情。

古代阿拉伯有一个叫列依的小国。人们都把列依王国的王后尊称为“斯苔”。她是个十分善良、温柔而又贤慧的女人，当国王法赫尔·杜列驾崩以后，其子即位，号为玛智德·杜列。由于玛智德年纪尚幼，只好由母后代政，这样过了十几年。后来玛智德虽然长大成人，却是逆行不肖，不履朝政，整日只知同后妃们淫逸荒嬉，仍由他的母后执撑大权，周旋于列依、伊斯法罕和卡赫斯坦等大国之间。

在这种情况下，强大的苏丹玛赫穆德，派了一使者到列依，向斯苔恐吓道：“你必须呼我万岁，在钱币上印铸我的肖像，对我称臣纳贡。否则，我将率军攻占你的国家，将列依纳入我们的版图。”使者还递交了一封重要的信件——战争的最后通牒。

列依王国的百姓得到这个消息，群情激愤，与敌人誓死血战的气氛笼罩着这个弱小的国家，但列依王后却宣布与敌人讲和。一时间权臣和百姓对王后的行为都百思不得其解，甚至有人诽谤她是“靠出卖身体换回权力的荡妇”，大家都怀疑她与强大的苏丹有暧昧关系。但是这个明智而坚强的王后宁愿做“坏女人”，亲自赴苏丹的鸿门宴，为自己的祖国争取和平的机会。苏丹确实早就倾慕王后的美貌与风仪，而且宴会的地点还选在了国王的寝宫，不准王后带一个随从。这也难怪臣民不理解王后的行为，当然苏丹的目的不言而喻，如果能得到列依王后，便也心满意足。

可事实的真相到底怎么样呢?

王后被猜测成对苏丹献媚取宠的谈话，其实内容简单而深刻。

在华丽的苏丹床榻边，盛装高贵的王后用温和、不卑不亢的语气对苏丹说：“尊敬的玛赫穆德苏丹，假如我的丈夫法赫尔还活着的话，您可以产生进犯列依的念头，现在他谢世归天，由我代行执政，我心中思忖：玛赫穆德陛下十分英明睿智，决不会用倾国之力去征讨一个寡妇主持的小国。但是假如您要来的话，至尊的真主在上，我决不会临阵逃脱，而将挺胸迎战。结果必是一胜一败，绝无调和的余地。假若我把您战胜，我将向世界宣告：我打败了曾制服过成百个国王的苏丹。而若您取得了胜利，却算得了什么呢？人们会说：‘不过击败了一个女人而已。’不会有人对您大加赞美。因为击败一个

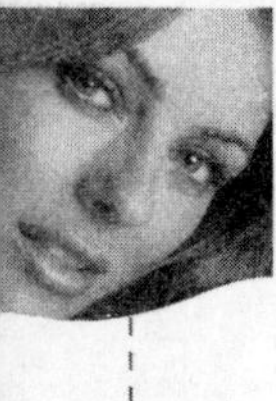

女人，实在不足挂齿。”

强横的苏丹听到这话很震撼，看到她那恬静无畏的表情，苏丹彻底放下了手中的屠刀。在她执政期间，玛赫穆德苏丹一直没有对列依王国兴师动武。

斯苔王后的高明之处就是很好地考虑了自己的性别角色，向同样强大的敌人展示了自己柔弱的一面，这等于向对手宣告：“好男不和女斗，如果你还算一个有点儿胸襟的男人，就应该放弃对一个弱女子的攻击。”这样反而令对手恐惧，也就不好意思再争斗下去了。女人的柔弱就是具有这样强大的力量，它可以击退千军万马而不动用一兵一卒。

柔并不等于弱，刚也并不一定等于强，关键在于人怎样去利用它，怎样恰到好处地利用它。女人千万别小看自己柔弱的一面，这种气质往往是你立身处世的最锋利的武器，这是只属于女人的隐蔽的强大威力。

7. 善用他人之臂助己之力

俗话说：大树底下好乘凉。的确，作为女人，在你的背后，要是有个显赫的人物为你撑着，你的人生旅途自然畅通无阻。

女人使自己成为一流人物的途径之一，就是要与一流人物交往。

在现代社会，借力这种手段已被政治、经济、文化以及外交等领域广泛运用，而且大有日趋扩展之势。对于人际交往，它不失为一种提高自身形象，扩大自己影响的策略和技巧。

被社会承认，是人的正当追求，对社会进步也有积极意义，而借助名人提高自己的社会知名度，就是被社会所承认的方式之一。同时这也是寻找“朋友”、建立新关系的手段，不失为做人处世的一种好方法。

王芳原是一个小县城的中学教员。她有一个同族哥哥是省直机关的官员。那年寒假，王芳去给哥哥送土特产，哥哥请来处里的一位女处长同来喝酒。席间，王芳与这位女处长边饮边谈，酒助谈兴，两个人大有“酒逢知己千杯少”之感。女处长乘兴许诺，如有机会帮她调到省城。

王芳就势施以“攀”术，只要有机会，就来省城；想方设法也要去看这位女处长，每次去拜访时总是捎带一点土特产。这样点点滴滴的情感交流，感动了女处长的心，没出几个月，这位女处长就将王芳借调到她们处，负责事务性接待工作。

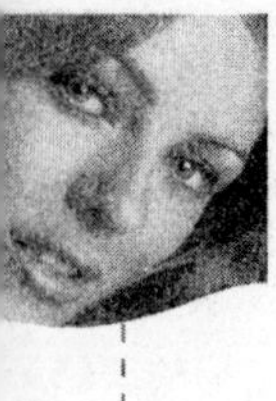

这年夏天，京城一位高官要来省城接受三个月的中医保健治疗。经省委办公厅决定，要为这位德高望重的老人找一个临时生活秘书，这项工作竟然落到王芳头上。

从此，王芳的命运便因这位老人的出现发生了质的变化。王芳知道，老人是一棵大树，王芳要靠着这棵树。

王芳殷勤备至，给老人以无微不至的关怀和照顾。她很会察言观色，细致入微地体味老人的性格和习性，她发现老人很喜欢读传记文学，就到书店给老人买来《拿破仑传》、《罗斯福传》等。老人爱看《参考信息》，王芳就每天都及时地从报摊给老人买来一份。天气晴朗的早晨，她会搀扶着老人，缓缓地行走在林荫小路上。听林间鸟鸣，看旭日东升，向老人讲当地的风土人情。每天早晨他都将早点给老人端到房间，还没等老人吃完，她又将老人最爱喝的乌龙茶给老人泡上。

白天，她会及时地安排老人服药，做保健锻炼，而且既有节有度，又认真细致。让老人觉得这小姑娘是一个会工作而又通人情的人。

转眼间三个月过去了，老人即将回京。说心里话，老人已对王芳产生了较强的依赖心理，觉得这年轻人使他每天的生活都非常充实。而王芳所有的用心其实是为了老人走前能为她说句话。

在官场几十年，老人当然知道自己应该怎样对待自己身边的人，他不会让一个年轻人的努力付之流水。

老人问王芳："我走后，你有什么想法?"

王芳说："我很想跟您去北京。"

老人笑了："去北京是很困难的。在你们省，我可以帮你找一份合适的工作。"

老人回京前，要和省里的领导进行一次谈话。谈话时老人重点谈了王芳的事情，省里领导答应一定给予考虑。不久，王芳就正式成为该省主管工商财贸的副省长的秘书。

运用"借势"的思维方式，借他人之势，扩大自己的影响，这是成大事之人必不可少的手腕。普通陌生人一般很难结交知名人士。若能与他们合作

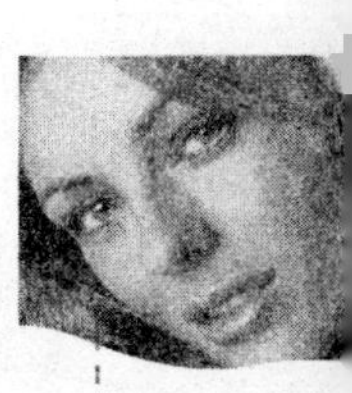

或与他们交上朋友那真是很荣幸也是很珍贵的。只要你有人生成功的大决心，并且方法得当，总能获得结交名人的机会，并得到他们的支持与帮助。

（1）掌握他们的各种关系

要与知名人士交往，最基础的工作就是要掌握他们的各种关系。

知名人士也是人，不是神，他有各种社会关系，有各种各样的业务工作，也有各种各样的喜好、性格特征。特别是现代媒体，经常关注一些名人的情况，从中你定会了解他们许多情况。

人都有各种各样的社会关系，名人更是如此。你可以从他的历史上认识他，他的过去、他的经历、他的祖辈、父辈，也可以从他的亲属、他的朋友、他的子女等等那儿认识并了解他。

从专业、业务工作上了解名人也是一条好途径。例如商界名士，他经营的范围主要是哪些，次要是哪些，他的分公司、子公司分布在什么地方，这些公司的经营者是谁等等。

从兴趣爱好上了解名人。他喜好什么运动、什么物品、什么性格的人，他喜欢或经常参加什么聚会，他休闲、娱乐的方式有哪些，到什么地方等等。

总之，要结交一个名人又没有机会的时候，你不妨先从以上几方面去了解，总会发现一些机会的。

（2）借助关系贴近名人

在掌握名人的各种关系之后，你要设法通过这些关系去认识名人。不要小看各种关系的作用，哪怕是名人身边的家政保姆、服务人员，没准也能替你引见呢。因此你要做个有心人，锲而不舍去动脑筋，就像攀崖运动，寻找到一切可以借助的点，向人生顶峰挺进！要利用各种名人关系，或请引见，或写信函请转交，或请推荐等等，总会有成效。

（3）以内涵打动名人

和名人交往，关键还要看你自身有没有可以引起名人注意的内在素质和底蕴。各种关系只能是个渠道，使你能进入名人的圈子，而能不能进一步得到他们的提携、指引、帮助，这就需要你自己拿出一番工夫来。

倘若你仅仅是个追星族一样的崇拜者，那么接近名人之后不外乎请他签

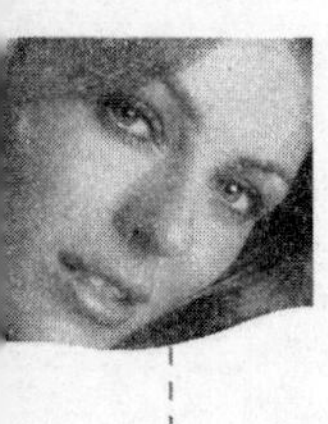

个名，合个影什么的，你还能得到什么呢？倘若你是指望名人为你的人生成功助一把力，你就得首先在与名人相关的专业上下工夫，几番磨炼后，拿出点真东西来向他们请教，和他们探讨，一旦他发现你是个可塑的苗子或人才，没准会爱才心切，主动为你提供很多宝贵的帮助和机会呢。

年轻的艾琳娜 16 岁时就特别喜爱写小说，她的父母、老师也觉得这孩子颇具文学的天才。但她写出第一部小说，自己送到一家出版社后，编辑没怎么看得上眼，就退了回来。

艾琳娜并不灰心。她开始动心思寻找打开出版社的大门。于是，她通过学校的老师介绍，认识了某个文学杂志社的知名作家兼主编。想不到作家仔细阅读了她的作品后，大为首肯，略作了修改之后，便向一家出版社隆重举荐，并在自己的杂志上开始连载。最后，艾琳娜的处女作顺利出版，在读者中引起了热烈反响。

这个故事说明，与名人交往不可徒具形式，那叫“混圈子”。你要拿出真东西来，靠名人的台阶去跨进成功之门！

（4）制造特殊的见面氛围

当你发现了或者创造了与名人见面的机会后，最重要的便是如何制造一种特殊的会面氛围。

例如，在一次讲座举办时，你在选择位置上，一定要选择一个与名人尽可能近的位置，以便他能发现你，并且一有机会便可搭上关系。

同时，要以穿着表现自己的个性，因为与人第一次交往，别人往往是从服饰上得来第一印象。着装要表现个性、特色，使人一目了然。

要针对名人关注的事予以刺激，要尽快发现对方关心注意何事，找到适当的话题，抓住对方的注意力，刺激对方对自己的兴趣，话语要力求简洁、有独创性，使对方产生震撼，留下较为深刻的第一印象。

由于名人的光特别亮，一旦借到名人的光，自己也会“亮”起来。做人如此，做事更如此。

8. 做个左右逢源的女人

决定女人成败的重要因素就是人际关系的好坏。虽然人的心里很难用法则来规范统一，但是人的心理是有些共通之处的，因此，为人处世也要掌握一定的手段，能够洞悉人情世故奥妙之处的女人，便是在世上能够左右逢源的女人。

我们每个人都是社会人，每天都必须与各种各样的人交流、沟通、合作，这就是我们常说的“为人处世”。在为人处世方面，中国古铜钱的外形给我们极好的启示——内方外圆。“方”是做人之本，“圆”是处世之道。

所谓“内方”是指为人要诚实、守信、谦虚，对人要真诚、友善、宽容，乐于助人、善于分享。一个人要想成功，他的品质是最为关键的，因为人的品质决定人生成败！而“外圆”指的是做事要讲究方法、技巧、艺术。要善于与人合作，要积极建立广泛的人脉，要善于进行广泛的资源整合。

在生活中，我们常常看到一些八面玲珑，但心术不正的交际高手，由于缺少“方”，他们将难以成功。同时我们又经常会看到不少非常本分做人、待人真诚的职场人士，由于欠缺“圆”，缺乏必要的待人接物的技巧，屡屡不得志，也很难获取成功。因此，“内方外圆”的为人处世之道也就成为了获取成功的一个重要因素。

《红楼梦》里，最会办事，最擅长办事的，要数左右逢源、八面玲珑的凤

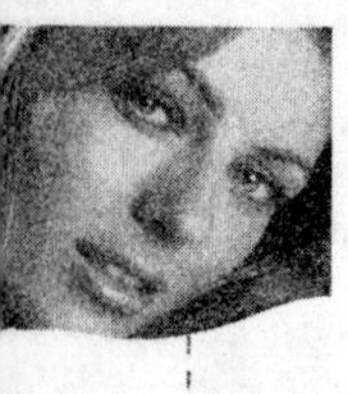

姐了。一天，邢夫人把凤姐找来，悄悄向凤姐儿道："叫你来不为别的，老爷因看上了老太太屋里的鸳鸯，要她在房里，叫我和老太太讨去。我怕老太太不给，你可有法子办这件事么?"凤姐儿听了，忙赔笑道："依我说，竟别碰这个钉子去。老太太离了鸳鸯，饭也吃不下去哪里就舍得了？太太别恼，我是不敢去的。明放着不中用，而且反招出没意思来。老爷如今上了年纪，行事不免有点儿背晦，太太劝劝才是。"邢夫人冷笑道："大家子三房四妾的也多，偏咱们就使不得？我劝了也未必依。就是老太太心爱的丫头，这么胡子苍白了又做了官的一个大儿子，要了做屋里人，也未必好驳回的。我叫了你来，不过商议商议，你先派了一篇的不是。也有叫你去的理？自然是我说去。你倒说我不劝，你还是不知老爷那性子的，劝不成，先和我闹起来了。"

凤姐儿知道邢夫人禀性愚弱，只知奉承贾赦以自保，次则婪取财货为自得，家下一应大小事务，俱由贾赦摆布。儿女奴仆，一人不靠，一言不听。如今又听邢夫人如此的话，便知他又弄小性子，劝也不中用了，连忙赔笑说道："太太这话说的极是。我能知道什么轻重？想来父母跟前，别说一个丫头，就是那么大的一个活宝贝，不给老爷给谁？依我说，要讨，今儿就讨去。我先过去哄着老太太，等太太过去了，我搭讪着走开，把屋子里的人我也带开，太太好和老太太说。给了更好，不给也没妨碍，众人也不知道。"邢夫人见她这般说，便又喜欢起来，又告诉她道："我的主意先不和老太太说。老太太要说不给，这事便死了。我心里想着先悄悄地和鸳鸯说。她要是害臊不言语，就妥了。那时再和老太太说，老太太虽不依，搁不住她愿意，常言'人去不中留'，自然这就妥了。"凤姐儿笑道："到底是太太有智谋，这是千妥万妥。别说是鸳鸯，凭他是谁，那一个不想巴高望上、不想出头的?"邢夫人笑道："正是这个话了。你先过去，别露一点风声，我吃了晚饭就过来。"

凤姐儿暗想："鸳鸯素昔是个极有心胸气性的丫头，虽如此说，保不严她愿意不愿意。我先过去了，太太后过去，她要依了便没的话说；倘或不依，太太是多疑的人，只怕疑我走了风声，叫他拿腔作势的。那时太太又见应了我的话，羞恼变成怒，拿我出起气来，倒没意思。不如同着一齐过去了，她依也罢，不依也罢，就疑不到我身上了。"想毕，因笑道："才我临来，舅母那

边送了两笼子鹌鹑，我吩咐他们炸了，原要赶太太晚饭上送过来。我才进大门时，见小子们抬车，说太太的车拔了缝，拿去收拾去了。不如这会子坐了我的车，一齐过去倒好。”邢夫人听了，便命人来换衣裳。凤姐忙着服侍了一会儿，娘儿两个坐车过来。凤姐儿又说道：“太太过老太太那里去，我若跟了去，老太太若问起我过来做什么，那倒不好；不如太太先去，我脱了衣裳再来。”

邢夫人听了有理，便自往贾母处。

凤姐儿左右逢源、见机行事之术可见一斑。若是有好事儿，她肯定是百米冲刺跑在最前头；要是估着没什么好儿，她则施展一招绝活，将“皮球”踢给别人。从此事中已见凤姐儿“推法”之妙。

人们都只知海阔凭鱼跃，天高任鸟飞，却不知海不阔天不高之说。在现实生活中，客观环境往往就不允许你跃，不允许你飞，所以你要学会应变，做到左右逢源。

第五章

思路决定女人的贫富

P

创新是永无止境的，女人们想在激烈的商战中立足，就要学会创新。人无我有，人有我新，人新我奇。这样走在创富的道路上，你才会比别人更轻松。

1. 做别人没做过的生意

创新力是最珍贵的财富，如果女人具备这种能力，就能把握商场的最佳时机，从而缔造伟大的奇迹。

在夹缝中求生存，你必须善于创新，勇于创新，才能占据市场。用这种手腕去做事，成功的一定就是你。世界上因创新而获成功的人简直是不胜枚举。

法国美容品制造师伊芙·洛列是靠经营花卉发家的。

后来伊芙·洛列开始用花卉生产美容品，短短的二十年来，她已拥有960家分店，企业遍布全世界。

伊芙·洛列生意兴旺，财源广进，摘取了美容品和护肤品的桂冠。她的企业是惟一一家使法国最大的化妆品公司“劳雷阿尔”惶惶不可终日的竞争对手。

这一切成就，伊芙·洛列是悄无声息地取得的，在发展阶段几乎未曾引起竞争者的警觉。她的成功有赖于她的创新精神。

最初，伊芙·洛列从一位年迈女医师那里得到了一种专治痔疮的特效药膏秘方。这个秘方令她产生了浓厚的兴趣，于是，她根据这个药方，研制出一种植物香脂，并开始挨门挨户地去推销这种产品。

有一天，洛列灵机一动，何不在《这儿是巴黎》杂志上刊登一则商品广

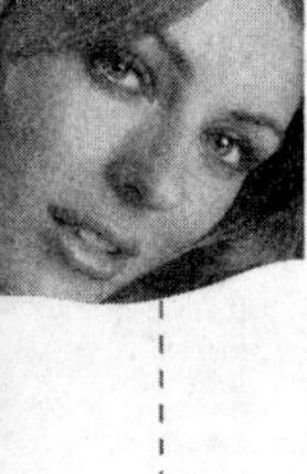

告呢？如果在广告上附上邮购优惠单，说不定会有效地促销产品。

这一大胆尝试让洛列获得了意想不到的成功，当她的朋友还在为巨额广告投资而苦闷时，她的产品却开始在巴黎畅销起来，广告费用与其获得的丰厚利润相比，完全可以忽略不计。

当时，人们认为用植物和花卉制造的美容品毫无前途，几乎没有人愿意在这方面投入资金，而洛列却反其道而行之，对此产生了一种奇特的迷恋之情。

洛列开始小批量地生产美容霜，她独创的邮购销售方式又让她获得巨大成功。在极短的时间内，洛列通过这种销售方式，顺利地推销了 70 多万瓶美容品。

如果说用植物制造美容品是洛列的一种尝试，那么采用邮购的销售方式，则是她的另一种创举。

时至今日，邮购商品已不足为奇了，但在当时，这却是前无古人的。

后来，洛列创办了她的第一家工厂，并在巴黎约奥斯曼大街开设了她的第一家商店，开始大量生产和销售美容品。

伊芙·洛列对她的职员说："我们的每一位女顾客都是王后，她们应该获得像王后那样的服务。"

为了达到这个宗旨，她打破销售学的一切常规，采用了邮售化妆品的方式。

公司收到邮购单后，几天之内即把商品邮给买主，同时赠送一件礼品和一封建议信，并附带制造商和蔼可亲的笑容。

邮购几乎占了洛列全部营业额的 50%。

洛列邮购手续简单，顾客只需寄上地址便可加入"洛列美容俱乐部"，并很快收到样品、价格表和使用说明书。

这种经营方式对那些工作繁忙或离商业区较远的妇女来说无疑是非常理想的。如今，通过邮购方式从洛列俱乐部获取口红、描眉膏、唇膏、洗澡香波和美容护肤霜的妇女已达 6 亿人次。

这种优质服务给公司带来了丰硕成果。公司每年寄出邮包达 99 万件，相

当于每天3到5万件。后来，随着公司发展，销售额和利润增长了30%，营业额超过了25亿，国外的销售额超过了法国境内的销售额。

如今，伊芙·洛列已经拥有400余种美容系列产品和800万名忠实的女顾客。

洛列的成功正好证实了金克拉的话："如果你想迅速致富，那么你最好去找一条捷径，不要在摩肩接踵的人流中去拥挤"。

懂得创新的高手不情愿跟随在别人的屁股后边走，而是勇于探索，大胆创新，另辟蹊径走出自己的路，因而他们的成功往往令人叫绝，自己也很快在庸人堆里脱颖而出。

现代女性的创新意识，意味着现代女性的一种永不满足的追求。不具备创新意识这一心理素质的女性，不会成为一个优秀的现代女性。

何燕靠IC卡起家。当时，中国市场上所有的IC卡电话几乎全部是进口产品，市场份额最大者为西门子。人们以为IC卡市场没有中国的地盘，面对外面群狼的进攻，只能举手投降。

几位成都电子科技大学的电子技术研究人员却不甘认输，他们捕捉到IC卡技术的美好前景之后，这群穷书生想在完全没有资金，同时又非常缺乏市场营销战略人才的情况下将它产业化。

这时，毕业于南京邮电学院、深知这一科研成果市场价值巨大的何燕现身了。当时很多人阻止她，要她投资其他项目，认为这个项目没有发展前景，何燕不为所动，投资了50万元做启动资金，电子科大的科研小组负责全部技术问题，在电子科大租来的一间破旧教室里开始了研制工作，完成了资本与技术的结合。

他们经过创新研发出了国内第一台技术领先的IC卡电话机，并通过了有关部门组织的科技成果鉴定。

何燕带着这部IC卡电话机来到邮电部，凭着过硬的质量和自信，一举获得了邮电部的认可。成都国腾通讯有限责任公司成立，何燕担任总经理，独立承担了邮电部9528号重点科研项目，成功地研制出了中国第一台IC卡公用付费电话机，填补了国产IC卡电话机的空白。经过两年的奋斗，国腾公司获

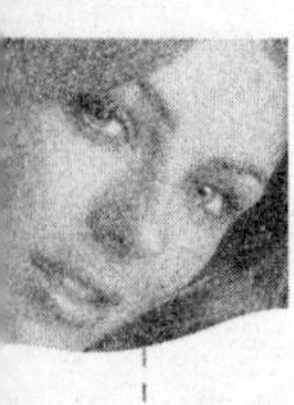

得了邮电部的入网许可证，并成为了国内同行业中获得邮电部入网许可证最多的企业。

在何燕的有效领导下，国腾公司在短短的两年多时间里，IC卡话机累计销售量达20万台，销售收入10亿元。在全国，IC卡公话市场覆盖地区已达到12个省市，包括北京、山东、辽宁、吉林、重庆、河北、湖南、江西、四川、贵州、陕西、青海等地，2000年在上述地区销售量达7万台左右，国腾公司已占有国内IC卡电话30%的市场。产品还进入多个发展中国家，并积极准备向美国等发达国家进军。

按常理说，外国的IC卡电话机已经优先占领了市场，从科技开发来说，何燕的电话机晚了一步，但是她从逆向着手，成功地研制出了中国第一台IC卡公用付费电话机，填补了国内空白。不怕外国产品的攻击，相反，还利用科技优势，积极准备杀个回马枪，向外国发达国家进军。

国腾公司随IC卡电话的普及而为人熟知，其跳跃式的发展引起各界关注，目前已跻身全国103家重点高新技术企业之列，并成为国家909集成电路设计中心之一。

《草庐经略》上说："虚实在我，贵我能误敌"。兵法上有"实则虚之"的谋略，然而，这都没有一定之规，关键要看个人的胆识和悟性。兵者，"诡道"也，所谓"诡"和"谲"之类的词语，在兵家那里是没有褒义和贬义之分的，这些词的意思无非就是一个，那就是变化。谁能变化得宜，谁就会取得胜利。在军事上，与其说是斗勇，不如说是斗智，而智，就是变化。所以我们要善变，不可拘泥于一格，否则就无法有所创新。

总之，要取胜，就必须懂得变化，采取反"常"的策略，你才能在任何环境中都立于不败之地。

有人说："凡事第一个去做的人是天才，第二个去做的人是庸才，第三个去做的人是蠢才"。但是，我们偏偏看到，有的人即使编号第一千万个，即使挤破头也改不了一窝蜂的本性。其实，想成功就应该出奇制胜，用自己独到的眼光去发现别人未做过的事业，这才是成功的快捷方式。

2. 无中生有，财源滚滚

眼光代表阅历，代表经验，代表能力，代表智慧。有着与众不同的眼光，因而有着与众不同的成功。

无中生有，是指“无风起浪，惹是生非”或“造谣生事，兴风作浪”，说的是一种唯恐天下不乱的心理。但是从计谋或计策的观点看，“无中生有”则是所谓“创造力的发挥”，它的意义是积极的、正面的，它的用途是至多的、无限的。

一个暴风雨的日子，有一个穷人到富人家讨饭。

“滚开!”仆人说，“不要来打搅我们。”

穷人说：“只要让我进去，在你们的火炉边烤干衣服就行了。”仆人以为这不需要花费什么，就让他进去了。

这个可怜人，这时请求厨娘给他一口小锅，以便他煮点儿“石头汤”喝。

“石头汤?”厨娘说，“我想看看你怎样用石头做成汤。”于是她就答应了。穷人便从口袋里掏出路上找来的石头，把它洗净后放在锅里煮。

“可是，你总得放点盐吧。”厨娘说，她给他一些盐，后来又给了豌豆、薄荷、香菜。最后，又把能够收拾到的碎肉末也放在汤里。

当然，您也许能猜到，这个可怜人后来把石头捞出来扔回路上，美美地喝了一顿肉汤。

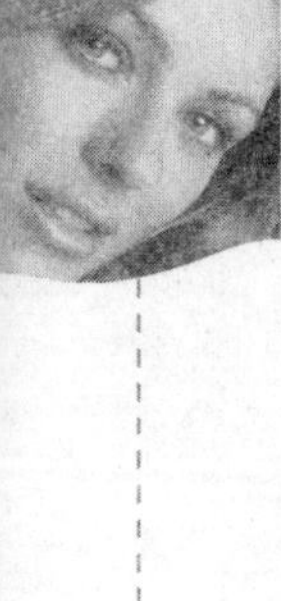

如果这个穷人对仆人说："行行好吧！请给我一碗肉汤。"会得到什么结果呢？

所以，方法正确，坚持下去，你就能成功。

创意，要求你独具匠心地"悟"，别出心裁地"悟"，独树一帜地"悟"，推陈出新地"悟"。"悟"出超越自己、超越他人的东西，"悟"出自己没有、他人也没有的东西。

现代的企业经营，事实上就是创造力的竞赛和战争。企业的经营者如果能够充分发挥主观能动性，把创造力恰当地运用，就可能从"无"中生出"有"来，产生意料不到的效果，给自己带来滚滚财源。

十多年前广州食肆如林，但激烈的竞争又使不少素质不高的街边仔被淘汰出局，留下的则是历尽千辛万苦的佼佼者，有的已登入大雅之堂。谭小霞一家靠不断创新经营的广州市"九记"鱼翅海鲜酒家就是其中一个典型。

广州人"无鸡不成宴"。谭小霞一家两代人就是靠卖鸡发达的，从摆大排档到开鱼翅酒家，就是靠一只鸡！

做大排档并不轻松。因为本钱少竞争又激烈——广州就有清平鸡、盐鸡、洪寿鸡、百岁鸡、糯米鸡、云英鸡、思乡鸡、清远白切鸡、大爷鸡、五柳手撕鸡、富贵鸡、贵妃鸡等数十种，任君选择。所以"九记"对手如云，要保住品牌没有创新意识是不行的。

如何创新使老牌子更上一层楼，更符合食客口味？他们一家人齐心协力、起早摸黑地干。

要泡制靓鸡，第一关是严格选料。当年的谭瑞坚骑辆旧单车去三元里市场，仔细精选各地产的约两斤三两重的母鸡，不管冬寒夏暑，不管雨淋日晒，每天都要跑几个钟头，有时鸡种不靓还要多跑几个市场。妻子李柳坤清早起来便手不停脚不停，先煲下一大锅粥，又忙着煮开水宰鸡。长女谭小霞除了招呼食客外，还整天花心思尝试用多种方法浸鸡，试了这种又试那种，费了不少脑筋，熬了不知多少个不眠之夜，终于发现了关键问题是要掌握好浸鸡水的温度，鸡要皮滑、肉嫩，必须要用"虾眼水"。但"虾眼水"又要视当日不同的气温而定，这就要掌握好炉火温度。工夫不负苦心人，她终于摸出了

一条分批浸制和定量下配料的经验，使每天浸出来的鸡，味道一致，鸡髓内留下一条红色线条，形成自己的独特风味：肥嫩鲜美、鸡身油亮、皮爽肉滑、香味浓郁。

总之，“九记”从选料到上碟，虽然经过多个工序，但一环扣一环，环环抓质量，形成自己的特色风味。“九记”鸡在1984年被评为广州个体户优质名菜，在羊城食坛远近驰名，经久不衰。“九记”除了在“鸡”上大做文章外，还锐意创新，烹鳝就是他们的拿手好菜，如炒马鞍鳝和煎金钱鳝片，就颇具特色。前者在鳝肉上刻上斜花纹，配有鲜笋片、辣椒片，经拉油后烩炒而成，菜色明快、爽脆可口、鲜甜醒胃，食客吃后交口称赞。煎金钱鳝片更是“九记”创新之举。将白鳝切成金钱片，经腌制后拍入生粉，用油将两面煎至金黄色上碟。以辣椒、梅子、酱、糖、醋煮成的芡汁佐食。经腌制后吃起来甘香酥脆，鳝肉鲜美，微有酸甜。在热不思食的炎夏来品尝，更感滋味无穷。

早在1990年，“九记”在海珠广场分店便增设即点即烹海鲜菜式业务。诸如白灼基围虾、白灼竹节虾、蒜茸开边蒸虾、清蒸海（河）鲜、姜葱爆肉蟹、豉汁蒸带子、五彩炒鳝片等数十款之多。食客可在海（河）鲜饲养点任意挑选，过秤后便可回席安坐，不一会儿，热辣辣、香喷喷的海（河）鲜菜式便端到食客面前。

在经营手法上“九记”真正把食客当上帝。他们求变求新的经营手法，把美色真正做到了食客的胃里，财源也源源不断地流入了他们的口袋里。

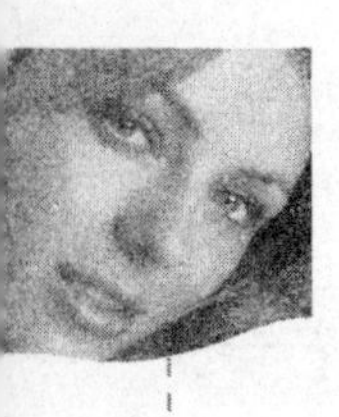

3. 财富是“变”出来的

“创新者生，墨守者死”。社会是发展变化的，只有变化才能生存，也只有跟上时代的变化才能求得发展。要有变化就需创新。

很多缺乏变化的女人，她们在生活中总是过着墨守成规的日子，几十年来不变，这种女人一辈子也不可能有所改变、有所创意，只有善于改变思维的女人，才能够受到财富的青睐。

当大家对一件事都持有一种相同的观点时，精明的女人却能从另一个角度出发，得出与众不同的结论，从而先人一步赢得财富的先机。

有这样一个女人，她改变了法国直至欧洲乃至美洲妇女的穿着习惯，开创了现代服装的新潮流，塑造了 20 世纪妇女的新形象。她就是法国服装设计大师、被誉为服装界“女皇”的卡布里埃·莎涅尔。

莎涅尔并非出身名门望族，也没受过正统的高等教育。1883 年她出生在奥弗省的小镇索米尔，她父亲是个小批发商，母亲生下她不久，父亲就遗弃了母女俩，不久，母亲也弃她而去，莎涅尔成了一个孤儿，进入当地教会办的孤儿院。

莎涅尔在孤儿院一直待到 16 岁，她耐不住孤儿院寂寞孤苦的生活，翻出院墙偷偷地跑到了离家乡较远的穆兰镇。冷清的小镇上多了一个引人注目的姑娘，她有着清丽、洒脱的高贵气质，却无依无靠、谋生乏术。

起初，她在镇上当歌手，给镇上的市民、驻防当地的士兵唱些民歌，但唱得蹩脚，充其量不过是个三流歌手。

后来，她转到一家缝纫用品商店当售货员。能剪会裁的莎涅尔，常常在自己的服饰上搞些别出心裁的小革新——或是在袖口镶上点花边，或是把裙子上繁复的褶皱减省几条，她成为小镇上最时髦的姑娘。

她喜欢上男孩服装专柜，给自己添些男孩子的衣物，穿上后更显得活泼而机灵。她还为自己制作一顶扁平的圆形小帽，大胆地省去了女帽上世代相袭的羽毛饰物。在穆兰小镇，莎涅尔的这些设计如同在乡间土壤上绽开了几朵散发着幽香的野花。

与此同时，莎涅尔经历了初恋。他是当地的富家子弟，名叫艾蒂安·巴尔桑。两人一见钟情，坠入情网。巴尔桑称莎涅尔为可可，这是莎涅尔的小名。

巴尔桑对她说："这个名字非常适合你，能显示你活泼、随和的性格。"

"可可·莎涅尔"从此就叫开了，以致她成名之后，知道她本名的人反而不多。

20世纪初，莎涅尔和巴尔桑一同来到巴黎，住在玛德琳娜区康蓬大街31号夹层楼的一个小房间里。莎涅尔的一生都在这里度过，她的事业也在这条大街上发展。莎涅尔晚年称康蓬大街是一条给她"带来运气"的街。

巴黎的一切都令这位来自小乡镇的姑娘兴奋、激动。她特别感兴趣的是巴黎妇女的穿戴装束。她打量着、琢磨着，渐渐对巴黎女性的服饰形成了自己的独特看法。

她在想：20世纪的法国妇女，为什么还要守着上个世纪沿袭下来的服装呢？那厚厚的裙子多么沉重拖沓；那裹得紧紧的胸衬令人窒息，活像一副枷锁；那珠光宝气的头饰又太烦琐俗气。如此穿戴，体现不了妇女解放的时代精神。她看准了巴黎的服装业，是一个可以任她驰骋想像力、发挥才华的荒野，她完全可以当一名勇敢的拓荒者。

但是，在举目无亲的繁华巴黎，她，一个弱女子，要开拓事业谈何容易。设备、资金都没有着落，而且巴尔桑已经和她分手了。不久，另一个青年男

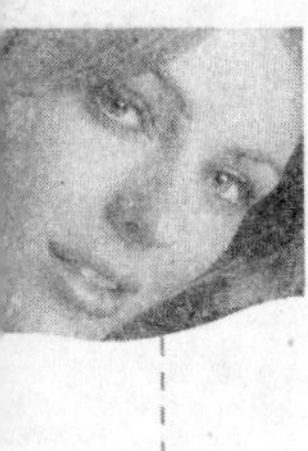

子闯入她的生活，这是个美国人，名叫亚瑟·卡佩尔。他生性随和，不拘小节，家境富裕。

正是这个表面上漫不经心的异邦人，理解和支持莎涅尔开拓服装业的雄心。1912年，他出资帮助莎涅尔开设了一个小店——不是服装店，而是帽子店。

为什么先开帽子店呢？莎涅尔说，万事开头难，开始规模小点，万一失败了，损失也不至于太惨重。其实，她经营帽子店走了一条捷径：从豪华的拉菲特商店购买一批难看的、滞销的女帽，把帽子上的饰物统统撤掉，改制成线条简洁明快的新式帽子。它透着新时代的气息，适应了社会生活大众化的趋势，很快被巴黎妇女所接受，人们称之为“莎涅尔帽”。

莎涅尔戴这种帽子时，总把帽子压得低低的，直到眼角，这种戴法，竟成为巴黎的风尚。

莎涅尔以帽子起家，却不满足于当个“制帽商”。在服装设计领域，她初试锋芒，设计出一批和巴黎妇女服饰传统风格大异其趣的服装。

她推出的新产品有：纯海军蓝的套装，纯白色的宽松的女式长袖衬衫，线条简洁流畅的紧身连衣裙，她把男式短袖衬衣的袖子加上一条宽宽的花边，使袖子延长到肘部。这些服装，今天看来是十分寻常的，但在当时和那些叠床架屋式的里三层、外三层的繁复的穿戴习惯相比，是一场了不起的革命。莎涅尔找到了一种属于她自己的设计风格，她带着这种格调清新的服装，去叩击还弥漫着贵族气的巴黎社交界。

莎涅的事业刚刚起步，生活中却遇上了意外的打击。卡佩尔，她事业的支持人，她惟一对之“产生过真正爱情”的人，1919年在地中海边的“蓝色海岸”因车祸而身亡，莎涅尔悲痛万分，要不是这次事故，莎涅尔也许会和他结为终生伴侣。后来，莎涅尔的生活中也曾有过几个男子，但她都没有正式结婚，直到她死，人们还是称她“小姐”，恐怕和这次打击不无关系。但是，卡佩尔之死并没有把莎涅尔击垮。此时的莎涅尔，已经打下了事业的基础，做好了大发展的准备，就像扬起了风帆的船只，要向大海挺进。

一位记者写道：“离开了男人的莎涅尔，完全可以独创一个‘帝国’，成

为‘帝国’的‘女皇’。”

两次世界大战之间，即1919年到1939年的20年间，是莎涅尔事业的鼎盛时期。她在康蓬大街买下了五幢房子，开设了“莎涅尔服装店”，那是巴黎最令人向往的时装店。

莎涅尔以乔赛织物为基本面料，不断推出服装佳作：有宽大的女套衫，有短短的风雨衣，有阔条法兰绒运动服，有漂亮实用的筒式礼服、卡迪甘绒衫，以及后来投入工业化生产的针织硬挺的外衣。

服装的色调，不是那艳丽的大红大绿色，而是明快的、雅致的黑色和米色。此外，莎涅尔还创造了仿宝石纽扣和大框架太阳镜。

这些服饰，整个地改变了巴黎妇女的形象，使她们显得高雅而又富有活力，有一种现代的美感，质朴、理性而又潇洒大方。服装评论家指出，莎涅尔使妇女获得解放和自由的程度比之那些空头的社会学家、哲学家要深广得多。

莎涅尔的服装风靡巴黎。人街上，到处可见“莎涅尔式”的妇女，她们穿着黑色或米色衣服，宽松长裤，有点男子气，还戴着“莎涅尔帽”。崇拜莎涅尔的妇女见面时总是互相打量着，想从对方身上找到点新奇之处。

莎涅尔开现代妇女服装之先河，取得了非凡的成功。

她说，取得成功的关键是因为她“具有现代妇女的意识”，“我创造了时髦，是因为我懂得我们的时代”，“我不像从前的那些裁缝师傅，躲在店铺后面闷头缝制，和社会生活隔绝。我喜欢外出，我喜欢运动，我要过一种现代生活，因而我对我所穿、所戴的都有自己的兴趣和选择”。

“莎涅尔热”达到高潮，越来越多的厂商仿照她的服装样式大量生产投放市场。莎涅尔对此很兴奋，她说：“哦，最使我快乐的事莫过于我的作品被模仿。时装要是不能走向街头，还成为什么时装？”

莎涅尔的事业在扩大，她越来越富有。但是她的工作却一刻也没有懈怠过。

女作家吉罗这样描写她的工作状态：在莎涅尔看来，懒惰和懈怠是不能容忍的罪恶，就这点而言，她不像20世纪的妇女，倒像19世纪的大企业家。

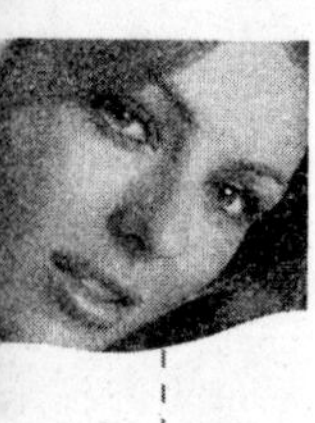

她对自己、对下属都是严厉的，不留情的。在她看来，她的下属，除了以她自己的名字为字号的商店外，不应该有其他的考虑、其他的利益。她简直是当代的独裁，然而也是最富有独创精神的企业家。

莎涅尔成名之后，对巴黎的文化界和社交界越来越感兴趣。她建立了一个模特儿之屋，那里集中了来自巴黎资产阶级家庭的妙龄女郎，她设立了一个文化沙龙，那里汇集着巴黎的名士，对经常光顾沙龙的青年作家，她按月发给津贴，她还出资对俄罗斯的芭蕾舞进行革新。莎涅尔成为社交场合的中心人物。

莎涅尔以其风采和魅力，把那个时代最漂亮、最风流、最富有的男子吸引到她的身边。迪米特里·波罗维茨大公是俄国沙皇尼古拉二世的表兄，他向莎涅尔捧出一颗炽热的心，但莎涅尔没有做大公夫人。英国威斯敏斯特公爵是一个风流倜傥的美男子，他给莎涅尔写了一封封的情书，派人一次次送去贵重礼物，莎涅尔也没有接受他的爱情，她说："世上已有三个威斯敏斯特公爵夫人了，却只有一个可可·莎涅尔。"在她看来，在自己创建的服装帝国里工作比当公爵夫人更有意思。

聪明的女人要想创造出一种市场欢迎的产品，就要懂得"变"，莎涅尔正是凭借着她打破传统、勇于创新的拓荒精神，改变了一个时代的穿戴习惯，也赢得了世人的尊敬。

4. 看准机遇，凭“感觉”捕捉金钱

所有女富豪都有一个共同的特征，就是不甘于平庸、胆子大、脑子活、能吃苦，并且擅长发现机会和把握机会。女人要勇于创业敢于创业，才能收获财富。

女人最大的财富是什么？一张漂亮的脸蛋吗？可年华易逝，容颜易老。相夫教子，依托丈夫事业的成功？可男人的事业永远属于男人，女人永远只是看客……绝大多数女人其实都有一颗积极向上的事业心，只不过是她们忽略了自己具备的财富，而甘愿做一个平常女人。女人做事业获得财富不如男人大刀阔斧，她们凭着自己一颗细腻的心在经营自己的事业与人生，成功的女人都有其感受——心细是女人长于男人的优点，也是女人与生俱来一生享受不尽的财富。

王丹玲，是一个在财富面前不甘于只吃面包屑，而敢于拿面包的“财女”。她创造性地用一次演讲融资百万元，她临场发挥妙计擦鞋收拢外商巨额投资，她与财富赛跑，她攻城略地……

苏南的富庶天下人共知，在苏南的带动下，苏北也开始有一部分人先富了起来。然而，从小在苏北农村长大的王丹玲家却没有幸运地步入先富的行列。在亲戚的周济下，王丹玲勉勉强强读到高二，就再也无力读下去了。

辍学后，王丹玲随二表姐到上海打工。在一家皮鞋厂当工人，每天工作

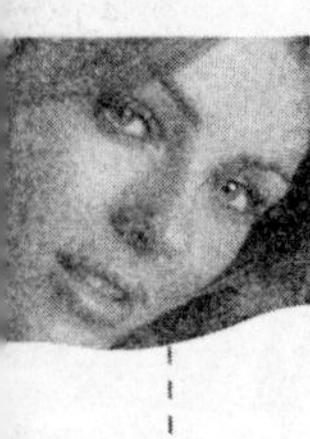

长达十几个小时，工资却仅有那么微薄的几百元。

一年后，皮鞋厂倒闭了，她和表姐去了南京，后来王丹玲留在了南京，她想在南京寻找商机，做点小生意。但究竟做什么生意，她心里也没底儿。每天吃完早饭，她就在南京的大街小巷转悠，寻找创业的路子。

一天，王丹玲路过板仓街的时候，见路两旁是一家挨着一家的汽车装潢店，但都生意红火。板仓街地处南京偏东郊，车流量不大，生意却出奇的好，深感好奇的王丹玲来到一家小门面，想看个究竟。

小门面的老板是位中年人，乐于与别人攀谈。王丹玲与小老板闲扯了一阵子，才问到主题："你们生意这么好，一年下来也有不少赚头吧？"小老板扶了扶鼻梁上的眼镜，十分不满意地说道："唉，我这是小打小闹，小本生意，赚不了几个钱，一年下来也就赚个一两百万元这个样子。"

几十平方米的小店居然有这么大的赚头，街上车流滚滚，公务车、出租车、私家车这么每天在大街上跑来跑去，灰头土脸的，它们也总该要经常美美容、洗洗脸吧。

汽车要美容要"洗脸"，王丹玲脑际突然闪过一个词"亮脸"。

"好，就干汽车亮脸这一行。"王丹玲不禁握紧了自己的拳头。

创业需要资金，可是庞大的资金源泉在哪儿呢？没有资金是最大的烦恼，但王丹玲不怕，她说："有着肥美的田地，却没有多余的麦子做种子，怎么办？借呗，总不能让这么好的田地荒着吧。"

几天后，南京几家有影响力的平面媒体上出现了一则显眼的小广告：免费讲座，给想投资的人一条金点子，演讲主题——《商业奇谋：千万富翁从天而降》。

由于贫穷，王丹玲对经济有着特殊的敏感，她一直在自学经济学方面的课程，读了许多财富方面的书籍。她的知识积累这次派上了用场。在暂时租借的一家学校的礼堂演讲那天，前来听讲的人爆满整个礼堂。王丹玲激动异常，她讲得声情并茂，台下不时爆发热烈的掌声。

演讲结束后，王丹玲向所有听讲者发了自己的名片，希望能够寻找到合作者。第二天，就有几位有投资意向的人给她打来电话，约她详谈。几经筛

选，王丹玲最终选择了一位在市场上倒卖鸡蛋的暴发户。

几个月后，王丹玲自己独特创意的“亮脸”公司营业了。

“亮脸”公司开业后生意蒸蒸日上，王丹玲自是喜上眉梢，“倒蛋大王”更是心花怒放。但是，时隔不久，王丹玲就觉得市场需求如此巨大，而自己的“道场”又实在太小了，她敏锐地意识到必须乘大好时机，扩大规模，走规模经营道路。

王丹玲把自己的想法告诉“倒蛋大王”，“倒蛋大王”却颇感为难，因为他又玩股票又炒房子，摊子铺得太大，实在无力再出资，他让王丹玲再等等，等手上资金充裕了再做打算，不急在一时。

王丹玲说：“等面包被别人拿光了，你就只能捡一些面包屑吃了。做生意有时候也必须与时间赛跑，与时间赛跑就是与财富赛跑，谁跑得快，谁掘得的金子就越多。”

就在工丹玲一筹莫展的时候，韩国一家公司的中国市场部杨经埋来南京考察市场，王丹玲闻风而动，决定前往游说。

在杨经理下榻处，王丹玲侃侃而谈，杨经理虽听得目瞪口呆，但仍不为所动。这是一位久经沙场的老生意人，面对这样的老手，王丹玲有些心灰意冷。待王丹玲讲完了，杨经理呵呵一笑，说：“王老板，对于你讲的情况，我要向总部请示才能做决定。”临走的时候，王丹玲执意要为杨经理擦一次皮鞋，杨经理惊呆了，这位风雅善辩并且事业有成的女老板怎么会肯弯腰给别人擦鞋呢？

王丹玲见杨经理不解，笑着说：“我在皮鞋厂打过工，跟一位老师傅学了一手擦鞋的手艺。我招进来的每一位员工，我都会为他们擦一次鞋。”

杨经理笑了笑：“你这是忆苦思甜呢，还是笼络人心呢？”

王丹玲爽朗地回答：“两者都有。”杨经理还是不解：“可我不是你们公司的员工。”

王丹玲说：“对待合作伙伴和可以成为合作伙伴的朋友，我都会为他擦一次鞋，只一次。生意归生意，朋友归朋友，要想真正在一起合伙捡金子，首先要成为真诚的朋友。为朋友擦一次鞋，就算是一片诚意和见面礼了，没什

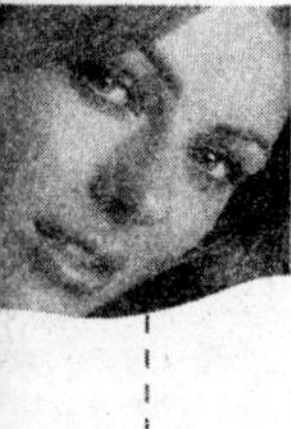

么丢颜面的。”

其实，王丹玲当时也只是死马当做活马医，一时突发奇想，想出擦鞋这一令她自己也有些哭笑不得的一招。没想到这次临场发挥，拉近了她与杨经理的距离。

半个月以后，杨经理陪同公司总部的老总登门“拜访”，王丹玲喜出望外，向这位老总捧出了自己的计划书。在计划书上，王丹玲分析了以南京为中心所辐射的都市圈内苏、锡、常及杭州等城市的市场容量，提出了迅速占领市场、攻城略地的策略。

这位老总是带着赏识和满意离开的，当然，王丹玲因为一次的临场发挥，表演了一出擦鞋“闹剧”，这次也只得将计就计给这位大老总擦了鞋。

时隔不久，杨经理带来好消息，韩国总部认为王丹玲是一位有能力有潜力并且值得信赖的合作伙伴，决定投资1500万元。

现在，王丹玲的亮脸公司正在呈遍地开花之势奋力发展。昔日的农家女早已脱胎换骨，成了远近闻名的“金凤凰”。

世界上的万事万物在其发展过程中总会隐含着一些决定未来的玄机。对于女人来说，如果能够把握住并识透这种玄机，那么就意味着可以把握未来，把握住了未来，也就是把握住了成功。一个伟大的成功者眼光敏锐，能够及时发现机会，把握时机，发挥优势，进退自如，在竞争中处于不败之地。

女人与男人自然不同，那么女人如何才能把握住事物发展中的玄机呢？这就需要你对所有事物，特别是与自己关系密切的事物保持灵敏的触觉，这种触觉也就是一个人的悟性，如果有了这种悟性就很容易把握住事物发展的玄机。所以，对于一个创业者，尤其是女性创业者来说，在创业的时候一定要培养自己灵敏的触觉，一定要把自己的悟性培养出来，这样在机会来到的时候，你才能够顺利地登上机会的快车。

5. 人有我新，人新我奇

一个成功的女人，往往从创新入手，从创新走向成功。创新是开创事业的原动力，惟有创新才能战胜自我，才能脱颖而出。人要想致富，就要去创新，敢于走别人没有走过的路。在这样一个需要创新的时代，我们要拥有大胆的想像力，惟有丰富的想像力，才能激活内在潜能。

创新已经不仅是科学家、发明家的事，它已经深入到普通女人的生活中，很多女人就是在生活、工作的各个方面的活动中迸发出了创造的火花，从而从穷人跨越为一名富人。

创新就是一种发展机遇，是将生意做大的动力源泉。世界上因创新而获成功的人简直是不胜枚举。

李晓华和她的“yeah”背包店就是这样的一个范例。

白天，李晓华是某大学数学系一年级学生，戴近视眼镜，模样文静，背着比别人都大一号的酷背包。晚上，李晓华在上下九路经营着“yeah”背包店。

在她的背包店里有两位员工，一位是她的父亲李文生，一位是她的母亲蔡玉凤，两人在一家国营皮件厂工作了近20年，技艺一流，只是因为整个工厂生意不好，两人暮年临困。李晓华用父母辛勤积攒下的钱走进大学，走进

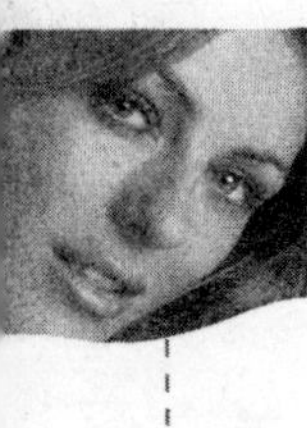

大学后的第一件事就是让父母主动申请下岗，用借贷来的钱注册成立了“yeah”品牌，专为酷男酷女们订做背包。

辛苦了半辈子的李文生，想都没想到，女儿一个崭新的创意，就把自己了近20年的技艺一下子发挥到了顶点。

因为资金不充裕，“Yeah”背包店装修极为简陋，甚至没有橱窗，一些样品就挂在墙上的木钉上，由于店铺太小，连玻璃门上也粘满了挂钩，充当了一面墙来用。

李晓华将从报纸、杂志上收集来的各式各色新潮背包、手袋、旅行包，全部剪辑、归类，然后分装在透明粘胶相册中。朋友、同学知道她的兴趣和爱好，也一同帮她收集，有些在广告、招贴上看到的，无法拿来，便会想办法告诉李晓华，李晓华会带上“yeah”背包店专门投资的一部小相机前去拍下来。

店铺装修简陋，但货品绝对新潮、美观，且质量、做工都属一流。而价格却比其他商店便宜1/3，这对于那些收入还比较低的年轻人来说是很有吸引力的。

后来，李晓华索性就用这两句话做了“yeah”背包店的广告语——装修简陋，货品一流。8个红色艳丽的大字，让过往的行人驻足观望。

“Yeah”包店有一条特别的规定，顾客可以提出自己的要求，包括什么样式、什么用料、什么大小等，甚至可以直接画出来，画不出的可以口述，口述不清的还可以直接带样品来。然后由李晓华出初样，顾客满意了，才下订金、签订单。

无论在什么情况下，李晓华都会笑呵呵地耐心听顾客提出的要求，对那些自己设计款式的顾客，“yeah”包店一律保证版权所有，未经设计者许可，决不为别人制作第二件。

另有一些“yeah”包店提供的款式，也鼓励顾客自己提供用料。比如做了一件外套，可用多出的布料配做一个与外套相衬托的包。比如有的衣服是买来的，李晓华也会在背里处相应地取出一点同花色的布来，为顾客设计、点缀在新做的包上，使其看起来好像本来就是一套似的，品位与档次一下就提高了。

不雷同与自成品位，恰恰抓住了酷一代的追求，也抓住了产品的卖点。

随着时间的推移，年轻人开始成群结队地涌入，生意也成倍的增长，最高峰的时候，“yeah”包店一天可接到20份订单，有皮质的，有布质的，甚至还有人要求用麻绳来做背包。因为李晓华样子慈祥，脾气又好，许多顾客对背包不满意，就让李晓华修改，一遍一遍地，李晓华总是不厌其烦。时间久了，就有类似的做包店铺在市面出现，并有被模仿的样品也招摇地挂在那里，李晓华并不担心，她相信“yeah”包店总有别人抄袭不去的东西。她还会让感觉延伸下去，创造出更大的灵感与财富。

高财商的女性，在商场上总是能够觉察出发财的苗头来，因而财富像一个听话的孩子乖乖地跑到她的口袋。

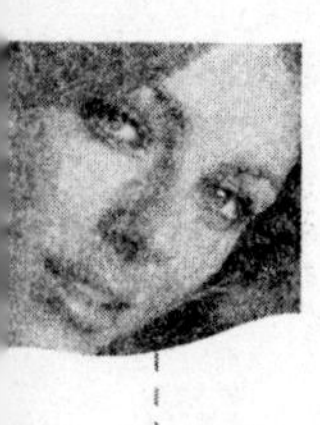

6. 新点子能带来意想不到的财富

有时一个看似不起眼的点子，却在生意场中起着不同寻常的作用，一个小小的创新点子，可能给你带来意想不到的财富。

女人的传统观念就是勤俭持家，当好男人的贤内助，管好男人“钱匣子”就是本职工作。当然勤俭是没有错的，但只是勤俭而没有新观念、新思路，那也是富不起来的。

2007 年 9 月 4 日中午 12 点，上海市淮海中路金钟大厦 31 层味千拉面中国总部的一间窄小的办公室内站满了一群西装革履的人士。

他们正围着房间正中央桌上摆放的两大碗热气腾腾的汤面和几个空碗热烈地交谈着。

“我们开始吧。”随着角落上一位戴着银框眼镜、卷发披肩的中年女士提议，服务员开始将每个空碗里盛上面条，大家也纷纷端起品尝，顿时，办公室里响起了一阵碗筷碰击声和人们吃拉面时发出的特殊声音。

这位中年女士叫潘慰，味千中国控股有限公司的创始人、主席兼行政总裁。这群吃面条的人，便是味千的高层们。这道品尝面条的工序，叫做试吃，对于半年更换一次菜单，每年菜品更新率高达 40%的味千拉面来说，是每月都要进行的工作。而老总们手中的这碗汤面，可能在很短的时间内，就出现在你家楼下味千拉面的新产品菜单上。

“你们觉得哪碗味道好?”潘慰一边咂着口中的汤，一边说出了自己的意见，“我倒是觉得第二碗味道好，第一碗只是喝进去觉得香，但是过去就过去了；第二碗的香味更醇厚，吃完了还留在喉咙间。不仅年轻人喜欢，老年人也可能更喜欢这种有内涵的。”

具有内涵的快餐拉面，这是潘慰一直追求的味千拉面品质。味千拉面从一开始就被定位为健康食品。尽管味千拉面主要菜品是中国传统的面食，但按照潘慰的说法，味千拉面并不完全属于中餐，而是介于西式快餐和中式传统餐饮之间的“快速休闲餐厅”。对于中西餐的差别，潘慰有句著名的论断：“西式快餐是饭在等你，中式是你在等饭。”而味千拉面则巧妙地结合了中餐的口味、营养和西餐的快速。

10年前，味千拉面在深圳开出内地第一家连锁店时，就在工业区扩建了一个食品加工厂，称为中心厨房。之后珠三角地区所有味千连锁店的产品，都来自于这个中心厨房。1999年，公司又在上海兴建了一家中心厨房，负责为华东、华北及东北地区的门店提供产品。目前，味千拉面全国167家门店的骨汤原汁、面条、原料，都采取统一生产、统一采购，门店的后厨只需进行最后的简单再加工工序。

在味千拉面上海淮海路店装有透明玻璃的后厨，工业化的煮面过程犹如一条生产线：成包拉面从中心厨房运来，每包一碗。每口大锅里有6个笊篱，拉面放进去后定时，时间一到，笊篱自动浮出水面。厨师把面倒入碗中，盛上用统一配送的原汤勾兑的骨汤，熟练撒上完全按比例调配的配菜。一碗味千拉面上桌，短到只用3分钟。

所以，潘慰自豪地说：“我们全国所有门店的100个菜品中，每一碗面条，每一份小料的分量、口味都是一模一样的。”凭借特别的市场定位和标准的工业化生产，在经历创业之初每年7至8家店的稳步发展后，从2003年起，味千拉面进入高速扩张阶段，每年以20到30家的数量开出新门店。不知不觉间，味千拉面如雨后春笋般悄悄地在各大城市出现。

企业规模日益扩大，潘慰开始考虑上市融资以图发展。当时，很多风险投资都从科技、媒体、电信等行业抽离，将目标投向赢利丰厚且增长迅速的

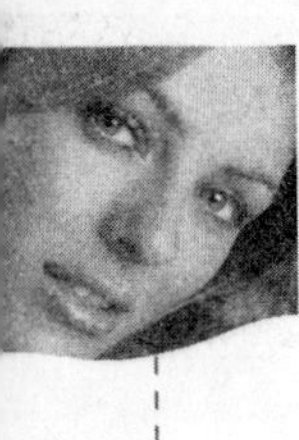

餐饮业，味千拉面自然也吸引了很多风险投资者的注意。但是，潘慰谢绝了所有风险投资。

“我们不缺钱，为什么要风险投资来稀释股份？而且一两亿元的融资也不是很多。”说这话时，潘慰语气颇为自信：从发展初始，味千拉面的现金流量就比较充裕。

2007年伊始，味千（中国）控股有限公司凭借一己之力，展开登陆港股的进程。受惠当前国际资本对中国消费概念的追捧，味千在推介过程中，获得192倍超额认购，融资2.5亿美元。国际发售部分，也获得大投行热捧。

关于推介，潘慰有一个故事。三年前，美国某投行基金经理来到上海，碰巧看见南京路上一家味千拉面门口排着长队。2006年这位基金经理又来到上海，结果在同一家味千拉面店前看到同样场景。这使他认识到味千的投资价值。不久他听说味千在香港推介的消息。最终，该投行成为认购味千股份的几个大基金之一。

3月30日，味千（中国）控股有限公司（0538.HK）在香港联合交易所主板成功上市交易，成为内地第一家登陆海外资本市场的连锁餐饮企业，打破餐饮业不易上市的僵局。

2007年9月5日，潘慰在香港交出味千上市后的首份中报：当年上半年，味千营业额达人民币3.91亿元，较上一年同期增长41.6%，净利润达1.07亿元，同比大涨91%，每股赢利为0.1217元。

谈到上市愿景，潘慰说：“我们需要通过上市认定公司价值，也为味千走向国际餐饮品牌铺路。”

味千拉面店面一直分为标准店、经济店和旗舰店三种，三种形式都是直营店模式。这种做法让外界非常费解，对连锁企业而言，开放加盟权可以迅速扩大规模，增加品牌影响力、减少经营风险。

“加盟店太难控制了，我们担心一家店没做好就砸了招牌。”潘慰解释自己当初的担忧。但她同时也知道，一旦上市，味千将面临超常规发展，开放加盟权势在必行。

为此，味千经过谨慎调研，与一家日本公司合作开发出加盟管理系统，以保证加盟店质量。之后，味千“将改变过去直营为主、在现有基础上发展特许经营”内容首次在招股说明书上披露。消息一出，潘慰手机快被打爆了。

尽管特许加盟开放在即，但味千迟迟没有对外公布加盟条件。经过审慎制定，在中报发布会上，味千才宣布：目前味千仍不接受个人代理的加盟要求，加盟者必须是在注册资金1000万元以上，流动资金达到600万元的企业。同时味千推行区域性加盟，即加盟者必须有足够实力承担整个地区的经营管理。这种加盟方式在业内尚属尝试。

对此，潘慰表示，单个门店加盟不仅散乱也不利于统一管理，区域性加盟是比较合理的选择。潘慰透露，加盟破冰后，味千拉面的突破首先在杭州，预计将有10家左右加盟店在杭州地区开张。2007年味千拉面在全国门店将扩展到200家，2008年发展到328家。

创新让“味千”走向辉煌，正如金克拉所说：“如果你想迅速致富，那么你最好去找一条捷径，不要在摩肩接踵的人流中去拥挤。”敢于开拓创新的女人能成大事，创新精神是女人获得财富的一大法宝。

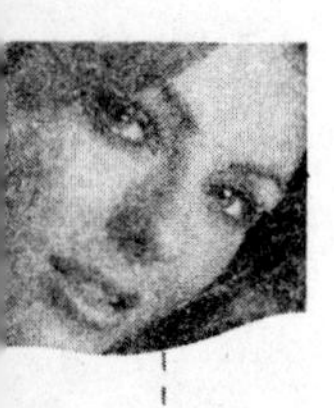

7. 创新，让财富无限

作为一个女人，要想成就一番事业，就必须学会创新。只有创新，才能够在以男权为主的社会中立足并生存。

美国有一句谚语“通往失败的路上，处处是错失了的机会。坐待幸运从前门进来的人，往往忽略了幸运也会从后窗进来。”机遇不会落在守株待兔者的头上，无数成功的事例和人告诉我们，机遇喜欢那些迎向自己并总想捉住自己的人。

美国流行穿长筒袜时，有位名叫米儿曼的女士发现自己穿的长筒丝袜总是往下掉。她想如果是逛街或是在公司上班时，丝袜掉下来多尴尬啊，就算偷偷地拉起来也不雅。突然，她灵机一动，想到其他妇女也一定会有这样的感受。于是她开了一间“袜子店”专售不易滑落的袜子。“袜子店”不大，每位顾客平均可在一分半钟之内完成交易。从她兴办这个店后，不断扩展新店。几年后，全世界各个大城市都有她的分店了。米儿曼三十几岁的时候就已成为百万富婆。

日本的一名名叫寺田千代乃的妇女，为了挽救丈夫的货运业，她凭借自己的一颗细腻心，独辟蹊径，创立一家搬运公司。起初她一个女人办搬运公司，招来了许多人的不信任和嘲讽。因为在他们看来，搬家业男人们也干不好，况且，也是没出息的行当，更何况一个女人。

但寺田千代乃并不理会，她相信自己完全可以闯出一片天地来。她把自己的搬家公司命名为“艺术搬家公司”，拓展了服务的广度和深度，如在为顾客搬家时，公司不仅代搬行李，还免费提供家具除虫服务，同时负责新房的清洁工作。她还准备了香皂礼盒，代乔迁者向新旧邻居问好。她备有双层运输汽车，既搬家具，又送顾客。经过她这种独到与温馨的服务，短短几年内，“艺术搬家”搬家公司就在日本各地设立了55个办事处，还有5个海外分支机构。

或许在这两位女士未创业前，也曾有过做平常女人的打算，然而当她们凭借自己细腻的心，发现生活中的某些细节能带来商机时，她们却能果断地抛弃平庸，用自己的细心经营起理想。其实，她们和我们身边的女人并非有多少不同，只不过多了一颗敢于抓住生活细节创造财富的细腻之心。

创新，是成大事者通向成功的捷径，企业家的高低优劣之分也往往因此而产生。

在著名的杭州西湖边的青山翠谷间，有个野鸡养殖场，养殖场里饲养着各种色彩艳丽的野鸡及野鸡与家鸡的杂交鸡。在养殖场边，还有一家专做野鸡宴的餐馆，供游客在欣赏野鸡的倩影后，品尝美味的野鸡肉。

养殖场的主人叫春霞，一位普通而干练的农村妇女。她在向我们讲述她的财富故事时，我们不但为她的气质所倾倒，更为她的创意所折服。

她的成功故事是从一次打猪草开始的。

那天傍晚，她在附近山上打猪草时，意外地发现了六枚野鸡蛋。她把这些蛋拾回家中，并没有吃它们，而是把它们放到了正在孵小鸡的老母鸡的窝里。

六只小野鸡很快就出壳了，不久便长成了大野鸡。在她的精心饲养下，大野鸡又生蛋了，她又把它们孵了出来。

就这样，鸡生蛋，蛋变鸡。三年后，她竟在家乡的小山沟里办起了一个野鸡养殖场。城里人的嗅觉总是灵敏的。没过多久，她养的野鸡就出了名，很多游客都慕名前来购买她的野鸡。这么大的需求量，她的货很快就供不应求了。于是她灵机一动，产生了一个新想法——把家鸡与野鸡进行杂交，培

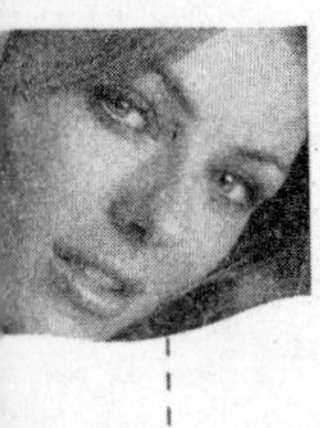

养杂交野鸡。经过几个月的试验，她果然成功了。那些杂交野鸡，既有家鸡体型大的特点，又有野鸡肉质美的优点。而且在杂交的过程中，还产生了很多新的品种。那些长着各式各样漂亮羽毛的杂交野鸡，看上去漂亮极了。由于到她这里来的游客甚多，这使她又产生了新的想法——开一个野鸡观赏园。

各种漂亮的野鸡，很快吸引了许多外地游客。在野鸡园旁，她又办起了一家野味餐馆，让游客们在参观了野鸡园之后，品尝现杀现烧的野鸡肉。一时间，生意兴隆，财源滚滚。

没过几年，她就成了远近闻名的百万富婆。

其实，捡到过野鸡蛋的人，肯定不止她一人。但利用几个野鸡蛋发财致富的人，为什么只有她一人？因为当人们捡到野鸡蛋时，大部分人首先想到的是今天的下酒菜有了，而不是利用“鸡生蛋蛋变鸡”的原理，把这“蛋”的事业做大做强。

创新并不是用了什么特殊手段，只不过是她们比常人多想一点点，就这样多想一点点，多尝试一点点让她们成为了富人。

8. 一个思路就是一条成功之路

一个思路就是一条成功之路，一个新产品就是一个巨大的生产力，以新产品创造新需求，财富就会源源不断地进入你的腰包。

成功最重要的秘诀之一就是开拓创新。创新就是不与别人往同一条路上挤，而是另谋逆路而行之，也许会达到殊途同归的目的，这样做事自己觉得也轻松，别人看了也精彩。

在竞争激烈的商场上，“走冷门、烧冷灶”这种反其道而行之的“手腕”也能成就一番大事业。

让我们来看看下面一则靠洗澡洗出来的女百万富翁的故事，或许对我们女性朋友们创业有所帮助。

她是一个初中毕业的打工妹，靠给人当保姆，挖掘出自己会带小孩的“天赋”，并通过用中药给小孩“洗澡”的手艺，率先开出全国首家“娃娃”洗澡店，几年来，赚钱百万元，创造了一个财富神话。她就是重庆妹子张晓丽。

1972 年，张晓丽出生在一个普通工人家庭，由于家境贫困，为了给家里减轻负担，19 岁的张晓丽只身来到温州打工。

张晓丽先后当过裁缝店的学徒，做过服务生，但都不尽如人意。后来经人介绍，张晓丽来到一户人家做“月嫂”，“月嫂”就是专门伺候刚生了孩子

坐月子的女人，张晓丽觉得自己干其他的不在行，但伺候人应该没有问题。

张晓丽从此开始了她的“月嫂”生涯。张晓丽做事比较细心，爱思考。有一次，她帮带的一个孩子长得白白胖胖的，但是体质比较差，只要天气一变化，不是感冒就是发烧，弄得家里人忙得一团糟。张晓丽开始琢磨，该怎样给孩子加强营养、增强体质呢？

张晓丽想起外婆带小孩子时经常找中草药熬水给小孩洗澡搓背，孩子们因此身体健康皮肤也好。

这个方法虽“土”，但效果不错。张晓丽把自己的想法给主人讲了，女主人听了也很感兴趣。当晚，张晓丽给家里打长途电话，叫他们找些中草药来。

药寄到后，张晓丽坚持经常给孩子用中药水洗澡，效果还真的不错，经过一段时间后，小孩病少了，体质增强了，全家人都很高兴。

在那个小院里，一给小孩“洗澡”，总会引得周围邻居前来围观，问长问短。一传十、十传百，张晓丽带小孩有了“名气”。等到这个小孩长大了，已有五六家排着队争着要请她带小孩。

这样的工作张晓丽一做就是 6 年。每到一个地方，她都会用草药熬水来给孩子们洗澡，效果好不用做广告，附近有小孩的家庭都让她给自己的小孩洗澡，时间长了，张晓丽的“名气”越来越大了，有时候一个月光是帮别人小孩洗澡就能得到 300～500 元小费。这时，有人建议她开一个专门给小孩洗澡的店子，以她的经验和名气一定能够赚钱。

张晓丽采纳了这个建议，并为此积极准备。想到温州人生地不熟，她决定回重庆发展。

张晓丽对重庆的市场进行了考察，发现为小孩洗澡还是一个不为人所知的行业，这既让她有些不安，但也激励了她创业的决心。

为了稳妥起见，张晓丽决定先找个门面“试试水”，她租了一间 50 多平方米的店面，2001 年 9 月，“娃娃”洗澡店在一片怀疑和好奇的目光中开业了。

“娃娃”洗澡店毕竟是新鲜事物，开业前三天，来看热闹的人很多，但就是没有人愿意把小孩送到这里来。张晓丽知道，要打开局面，首先要让人们

了解这件事情，有了了解才有理解，也才会接纳。于是，张晓丽一遍一遍不厌其烦地给客人们介绍给小孩洗澡的好处。

过了几天，终于有位婆婆带着她的孙子来到张晓丽的洗澡店。原来孩子背上冒出许多小红疙瘩，跑了许多医院都未治好，万般无奈，婆婆才决定到这里来试试运气。

在张晓丽的店里泡过几次澡后，小孩身上的疙瘩不见了，体质也明显好了许多，有了这个活广告，张晓丽的“娃娃”洗澡店一下子有了客源。

为了打出“洗澡堂”的名气，张晓丽精心制作了宣传单，把这个新行业进行了全方位的介绍。洗娃娃看来好像是一种“土”办法，但实际上却是一门很深的学问，仅药物调理就很有讲究。张晓丽根据娃娃的不同症状，在洗澡水中用何首乌、蒲公英、银花藤等数十种普通中药以不同比例、火候、水分煎制出来，张晓丽就把这些专业知识制作成宣传展板，让顾客清楚她的行业水准。时间长了，很多父母都开始把小孩往张晓丽这里送。生意好了，张晓丽更觉得业务水平有待提高。

有一天，张晓丽从一本书上看到，孩子健康成长一要“营养”，二要“保健”。而保健就是给婴儿做按摩、抚摸婴儿全身肌肤，可以兴奋婴儿的大脑中枢，刺激神经细胞的形成及其触角间的联系，促进小儿神经系统的发育和智能的成熟，从而促进血液循环和身体发育，增强食欲。洗小孩应该是一种药物保健，而按摩则是自然保健了。张晓丽还在网上了解到，国外很多国家都流行为婴儿按摩。于是，张晓丽把按摩引入澡堂，在澡堂开辟了一间婴儿按摩室。这样一来，生意更加火爆。

“娃娃”洗澡堂经营一年后，受到了众多消费者的青睐，原来的洗澡堂狭窄了，张晓丽决定扩大规模，一口气把相邻的三个门面全部租下，并更名为“宝宝洗澡按摩店”。

张晓丽还把几个门面进行了统一的装修，装上了吊灯，让室内的格调既温和又活泼，她还买回来很多漂亮的小玩具给孩子们玩。

后来，张晓丽又想出了一个奇招——“观浴”，她在门面靠街面的方向装上了玻璃墙，让顾客观看娃娃们洗澡，这样一来，一是可以让父母安心，二

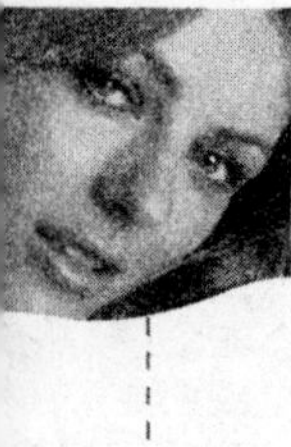

是给自己做活广告，这一招果然很见效，很多人都是在观浴之后成为张晓丽的顾客的。

这一幕不仅吸引了顾客，也引来了重庆电视台和各媒体记者。这样一来，张晓丽和她的洗澡堂走进了千家万户，张晓丽也一下子成了“名人”。当张晓丽的“宝宝洗澡按摩店”迎来了第一个春天的时候，人们常常在节假日看到张晓丽的店门外排起长队，有时甚至需等上一两个小时才能进入澡堂。

为了开拓区县市场，2001 年 9 月，张晓丽的第一家“宝宝洗澡按摩店”分店在万州人白路开业。至今，张晓丽的“宝宝洗澡按摩店”分店已经开了 3 家。

从一个身无分文的打工妹到拥有固定资产 120 多万元的老板，张晓丽说她还有一个愿望，就是让她的“宝宝洗澡按摩店”连锁店开满全国……

张晓丽的成功并不是用了什么特殊手段，只不过是她善于根据一件偶然的或司空见惯的事情，突发奇想，引发灵感，激发创意，从而让她把生意做大起来，功名尽占。

9. 改变思路，走上发财路

大部分人都把“创新”想像成一种发明创造。不错，这些都是创新的结果。但是，创新不是某些行业专有的，也不是超常智慧的人才具备的。拍拍大脑，开开窍，你说不定真会走上一条非同寻常的发财路。

善于创新的女人总是走在时代的前列，她们拥有超前的智慧，不断地创举引起市场强烈的震动，这样的女人做生意，不赚大钱都难。

铃木是一家日本公司的职员。她很不愿意过那种为了一点儿薪水在老板手下战战兢兢讨生活的日子，总想自己创业。因此，她每天都在绞尽脑汁想发财的点子。

铃木有逛商店的习惯。一天，她来到一家服装店，发现那里挂衣服的衣架很不实用。忽然，她心里仿佛受到了什么触动，产生了一种念头，那个念头仿佛漂浮在天际，看不清，摸不着，抓不住。她站在那里，望着衣架发起呆来。

“小姐，您想买大衣，还是套装？”服务小姐走过来，彬彬有礼地说，“请试一试吧，试衣间在那边。”

这是一件高级毛料大衣，标价远远高于铃木一年四季所穿衣服价格的总和。铃木当然不会为了装饰自己的外表而委屈自己的肚子。

“啊，不……哦，但我可以试一试……”铃木突然觉得她已经抓住了那个漂浮着的念头，她非常想“试一试”那个木头衣架。

服务小姐很热情地把大衣从衣架上取下来，递给铃木，铃木接过大衣，随手把那个衣架一同拿进了试衣室。

在试衣室里，铃木并没有试穿大衣，而是一次又一次地给那只衣架“试穿”。她反复琢磨着衣架的造型和质地，看看哪些地方“不合身”。时间一分钟一分钟地过去，她几乎忘了自己是一个买大衣的顾客。

从试衣间出来后，铃木决定买下这件大衣，并希望小姐能把一些衣架卖给她。小姐很乐意做这笔生意，她给铃木拿来了三种不同样式的衣架，并声称：这些衣架是送给铃木做纪念品的，不要钱。

铃木回到家里，把那件昂贵的大衣放在一边，又研究起那些衣架来，她想：作为衣架，应该以不损伤衣服衬里，同时又不会使衣服的外观变形为最重要；理想的衣架是应该能呈现人体曲线的，如果用塑料代替木材制成衣架的话，一定能够达到这种效果。于是，她便着手研制起新型衣架来。

不久，她的研究成功了，她把这种新型的塑料衣架命名为“露漫式”衣架，并申请了发明专利，然后在衣架厂订制了一批，投入市场。

在我们身边，总有人抱怨现实条件不好让他们与财富无缘，但为什么总有那么多看似平凡者，却创造了惊人的业绩，一个重要的原因就是他们善于创新，勇于创新，善于从多个角度思考问题。事实证明，墨守成规、因循守旧者，往往与财富无缘。只有勇于创新，善于创新，不断创新，你才能不断收获更多财富。

农民出身的黄女士凭借自己的初中学历，多年打工独立创业。而今她的总资产已达两千多万元。在黄女士看来，自己的人生之所以会有如此巨变，是她能用独特的思路去寻求财源。

黄女士出生于一个偏僻的小村庄，因家境贫穷，她只读到初中毕业就不得不背井离乡闯天下。1991 年，一无资金、二无文凭、三无背景的黄女士一人只身来到异地。之后的几年中，黄女士摆摊卖过水果，后来又做起了服装生意，1998 年，她已经小有积蓄。黄女士始终忘不了自己因贫困辍学的往事，

她想办一个书店。这个时候，困惑也随之而来了：自己没有多少文化，办书店成吗？会不会把钱打了水漂呢？辗转反侧多日之后，黄女士开始了长达一年的准备。她用几个月的时间来考察市场，国内的各大出版社、各大书店她几乎跑了个遍。从广州到上海再到北京，黄女士把看到的一一记在心里。在确信学到了最先进的经营理念和经验后，1999年年底，黄女士将“三味书屋”的牌子挂在了某市的一个繁华的店面上。这时候的书店虽然仅有200多平方米，但摆设讲究精致，品种齐全丰富，再加上采用计算机管理，书店虽小，其模式在海南却是最先进的，一开张就引起了读者的兴趣，生意相当红火。

此时黄女士碰到的问题是依靠打折、坐等读者上门购书无论如何也不可能迅速扩张，更有可能被对手逼入绝境。于是她开始对书店经营进行整体活动策划，由此引起了很大震动。

最开始是策划将炙手可热的“李阳疯狂英语”引进书店。黄女士很清楚地记得，当书店向李阳发出邀请的时候，李阳的助手以很忙为理由推托了。黄女士没有轻易放弃自己的计划，她马不停蹄地跟随李阳的“疯狂英语演讲团”在各地奔波，最后不仅达到了预期的目的，还专门开辟了李阳疯狂英语培训基地。当英语爱好者为“疯狂英语”而疯狂时，书店作为引进者备受关注，争取到了大量读者。

几乎是在同一时间，黄女士策划的“三味读书节”也新鲜出笼。在读书节期间，书店向读者赠送了50万元的图书，书店因此声名大震，读者群急速扩张。一些开始时为黄女士担忧的人最终没有料到的是，黄女士的三味书店不仅没有垮掉，反而在2002年一年内连续收购了其他书店，一跃成为了当地图书市场的霸主。

在完成第二次扩张的过程中，黄女士又生出了新的困惑，书店除了卖书就不能卖点别的吗？这个时候的黄女士已经给自己的书店找到了新的定位，即要打造规模最大、品位最高的文化企业。

2002年年底，黄女士精心准备的文化超市开业。5000平方米的文化超市不仅会聚了品种齐全的书目，还增加了文体用品、音像、乐器、工艺美术品等，她的企业走上了文化产品多元化之路。

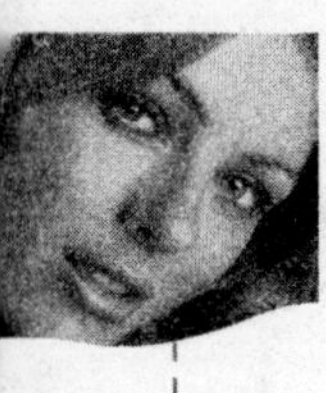

黄女士用了4年的时间将一个营业面积仅有200平方米的民营小书店，发展成为拥有5000平方米的文化超市。

黄女士的成功就是不断改变思路，走上了财富之路。在社会竞争日益激烈的今天，惟有创新才能打开一条财富之路。

第六章 知识是女人一生的财富

P

女人可以没有学历，但绝不能没有知识；女人可以没有学问，但绝不能没有技能。一个女人要在社会上立足，光有知识还不行，还得有一种技能。知识，是女人创造财富的底气；技能，会让女人无所畏惧地走向财富殿堂。

1. 小手艺，赚大钱

常言道："家有万贯不如技能在身。"上天无路，入地无门的你何不去挖掘你自身的优势，让你的技艺显现，你还愁什么富不起来呢？

30岁出头的胡女士是乡里一个普通的外出打工妹，短短半年时间成了养殖黄粉虫的致富能手。

胡女士原本是在深圳打工，但打工的道路仍改变不了她贫穷落后的境地，这深深地刺疼了她，便总想找一个能让自己富得更快的门路。于是，她便萌生了回乡创业的念头。工作之余，她十分注意搜集创业信息，浏览报刊，收听收看广播电视等等。一次偶然的机会，她在中央电视台第七套《致富经》栏目上，看到养殖黄粉虫的信息。经多方咨询，得知此信息是从《农业知识》、《科学养殖》杂志转播的。胡女士通过杂志社，联系到专门从事黄粉虫研究的大学昆虫研究所所长刘教授，与刘教授进行了多次长谈，使她深深地认识到：黄粉虫可以充分利用农作物秸秆、瓜果菜等有机废弃物，开辟新的蛋白质来源，虫粪既能喂猪养鸡还能作高效优质生物有机肥。同时，黄粉虫养殖技术成熟，需求量大，发展前景广阔。于是，她毅然做出决定，辞掉深圳高薪工作，回家养殖黄粉虫。

胡女士回到家里与父母商量此事，但令她万万没有想到的是父母极力反

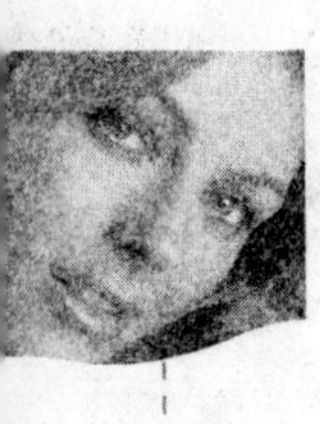

对，村民们也是“另眼”相看，认为她是个十足的“傻子”。但幸运的是，她的叔叔对她的想法产生了浓厚的兴趣，并相信胡女士对信息的决策和分析。于是，商量后，第二天就到山东泰安刘教授那里又进行了详细的咨询，并买回了种虫和饲料发酵剂。胡女士利用当地闲置的粮库作为养殖场房，制作了饲养盒和养殖架，购买了秸秆粉、玉米面、麸皮、豆粕等饲料，一个小型的黄粉虫养殖基地就此诞生了。她的创业之路也就随着这些黄粉虫的成长一天天做大起来。

也许正是黄粉虫极高的经济价值和极大的发展潜力，第一批成虫就以较高的价格售出，赚了独立创业的第一笔钱。经过几个月的精心喂养，现已发展到养殖加工面积300平方米，拥有几千个养殖盒，每月可提供商品虫5000多千克，虫粪7～8吨，直接效益5万元以上。

初期创业的成功，坚定了她从事特种养殖的信心和决心。今后，她准备以黄粉虫养殖为基础，上马以虫粪为饲料的猪、鸡养殖项目，开展以黄粉虫为饲料的蝎子、壁虎等特种养殖项目，追求循环经济利用的美好前景。

短短半年时间，胡女士从打工妹转变成民营企业的老板。

经商的女人有千千万，但你要在众女人中脱颖而出却不易，而要超过男人那就更不简单，所以，做生意想赚大钱，你的道路只有一条——把所学到的手艺转化为财富。

王女士退休回家后，一次偶然的机会，她喜欢上插花艺术，并看书学习了插花艺术。

为了在家里能更多地练习，必须要用便宜一点的花材，王女士就边学习边研究市场，除了市区内的花卉市场，她还经常光顾郊区的苗圃，争取以“批发价”买点花。时间长了王女士自然对各种季节的不同花卉价格了如指掌，还结识了不少供应商，她去买总能比一般人便宜些。

王女士将做好的插花送到花店销售，一束“爱情见证”，材料只是19朵红玫瑰，成本无论如何不会超过80元，经过一番摆弄，变成个“心”的图样，精巧而隆重，成为丈夫买给妻子作结婚纪念日的最好礼物，199元卖得飞起来。一捧“我的公主”588元，是求婚者的首选，材料不过是66朵白玫瑰

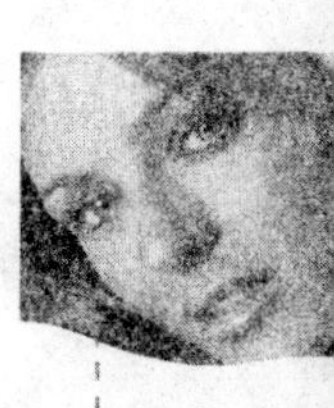

和33朵粉玫瑰，成本绝对不超过270元，但被王女士创新地打造出无比高贵的形状后，卖得好到预订都买不到。

这些还只是小赚，真正厉害的是公司客户。比如布置一个年会会场，不隆重不行，老板如果是讲点艺术品位的，鲜花布置就是一个重头戏。通常3天的会，光鲜花布置的费用就会超过15000元，而利润至少有一半，否则王女士是不会接这个生意的。

那时候的王女士已经打定主意要自己创业了。王女士分析到，普通花店绝大部分的业务都来自卖一般的花束，艺术性比较弱，一般的人稍微培训就可以做。而她的特长是设计一些配合特定场合和时节的花束，还有家庭和会场布置用的盆花。

王女士开始寻找门店，这个过程很不顺利。一般来说，花店的店址要在医院、酒店、影楼或娱乐场所旁，这样就可以避免每年6月到9月淡季对整个业绩的影响。如果是做批发花为主的，就应该将店址选择在花卉市场批发一条街，或花店比较集中的街区。但是，这两种地段的铺子都很紧张难找，算下来，要是在好点的地段开个花店，加上人工等开支，一个月支出就要在1万元左右，而自己能赚到的可能还不如给花店代销。

这时，一家以前找她布置过会场的公司又发来了业务，得知王女士想要自己做生意不再给花店供货后，就径直找到了她家里，问她愿不愿意帮助再布置一次会场。抹不开情面，王女士接下了这笔业务。没有场地，她就到花市买了花，用“货的”拉回家，铺得一地，自己在家做。拼拼凑凑，居然也在两天里干完了所有的活儿，算下来虽然没有在花店有小工帮忙那样快，但赚的钱多了好几倍。

于是，一个在家做插花“无铺创业”的念头产生了。王女士改装了房子，把两室一厅的房子改成只有一间用来睡觉，其他空间都尽量把家具挪空，打了两个架子放插花用的各种器具。她还专门印了名片和简单的海报，分发到一些老客户和公司去。同时，王女士带了一个徒弟，讲明边学边干活。其实活儿很轻松，主要是跟王女士的先生一起去采购原材料，在家插花的时候帮忙打下手。就这样，一个规模形式简单，但利润并不低的家庭插花作坊就建立了。

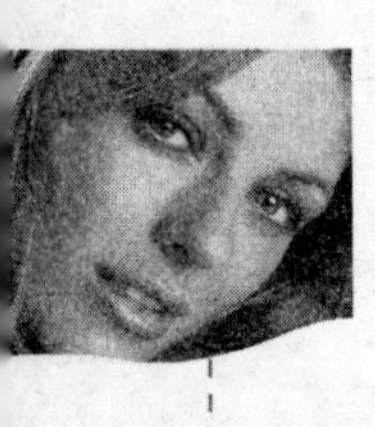

2. 小鞋垫卖出了大名堂

女人真的不能放弃学习，放弃了学习，也就等于放弃了自己。学习就好比浩瀚之水，而女人就像畅游之鱼。脱离学习，仿佛鱼之搁浅，那只能听天由命，反之，则能大赚其钱、衣食无忧。

乡村打工妹小张，把土得掉渣的绣花鞋垫卖出了名堂，成了繁华都市的时尚富婆。她是怎样从老家的“废物”里发现宝藏，并在商场中打拼成功的呢？

小张当年20岁出头。高中毕业后，便跑到城里打工，开始时在美容院给人洗脸，后来去学习做指甲和化妆。这些工作要么工资太低，要么老板过于苛刻，以至于她钱没赚到，气倒受了不少。2003年9月，她一气之下辞职回家，帮助母亲料理家务。

小张的母亲虽然是个地道的农妇，但心灵手巧，会一手漂亮的针线活，她做的绣花鞋垫在老家的妇女中间最为人称道。后来全家人搬到了城里，不用种田了，张妈妈在为丈夫和儿女做饭洗衣之余，经常靠绣鞋垫打发时光。不知不觉，日积月累，她竟然绣了上百双漂亮的鞋垫，家里实在放不下，有的就只好送人。偶然的机会，小张萌发了摆摊卖鞋垫的念头，第一次卖鞋垫就很受老婆婆和妇女欢迎。

后来，摆摊的朋友突然打电话来，说有个人来买鞋垫，说要几十双，问

她还有没有。那时候她还根本没有想到要正儿八经地经营鞋垫，看到天上掉下来的订单，才意识到自己无意中摸到了一扇致富的大门。

随后母女俩坐长途汽车回到老家，挨家挨户收起了鞋垫。淳朴的农妇听说她们收鞋垫，异常兴奋，纷纷拿出所有存货，供她们挑选，而且开价也特低，基本上只向她们要点针线钱。当天，母女俩就收到了200多双鞋垫。临走的时候，小张一再叮嘱大家多绣一些。

回到城里，小张在母亲的指点下，根据鞋垫的不同质量标出不同价格，然后找塑料厂定制了一批塑料薄膜，对鞋垫进行了简单包装，同时给朋友付了一定的摊位费，开始正式摆摊卖起了鞋垫。开始摆摊那阵子，每月除去各项开支，小张基本上能赚2000～3000元钱。在万州，这算是高收入了。可是，过了一段时间后，小张发现有点儿不对劲——怎么别人的摊位前都是年轻人，而自己的摊位前都是中老年人呢？这个谜团，直到遇到一对年轻顾客，才彻底解开。

一天下午，一对情侣走近小张的鞋垫摊，女孩拿着鞋垫反复地观看，仰头对男孩说："据说鞋垫是爱情的信物。我不会绣，我买一双送你，好不好？"男孩把鞋垫放回原处，说："这鞋垫花型这么古老，一看就是给我妈那辈人用的，要我穿，还不让人笑掉大牙？"一旁的小张看在眼里，听在心里，顿时豁然开朗：那个男孩子说得对啊，自己的鞋垫之所以吸引中老年人，是因为鞋垫曾经是这个群体的常伴之物，现在有的人没有时间绣，有的绣不了，乡村的鞋垫契合了他们的怀旧心理。而在追求时尚的年轻人看来，鞋垫是应该遗弃的东西，又老又土，自然就不受青睐了。但年轻人恰恰是消费最活跃的一个群体，放弃他们等于放弃了大把金钱！怎样才能让他们接受鞋垫呢？怎样才能把传统的鞋垫和时尚联系起来呢？一连几个晚上，小张都在琢磨这个问题。

小张反复地思考：为什么不旧瓶装新酒，引进新潮的设计和包装，把出不得厅堂的鞋垫做成能登大雅之堂的礼品呢？如果鞋垫变得像鲜花一样漂亮时尚，又能传情，年轻人这个消费群体不就可以抓住了吗？小张的思路越来越宽，她想：只要给鞋垫赋予情感和个性色彩，不管处于哪个年龄段，从事

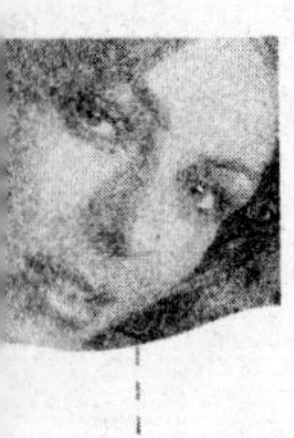

哪种职业，也不管买鞋垫何用，应该都能够通过合适的鞋垫给予情感的寄托和表达。意识到小小鞋垫完全有可能做出大市场，小张兴奋极了。

与此同时，鞋垫样式单一、质量参差不齐、供应量不足等信息都反馈到了小张那里，她决定来个大手笔，对老家的鞋垫进行一次彻底改良。

农村妇女毕竟文化层次不高，对美感的感悟也不强，要她们凭空绣出好的鞋垫的确勉为其难。为了解决样式单一的问题，小张根据掌握的市场行情，自己设计了一大堆花型，搭配了颜色，然后由母亲绣出样本，拍照后洗出若干张，把照片交给刺绣者，要求她们照样本绣。至于产量不够的问题，小张认为主要是因为粘鞋垫太麻烦，浪费不少时间，于是她找厂家做出半成品，以每双 2.5 元的低价提供给刺绣者。

经过这么一运作，不但工期缩短了，产量增加了，质量也提高了一大截。12 月中旬，第一批定做的鞋垫收了回来，漂亮得让小张自己都吓了一跳。那 100 多双鞋垫里，既有祝福老人的“长寿安康”、“福如东海”，也有企望幸福的“年年有余”、“吉祥如意”的图案或字样；既有反映恋人的“情深似海”，也有反映夫妻的“勿忘我”的图案或字样；既有适合商人胃口的“马到成功”，也有适合驾驶员的“一路平安”的图案或字样；此外，还有适合生日、结婚和恋爱中人当礼品送给对方的不同祝福，有适合公务员穿的“步步高升”，有两双一起卖的情侣鞋垫……真是丰富多彩，琳琅满目！

这些人情味极浓的鞋垫刚一亮相，日均销售量就较以前提高了一倍。以前的顾客，一般也就是买一两双自己穿，现在则一买一打，给自己当司机的儿子，当公务员的女婿，都捎上两双，图个吉祥。一对对的情侣也来了，甚至大专院校的学生也利用周末到小张这里来选鞋垫。这些年轻人唧唧喳喳地闹个不停，场面火得不得了。

转眼，春节要到了。小张听说一些单位要送给对口支援省市一些礼品，可是他们找不到体现地方特色的礼物。小张心里一动，自己怎么就没想到把鞋垫跟单位的礼品联系起来呢？怎么就在春节这个送礼旺季里撤出市场过小日子呢？要知道，三峡库区的各区县和对口支援省市早就结下了深厚感情，每年，大家都要送上一点当地的土特产表达感谢之情。但开展对口支援 10 年

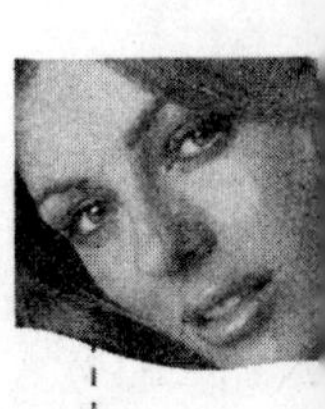

了，许多土特产都送滥了，以至于许多单位一说到送礼品就头痛。迄今为止，还没有人想到过送三峡鞋垫。三峡鞋垫富有地方特色，又是三峡妇女亲手所绣，包含了深情厚谊，一送就能送到对方的心窝里啊！于是，她就马上组织一批移民妇女绣了200双鞋垫，让她们一针一线地绣，全部绣上跟对口支援相关的内容，10天内交货给那单位。

此后几天，经那单位主任一宣传，先后又有4个单位在小张那里订了300多双鞋垫。仅仅这一笔生意，小张就赚了差不多2万元钱。尝到了甜头的小张，彻底抛弃了当个小贩赚点小钱过点小日子的想法，她决定全力以赴，把鞋垫生意做大。

2004年春节过后，小张前去拜访大笔订单的客户，倾听他们的信息反馈。

那位率先订货的办公室主任告诉她："大家对三峡刺绣赞不绝口，有的还托我们购买，但遗憾的是鞋垫没有自己的牌子，也没有华丽的包装，送给追求高档消费的客人时，有种低档和掉价的感觉，让我们感到难堪。要是你从这两方面加以改进，我敢肯定，你的鞋垫生意会再上台阶。"

那是小张第一次听到"做品牌"的呼声，在这之前，她做梦都没想过这些，鞋垫需要一个品牌。她把那位主任的话咀嚼再三，越想越赞同人家的提议。是啊，这是个讲究品牌的时代，如果给老家的鞋垫创立一个品牌，让三峡刺绣走向全国，既解决了广大农村妇女的就业问题，又壮大了自己的产业，岂不是一件两全其美的好事！小张通过上网查询，得知全国经销手工刺绣鞋垫的仅有几家，并且大多处于低层次水平，她心里基本上有了谱。为了多几成胜算，2004年2月8日到4月初，小张把生意交给母亲打理，自己和父亲分赴北京、上海、广东、浙江、湖南及四川等地进行考察，发现全国还没有一个有品牌的手工刺绣鞋垫专卖店。而在东方明珠塔旁和上海虹桥机场候机厅，小张手中的龙图案鞋垫和"马到成功"鞋垫，竟被外国游客以每双160元的价格抢购一空。国内一些重点景区在看了她的鞋垫后，也纷纷表示出合作的兴趣。这次考察，使小张看到了绣花鞋垫在全国的市场潜力，更加坚定了她做大鞋垫产业的信心。

可是，要扩大规模，现有的刺绣人员太少了，怎样才能迅速地发动广大

农村妇女来绣鞋垫？小张想破了脑袋，最后决定搭政府的顺风车。她斗胆找到区妇联和五桥区妇联，要她们帮忙找农村剩余劳动力，而她负责培训绣鞋垫的技能，同时包原料、包回收，妇联负责人一听，觉得是个门槛低效益大的好项目，当即表示将不遗余力提供帮助。

在两个区妇联的大力支持下，小张母女俩在近 10 个乡镇和街道办起了绣花培训班，很快拥有了六千多名刺绣人员。由于她们坚持依质论价，高的一双出到 40 多元，最低的一双也有 30 元，妇女们不需出门，每月就可以挣到钱，大家的积极性非常高。小张还在每个乡镇和街道设立了联络员，专门负责收购和技术咨询。看着产量节节攀升，小张觉得打品牌的时候到了。为了给自己的“孩子”取个好名字，小张费尽了心思，最后敲定了“巧大嫂”这三个字。随后，她围绕这个名称设计了很多款漂亮的包装盒，想出了“巧大嫂伴你一路平安”的广告词。为让鞋垫更适合收藏，她还设计了防潮包装。一切准备完毕后，小张到区工商局完成了“巧大嫂”商标的注册，并正式成立了巧大嫂手工工艺品有限公司。

公司成立后，小张敏锐地意识到，自己的鞋垫必须想方设法沾上三峡旅游的光，才能销得更多更快。于是，她狠跑了几趟丰都鬼城、忠县石宝寨、云阳张飞庙和奉节白帝城，硬是把鞋垫打进了三峡和小三峡沿途的诸多旅游景点。同时，她还以每年 2.8 万元的价格在万州最繁华的闹市区租下了一间门面，用来展示公司的所有特色鞋垫。

经过一系列市场运作的绣花鞋垫，已经彻底摆脱了以前的土气，摇身一变，成了人见人爱的“宠儿”，它的价格，自然也水涨船高：最高的每双售 148 元，最低每双 90 元，两双一套的情侣装鞋垫标价 256 元。同时，为了满足都市女人做“女红”的爱好，小张专门配了线和描好了图案的鞋垫模，每双 45 元。尽管“巧大嫂”鞋垫价格不菲，但自从专卖店开业以来，生意一直很火。

如今，“巧大嫂”鞋垫已经在重庆、成都和万州开了三家专卖店，杭州和北京等城市的加盟店正在洽谈之中。巧大嫂手工工艺品公司也在万州青少年宫落下了脚。小张的父母和弟妹，都辞了各自的工作，帮她一起经营公司。

现在，小张的目标是，要把刺绣队伍扩大到整个三峡库区的20多个区县，要把专卖店从西南一直开到北京的王府井、上海的城隍庙、广州的天河城以及深圳的华强北，让小小鞋垫横扫天下。

仅仅两年，小张就从一个失业在家的打工妹，成了拥有近百万元资产的小富婆。

小张的成功给了我们很有益的启示，那就是：善于发现藏在小手工制品中的商业价值。真正想创业又希望比较有把握的话，一定要对某一行业愈熟愈好，不要光凭想像、冲劲、理念做事，摸清摸熟行情，循序渐进，做好一切资料的搜集和各项调查工作，就像真正的生意人一样，要用商业的眼光来运营它。

3. 不断充电，与财富握手

如果你暂时没有成功，没有地位、财富，无关紧要，只要你有知识，有野心，有一种贯彻到底的智慧和毅力，那么站在金字塔的塔顶，指日可待。

一部分女人庸庸碌碌，终其一生都在老地方徘徊；另一部分女人按部就班、辛辛苦苦地在从E层攀到C层；只有少数女人，能很迅速地攀到A层，跻身成功者之列，享受顶峰风光。她们靠的就是不断学习、不断充电来提升自己，从而与成功有约，与财富握手。

杨小姐原来的身份是小工人，每天在一线电机上挥汗如雨，工资寒碜，仅仅三年，她改写自己的人生，每天穿着入时，日进斗金，资产上百万元。

站在金字塔塔峰的杨小姐，从普通工人变成新鲜的“看房参谋”，提供新的服务，从而一炮打响，并且事业仍在发展壮大，靠的就是她的观念的转变，这也与她一次重要的聊天分不开。

一天，杨小姐与一些购房者聊天，她发现购房人有严重的盲从心理。他们往往无法获得购房决策所必需的完整信息，而盲从于开发商的宣传，盲从于邻居、亲友。商品房从规划征地到销售成功，涉及100多个质量验收标准和300多个法律法规，作为购房人根本就不可能完全了解，仅仅是作“一手交钱，一手交货”的一锤子买卖，吃亏的还是购房者。

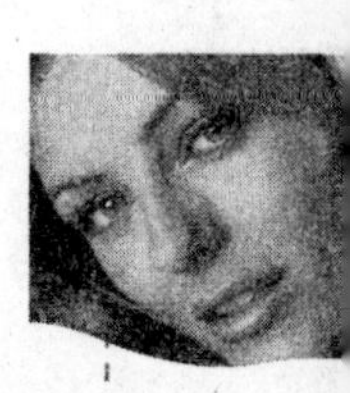

杨小姐留意各类媒体，还发现在全国各地消费者投诉中，商品房投诉量名列前几位，居高不下，都是因为建筑行业太专业，而地产市场还不规范……这里就存在商机，有更大的发展空间！

杨小华，自己为什么如此胆小呢？放手一搏，说不定明天就是艳阳天！于是只有初中文化的她偷偷报了名，开始了系统地学习。她白天上班，晚上就去电大认真上夜课。近半年时间的学习，杨小姐顺利拿下了建筑专业毕业证书。

1999 年国庆黄金周期间，正是楼市最火爆的时候，杨小姐想着自己的点点积蓄，狠狠心，花 500 元买了一部二手手机，再花 200 元印制了 20 盒名片，又向工厂请了一周的假，开始探点儿。报纸广告说哪家楼盘开盘了，交楼了，不管多远，她一大早就出发，踩着一辆自行车穿梭于各大楼盘的售楼处，一天顾不上吃顾不上喝，守在新楼盘外围，给客户推销看房服务，派发名片。

一个星期过去了，杨小姐的名片发出了近千张，可是没有接到一单业务。腰酸背疼地躺在床上，杨小姐自己安慰自己：肯定有市场的！只要坚持下去！

野心是真正的无价之宝，杨小姐决心机智地打开市场。某大型楼盘第四期地产项目动土不久，杨小姐以购房者的名义深入施工工地，察看施工质量，从基础开挖到项目封顶，每一道工序都没有落下。

2000 年 9 月，该地产项目公开发售，趁着看房的机会，杨小姐对身边几位准业主说：“我建议你们别买 A 号楼，虽然 A 号楼户型、朝向和景观都不错，但经过一个雨季，墙垛就会有裂缝。”这几位准业主都不信，笑笑哄哄的：哪有替楼盘算命的？杨小姐递张名片上去，准业主们都不肯接。杨小姐不气不恼：“要相信科学。如果明年春季房子果真如我所言，5 月 1 日，我们还在老地方见。”

五一前后，该项目交楼了，那几位业主在 A 号楼前等杨小姐——A 号楼墙垛果真裂了几条缝。其他几幢楼的业主把杨小姐围住了，都来刨根问底。这时，杨小姐才娓娓道来：“A 号楼在挖基础槽时，没有挖完浮土，便开始捣制垫层和构造柱，经过春雨的下浸，浮土必定下沉，这就导致了承重墙受到牵引而开裂。”

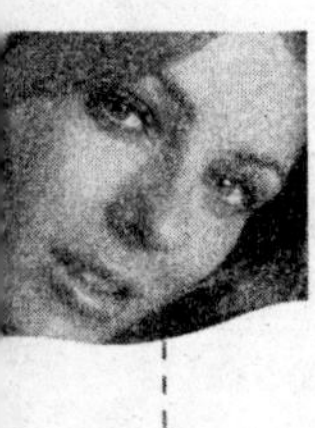

业主们这才服了，趁着还没收楼的关键时刻，都纷纷请杨小姐去看房，杨小姐说："可以，不过每套住房要收取2000元看房咨询费！"贵是贵点儿，可是对于几十万元的一套住房，值得！花点儿小钱可能就一劳永逸，业主当然愿意。

2001年5月，杨小姐在这个楼盘一连看了50多套住房，都看出了问题。问题较严重的，劝业主退房，存在问题但不影响使用的，杨小姐便提供解决方案。由于杨小姐的介入，引起数十户业主退房，同时也导致了这家开发商的高层"大换血"，这在当时房地产开发商中引起了不小的震动。

这次杨小姐赚了10万元，名声大噪，同时也使"看房参谋"成为街头的热门话题，市民渐渐接受了"购房一定要请专家把关"的观点。

"看房参谋"替人看房，又替人免费谈判，让购房人省心不少，增加了看房附加值，老客户带来了许多新客户，如今杨小姐在当地已经赫赫有名，顺利赚到第一桶金，引导事业朝更大的空间发展。

在封建社会，女人没有知识，社会也无需她们有知识，"女人无才就是德"的俗话给女人的论断做了最好的注脚：那时的女人不重视受教育，而是在家操持家政，承担起照顾全家的重任。

而在现代，女人不再心甘情意地落在男人的后面，她们要和男人平起平坐，要得到物质和精神的双重独立，并且每一个现代女性都清楚地意识到：要得到独立，依靠的不是漂亮的脸蛋和光鲜的外表，而是丰富的知识和才华，只有努力学习，不断在精神上有所进取，才能与男人一样的独立。

因此，聪明的女人并不满足于相夫教子式的家庭地位，她们更懂得时时充电，不断提升自己的知识和能力，以保持自己的独立地位和人格尊严。

（1）时刻保持"饥饿"意识

一个饥饿的人，会主动地寻找食物。同样，一个对自己工作有"饥饿"意识的人，会主动地充实自己。

对工作积极主动的人，时时会感到"饥饿"，他们不满足于现有的成绩，时刻想着超越自己，追求更高的职位。他们总在寻找机会充电、学习，他们总是充满激情地工作，为了下一刻可能获得的成绩而努力。

任何人对于自己想要的事情，在达成之前都会花很多时间去做各种努力，但是有很多人往往取得初步成就后，就抱着“守成”的观念，不肯再前进一步了。已经取得的成就占满了他们的内心，有种“饱”的错觉。所以，要想取得更大的成就，就必须学会忘记过去，忘记曾经取得的成绩，让自己时刻保持“饥饿”感。

终身学习是信息时代的要求。时尚白领不一定各方面都做到最好，但却应该善于学习，以发挥潜能、提升自我。对于白领女性来说，工作后再学习是一种消费，更是一种投资，这种消费和投资有很大一部分是用来充实自己，完善自己，为自己增加实力。

（2）要想升职，先让自己“增值”

微软招聘时，颇为青睐一种“聪明人”。这种“聪明人”，并非在招聘时就已是某一方面的专家，而是一个积极进取的“学习快手”——一个会在短时间内主动学习更多与工作有关的知识和积极提高自身技能的人。

微软的这一选择标准实在是高明之极。当今世界日新月异，车子、房子，一切事物都会不断折旧。在充满变数的职场中，员工赖以生存的知识、技能一样也会折旧，而且折旧的速度会越来越快。美国职业专家指出，现在职业半衰期越来越短，所有高薪者若不学习，无需 5 年就会变成低薪。在这种情况下，你若固守着原有的知识储备，去争取升职加薪，只能是痴心妄想。

如果你不注重学习，你的身价也会迅速贬值。所谓不进则退，到头来，为了公司的利益，一度欣赏你的老板也会舍你而去。因此，如果你的理想是攀上职业生涯的顶峰，如果你希望在目前位置上获得良好的声誉，那么，你在下班后、闲暇时，走进教室，赴一场知识的盛宴吧！

假如你目前的事业进展缓慢，或正走下坡路，这就向你敲响了“学习”的警钟。此时的当务之急就是多学习一些实用技能，或者把一度荒废的学业捡起来，这些硬件会增加你的“分量”。一旦有机会，它就会成为你升职加薪的秘密武器。

（3）寻找适合自己的充电方式

人们常说：处处留心皆学问。这可一点不假。如果你热爱自己的工作，

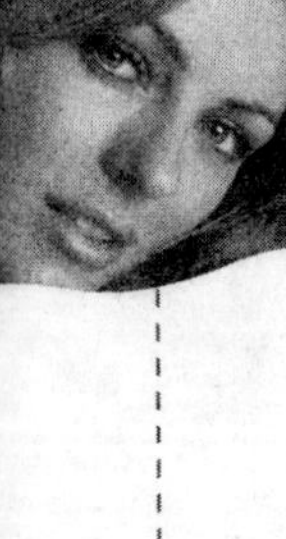

你想学习，那么你随时都可以在身边发现值得学习的东西，而且是最有用的、最适合你职业选择的充电内容。

所以，无论是拿出专门时间去深造，还是在工作实践中不断学习，都能使那些有心的职业女性不断适应变化的环境，最终会拥有纵横职场的能力。

当前是一个信息爆炸、知识更新飞快的时代，女人必须适应这种日新月异的变化，在日常工作中，许多环节都需要运用新知识、新信息，才能更有实效地完成任务。因此，女人必须时刻走在时代前列，耳聪目明，博闻强识，不断充实自己，要通过学习各种知识武装自己的头脑，做到“养兵千日，用兵一时”。

女人要想丰富自己的知识与素养，首先必须有“充电”的意识。如果你不学习，不充电，那么你很快就会落伍。只有随时充实自己，奠定雄厚的实力，就不会被社会所淘汰。因此，无论何时何地，女人都不要忘记给自己充充电。

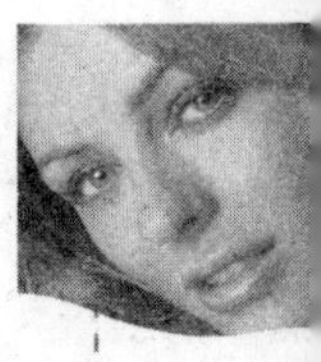

4. 知识创造财富

知识就是力量，尤其是知识经济时代，谁拥有知识，谁就拥有赚钱的第一要素。

培根有句名言："知识就是力量。"面对不断变革的新形势和日趋激烈的竞争，女人要想不落后于时代，就要勇于用"知识改变命运"。"物竞天择，适者生存"，这是竞争的法则。实践证明，现代社会竞争的实质，从根本上说是人的素质的竞争。面对无可回避的机遇与挑战，谁固步自封，不思进取，不学无术，谁就难免落伍甚至会被淘汰。而只有用知识武装了头脑，女人才更容易成功，并让自己看起来更有超凡脱俗的美。

1987 年，杨凤被青海警校录取，但她天生胆小，一想到毕业后要和罪犯打交道，就怕得要命。她要放弃上警校，父母为此骂她"没出息"。一气之下，她就只身从甘肃玉门小镇来到了北京，开始了她艰苦的谋生之路。

第一次到北京，她的兜里只揣着 36 块钱。她明白必须尽快找到工作才不至于饿肚子，接下来就是拼命地找工作，做过每张铅字蜡纸 7 毛钱的打字员，做过一个月 50 多块钱的宾馆服务员。为了省钱，她曾把一日三餐改为一日两餐，最后是一日一餐。一次饿得实在走不动了，她坐在马路边上看着来来往往的车辆寻思开了，难道自己就是这打工妹的命？这一寻思倒让她警醒了，她决定还是要上学，有了知识和文凭，才有出头之日。没有钱读书，她就边

打工边读书，1988年9月，被中央财政金融学院夜大录取。当时的学费是三百多块，可她手里只有省吃俭用攒下的250块钱。怎么办？她想到了卖血，那时卖200毫升血可以换54元钱。

就这样她靠卖血凑足了学费，一边打工，一边读书，1991年9月拿到了大专文凭。不久，她到一家文化公司打工，当时这家公司正与北京人民广播电台合办一个《相约在今宵》的节目，她主动去拉赞助，赞助拉来了就参加采编，一切竟还顺利。

这是读书给她的第一份回报，让她感觉到自己当初作出读书的决定是明智的。否则，她也许还在某个地方做打字员或者服务员，虽然现在仍然是打工，但起点已经完全不同了。

知识使她的人生发生了转折，从一个腼腆的打工妹变成了一个主持人。但后来，她却放弃了这份工作，源于她对靳羽西的一次采访，访谈中，靳羽西谈了很多如何美容的技巧和方法，靳羽西讲道："美容专业是一门美丽的人文事业，用你的品牌、你的双手、你的智慧，把世界上的女人打扮得漂漂亮亮的，给她们一份自信，这是很好的职业。"

靳羽西的这番话让杨凤回味了很久，她在心里大胆的做出了新的选择，她要做一名美容师。当时，对于杨凤来说，美容还是一个全新课题。抱定一切从头开始的信念，她毅然从艺术中心辞职，放弃了主持人工作。揣着不多的积蓄去珠海拜师学美容，当然是一边学习，一边打工。对杨凤来说，那段学艺的时间是很辛苦的，白天忙一天，累得骨头都散架了，晚上还不能放松自己，经常很晚了还抱着有关美容的书啃。功夫不负苦心人，学习期满后，她如愿以偿地获得了高级美容师和主持老师的资格。她打工的那家店里的老板有意让她继续留在店里工作，但被她谢绝了，她要回北京发展。

回北京后，她听说有一家要倒闭的美容院正要出租店面，便找到那家美容院的老板。因为她没有资金，就诚恳地对老板说，自己是一个打工妹，租不起房子，但自信能把他的店管好。她说："盈利了我们利润分成，如果1年不能盈利，我情愿给你打3年工，分文不取。"老板听了此话，不禁对她刮目相看，痛快地答应了她的要求，他们很快正式签订了协议。半年下来，店里就盈了利，这是件好事，没想到老板的心态失去了平衡，他要杨凤另签一份协议。

愤怒之下杨凤离开了这家言而无信的美容院。回去的路上，她不停地对自己说，“我要自己当老板，要有真正属于自己的美容院。”

机会终于来了，1996 年 8 月，在南礼士路的繁华路段，杨凤寻到了一家正准备招租的美容美发厅。这是一个国有企业的三产美容部，杨凤主动与企业接触。经过几个月的考察后，这家企业从众多竞争中选择了杨凤。当时，杨凤手里的钱只够交一个月的房租。好朋友都劝她别冒这个险，但她相信风险和机遇同在。

她不仅把所有的积蓄都拿了出来，而且还给自己的店起了个响亮的名字——凤仪轩。这里面既有她的名字，又意指每一位女性都如美丽高雅的凤凰，可从“有凤来仪”中寻找到美丽。

凤仪轩开业后，凭着出色的美容技术，杨凤很快把周围的客源吸引了过来。在一年多的时间里，凤仪轩的营业额从第一月的 2 万元，一直稳步发展到每月几十万元。杨凤的美容创业之路取得了良好的开端。1999 年 10 月，她经营的美容院固定顾客就已经达到两千多人，在同类美容院中名列前茅。她也有了自己的车，自己的房，还有了一个温馨的三口之家。

杨凤的凤仪轩陆续有了连锁店，顾客就像滚雪球，越滚越大，事业可算如日中天。但是这并没有让杨凤满足，她认为企业要在市场竞争中胜出，首先要锻造高素质的专业人才队伍，而锻造高素质的人才就需要更多的知识。于是，她经常亲自带队去参加国际化的专业培训，她认为如果一个企业停止了学习，也就停止了发展。

十年的发展，凤仪轩在国家级美容行业评比中被评为特级店，跻身全国“十佳放心美容院”。但是，杨凤还有更多的想法：“我计划在凤仪轩里，建一座‘凤阁’，这里‘凤凰’落佳，‘凤条’依依，‘凤池’花浴，‘凤仪’美容，‘凤律’悦耳……”看来，杨凤这只凤凰才刚刚振翅起舞。

从一个打工女到几家连锁店的老板，在杨凤的改变过程中，知识的角色

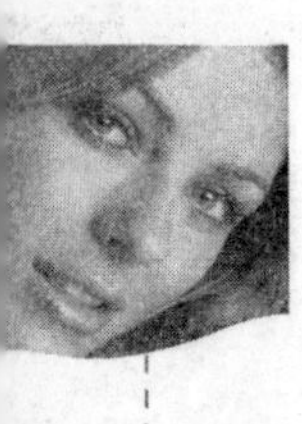

是不容忽视的，她的智慧就在于她在不服输的同时，借助了知识这个工具打造了一份属于自己、属于女人的美丽事业。

在竞争激烈的环境下，女人要把自己当做“蓄电池”，用电后要及时补充上，边工作、边学习，不断充实新知识、掌握新技能、了解新信息。只有具备扎实的知识，女人才能增强自己的竞争力，才能拥有灿烂而充实的人生。

美籍华人李玲瑶就以知识出人头地。台湾一家著名杂志称她为“美得耀眼的女生”。

在学生时代，她就以好学上进、勇敢干练、聪颖伶俐而著称，加上开朗的性格，使她受到师长的欣赏和同学的拥戴，并常被邀请去电台、电视台主持节目。

在美国读完计算机学位后，在硅谷做了 8 年的资深电脑分析员。同时，她丈夫胡公明完成了核物理方面的深造，成为一个颇有造诣的核子工程博士，服务于著名的通用电气公司。

中美尚未建交期间，她在华盛顿担任全美华人协会华盛顿分会负责人。1979 年，邓小平访美时，她和杨振宁一样，是接待小组成员之一。中美建交仪式上，她也是少数被邀到白宫观礼的华人代表之一。在中美建交华人庆祝大会上，李玲瑶担任大会司仪。

1980 年，她和丈夫决定开创自己的事业，在硅谷创办公司。不到两年，他们实现了自己的第一步目标，成为百万富翁。同时，公司也从高科技领域扩展到房地产和进出口贸易领域，并在北京、香港等地建立了办事处。此时的李玲瑶从一个纯粹的文化人发展成为一个成功的企业家。

1984 年，李玲瑶被邀回国参加国庆 35 周年庆典，她决定在内地投资，并说服不少在美华人来祖国投资或为祖国引进新技术。与此同时，她感觉到自己在经济理论方面的不足。于是，在她 48 岁的时候，她重新进入学校学习。每次上课，她都坐在第一排的正中间，从不落一次课，认认真真做每一份习题论文。同时，李玲瑶还自学了经济学本科方面的所有课程，硕士加博士的 5 年，她读完了经济学 9 年的课程。几年后，她戴上了北大博士帽，她的事业也越来越红火。

社会机制和思想观念上的阻力不是每个女性都能面对的。成功的背后有许多因素是必不可少的，其中，知识就是其中一方面，高雅的知性女人更容易走向成功。

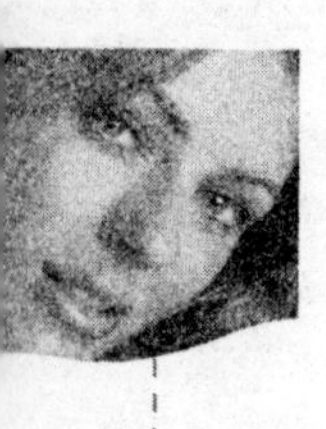

5. 要致富，学技术

打工与创业的区别只有一个：给别人干和给自己干。对于打工妹来说，要“打”出一片自己的天地，除了提高自身的能力外，学会一门实用技术是很必要的。

李小姐，一个具有初中文化的朴实山区农民。1990年，怀揣着山区农民对美好生活的向往和对致富的渴望踏上了南下打工之路。初到广东，她干过保姆、进过工厂。每天起早贪黑，早出晚归，只盼多挣点钱回家帮助改善一下家里贫困的生活。打工两年，由于不懂技术，文化又低，她不知干过多少最苦的活，但辛勤的汗水还是未换来丰厚的回报。1992年，她带着深深的遗憾和一肚子的委屈回到了家乡。

回到家后，她回想近4年来的打工生活，再看看自己贫困的生活依然如故，她百思不得其解。难道咱就真的没有出路了吗？她不知道多少次这样问过自己……不解终归不解，日子还是要过的。她用自己打工的一点微薄的积蓄购来了打米机，在家里搞起了加工业，又利用自己的住房开了间门市部。几年过去了，她的日子渐渐红火起来，一家人笑声多了，也不必为一日三餐和柴米油盐操太多的心了。按说，看着家里的生活一天天好起来她应该知足了，但两次打工让她开阔了眼界，她不甘心过这种小富即安的日子，她暗下决心，一定要走出一条致富之路来。

2001年，经过反复思索，她做出了一个让全家人都不解的决定——第三次南下打工。有了上次的经验，这次她多留了个心眼，挣钱多少没关系，关键是学技术。她打定了主意，主动找到当地的养殖大户，很快在养殖场里安顿了下来。养殖场的工作强度大，又脏又累，工资又低。在养殖场，她起得比别人都早，睡得比别人都晚，每天忙着投料、清扫猪场，生猪出栏时还帮着抓猪、称重、上车。工作机械而枯燥，但她从没有动过"转行"的念头。时间一天一天地过去了，在这里，她知道了什么叫选种育种，什么叫科学饲养，什么叫分段育肥，现代化的养殖方法真的让这个地地道道的山里妹子开了眼界。她开始对养殖着了迷，工作之余她买来了科技书籍，硬是凭着仅有的初中文化自学了《生猪科学饲养》、《科学养禽》、《商品猪育种》等科普书籍，甚至还选学了《现代养殖场综合管理》、《大牲畜常见病防治》等专业书籍。她也一跃成为了养殖场里的一位小专家。

2004年，她主动放弃了养殖场老板提供的优厚条件，回到了家乡。这一次她挣钱不多，但她心里很满足，经过这么多年的摸索，她终于看到了致富的希望。说干就干，回到家后她当即要在家乡办第一个综合养殖场。要办综合养殖场，仅凭自己打工的1万元积蓄是远远不够的，缺乏资金怎么办？她一咬牙向镇信用社贷了2万元，又向朋友借了1万元，就凭着这4万元起了家。她把自己的场地定位小河边的一块2亩的责任田，建起了猪舍，在乡亲们怀疑的目光中开始了自己的创业历程。

2005年，她从麻江县引来了良种三元杂交仔猪，而后连对面草坡也利用起来放养200只良种鸡。就这样，一个小型综合养殖场就在村落了户。养殖场建成后，她一门心思扑在了养殖场上。结合自己在外打工所学的知识，她充分认识到了科技饲养的重要性，为降低饲养成本，她买来了浓缩料，自己学习配料；还自学了生猪和家禽常见病的防治技术，自己开展起了养殖场的疫病防治。每逢养殖场内的母猪临产，她就吃住在养殖场，为临产母猪接产。转眼间一年过去了，她辛勤的汗水终于换回了丰厚的回报，她的养殖场仅一年就出栏生猪22头，出售仔猪20余头，出笼商品肉鸡50余只，直接经济收入达到了2.25万元。她也一举成名，成了远近闻名的农村科技致富能手。

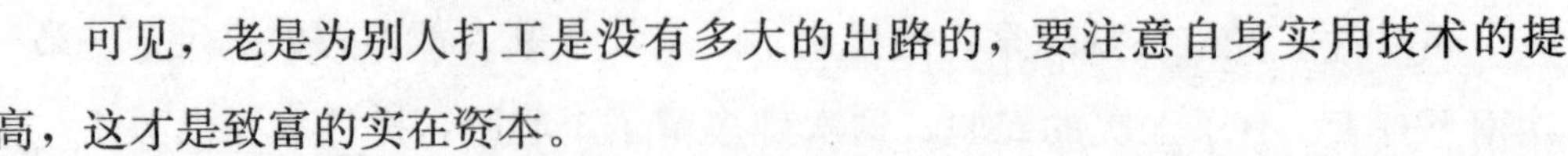

可见，老是为别人打工是没有多大的出路的，要注意自身实用技术的提高，这才是致富的实在资本。

一名熟练的缝纫工月工资能达到2000元就相当不错了。可有这样一名裁缝，凭着自己精湛的手艺，为富人定做衣服，一套西装开价几千元，一年的收入至少上百万元。

她虽没有注册什么手工服装品牌，虽然没进过任何商场，却经人们口口相传，成为不是名牌的“名牌”，她就是田大姐。更为引人关注的是田大姐没有上过一天学。

她身材挺拔偏瘦，很精干的样子，看上去只有40来岁，一身剪裁得体的衣裤更令她看起来神采奕奕。这身衣服正是田大姐自己制作的。田大姐表示，她现在一般只穿自己做的衣服。

据知情人介绍，找田大姐做衣服的很多都是回头客，她的衣服不仅剪裁合体，穿着也十分舒适。穿过她做的衣服，顾客的品味就被“吊”高了。

在服装制作上，田大姐有很高的天赋，但凡电视上、杂志上出现的流行服装样式，她只要看一看就能画出图样并仿制出来，而且出人意料的合身。很多顾客在商场里买不到心仪的样式，都愿意到她这里定做。

田大姐做衣服不仅手艺好，速度还很快。外套，只需“2小时”，裤子，仅需“50分钟”。越来越多的人知道田大姐，她的生意也更加红火，一年至少能赚上百万元。

田大姐不再是名不见经传的小裁缝，在她的名片上，印着“田大姐服饰有限公司首席设计师”的头衔，田大姐给自己的定位是——服装设计师。

裁缝是田大姐家传的手艺，她的祖父、父亲都是裁缝。因为田大姐从小就帮助家里打理做服装的生意，父亲为了把手艺传给她，为了给她找些事做，一开始就教她做一些辅助性的活儿，比如拷边和缝扣子。

田大姐小时候做事认真，很快就做得有模有样，父亲也渐渐发现，女儿很有做裁缝的天赋，最终还是决定教她学裁剪——这也是做裁缝最关键的手艺。田大姐15岁时，正式学起了裁剪，几年后，她成了一个完全合格的裁缝，父亲年龄大了，就将祖上传下的裁缝铺交给了她。

一开始，田大姐只是为附近居民做一些简单的衣服，因为手艺好，名气大增，来找她做衣服的人逐渐多起来，一些人甚至跑较远的路专程过来。业务多了，小作坊式的生产方式明显滞后。1991 年，田大姐开办了服装工厂，自己主要负责裁剪等关键程序，拷边、缝扣子等交由工人来做，田大姐的生产效率大大提高。

田大姐靠着自己的手艺，树立起属于自己的品牌，并获取较可观的收入。由此可见，学好一门好手艺比一张虚文凭更重要。

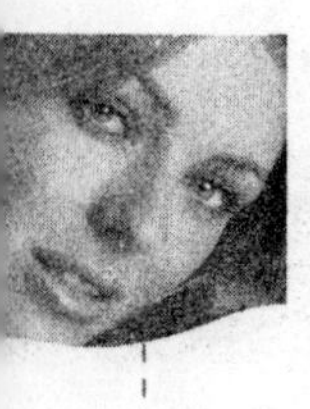

6. 一技之长是创业的“硬件”

一技之长是创业的硬件，是一个人谋生的基本条件，是为你打开财富之门的一把钥匙。

王瑗出生在农村。由于家穷，她17岁就放弃了学业回家务农，她还自学得一手好画。

23岁的时候，恋爱受阻，读了很多书的她便想去走万里路，她带着父母给的50元钱，在流浪中寻梦，寻找自己的画家和诗人梦。在20世纪80年代初，流动人口还不是很多，她成为改革开放后的“第一代盲流”。

辗转漂泊到异地的王瑗，有一天，给一个年轻人画了一张像，赚取了2元钱。她说：“这是我人生中非常重要的2元钱，它给了我活下去的希望。而且，我一生有三个重要的2元钱。”

她挥舞着左手说：“我第二个2元钱是我从深圳花2元钱买了一把木梳子，让我从此做了木匠。第三个2元钱是我做的木梳子，第一次卖时卖了2元钱。这三个2元钱组成了我的创业史，是我人生最重要的转折点。”

在外流浪两年后，最终选择了回到老家，继承了祖上传下来的职业，做了木匠，开始创业。

“当时三十几个工人都不知道梳子怎么做，用半年时间研究，终于做了出来。”王瑗的第一批产品出厂了，拿到市场上整整一天的时间，她的业务员喊

破了嗓子，却只卖掉了一把2元钱的梳子。这2元钱，是她人生中重要的2元钱，是这份事业的第一步。

1994年，王瑗正式注册了梳子商标。经历过艰难的推销之旅，烧过价值30万元的不合格产品，搞过无数次技术改革，创办过宣传漫画报……1997年，她的小木梳终于获得了较好的市场知名度。就在她磨刀霍霍准备大干一场的时候，一个意外的难关挡在了面前：由于没有固定资产作抵押，银行不愿意贷款给这个靠生产小梳子为生的小企业，她后继乏力。

这是当时中国所有中小民营企业共同的成长难题。1997年8月19日，对银行苦苦哀求，终于获得了银行的支持，她的知名度也空前高涨。但市场似乎并不给这个“第一品牌”面子。此刻她的销售模式主要依靠商场铺点。然而，她的名声大震之后，其他木梳企业也开始苏醒，商场终于竞争激烈起来。

就在王瑗发现商场这条路不仅走得慢，而且有日益走下坡路趋势的时候，她无意中尝试建起来的几个专卖店，营业额却节节飙升。与其深陷于商场肉搏，不如另辟一条蹊径，在专卖店上做文章，同时她重新规划企业战略，撤出各地商场柜台，将商业模式转向专卖店连锁加盟的方向。

1997年3月，她的企业与第一家加盟连锁店签约，从此开始了特许经营的发展之路。特许加盟让公司走上了产销可控、渠道可控、品牌可控的长远发展道路。

到2000年年初，专卖店已星罗棋布地开了近100家。然而就在这年春天，专卖店加盟速度骤降，各地加盟商开始有了抱怨。抱怨的核心是效益：其一，由于产品单一，风格单一，顾客来到店里的选择并不多；其二，梳子价格很高，但针对高品位、高消费群体的品牌附加值并没有做足；其三，梳子虽好，店堂装修却很一般，常常埋没于商街而吸引不了眼球。其结果是各地加盟店生意平平淡淡，利润勉勉强强，投资回报率不高，有的甚至亏损倒闭。

这其实是中国所有连锁加盟企业都必须遭遇的一道坎，能否迈过这道坎，既要看企业家的能力，也要看企业家的态度。王瑗能力出众而态度坚决，她说：“我公司有钱了，我们坚决不买高档办公楼，坚决不买豪华别墅小轿车，要把有限的资金花在‘一硬一软’之上：硬是好的设备，软是能干的人；硬

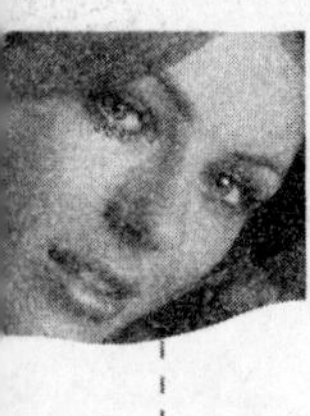

是产品的质量，软是产品的文化含量。”

花了一大笔钱，在绝对一流的“能干人”帮助下，王瑗既传统又现代，以中国传统文化为基调的新店面设计方案很快拿了出来。自己试装了一个店，大获成功，销售额比老店竟多了一倍有余。

新的店面设计古朴、典雅，充满个性和传统文化气息，充分展示了“手工造”的悠久韵味，大大提升了梳子的品牌文化含量。推出之后，立即在行业内外引起了轰动，高价位的木梳因文化含量的烘托，也似乎让消费者觉得物有所值了。口口相传之下，2000 年年底，要求加入特许经营网络的人数翻了几倍。

2001 年，创业不到 8 年的王瑗公司有了成为“百年老店”的雏形。“其实从第一家连锁店建立到现在，我一直在和‘浮躁’较劲。大家都想一举成名，比比皆是的就是浮躁。对这个问题，我一直在做疏导，我坚持的东西就是——诚实。”

做了十几年梳子，至今还没有一把让她完全满意。“所以我的梳子还要继续做下去，我要做最好的梳子。”王瑗的心路远大。

7. 知识越多，赚钱越多

有容貌的女人是幸福的，但比女人容貌更重要的是知识。善于学习知识的女人不仅能成为智慧女人，还能赚到更多的财富。

知识改变命运，是颠扑不破的真理。赚钱和做人一样，谁能掌握更多的知识，谁的见识越多，谁就越可能成功。善行者究其事，善学者完其理，用知识武装自己，知识是女人最好的补药。

杨小姐惟一的特长就是写作，可那个城市似乎并不需要专门的写作人才。奔波、流浪了一个多月，她才在一家食品公司谋到了一个推销员的活计。推销员的工作并没有带给她喜悦，她为自己的长项难以发挥而备感失落。那些日子里，虽然也挣了一些钱，心中却时时有一种隐隐的痛——那个曾做过无数次的作家梦离她越来越远了。

杨小姐供职的这家公司是一家私营企业，20岁出头的她对生活充满了激情和梦想，渴望着有一天能出人头地。老总对她的工作成绩给予了充分肯定，给她加薪升职。她便将自己的作家梦深深地隐藏起来，拼命地工作。白天，骑着那辆破旧的自行车推销、送货，忙个不停；晚上，当别人带着一身疲惫进入梦乡或到酒店、舞厅里潇洒时，她却把自己关在小小的出租屋里与书本为伴。读书使杨小姐充实了许多，也为她后来的事业做好了知识储备。

杨小姐的勤奋好学得到了老总的赏识，破格将她提拔为自己的助手。可

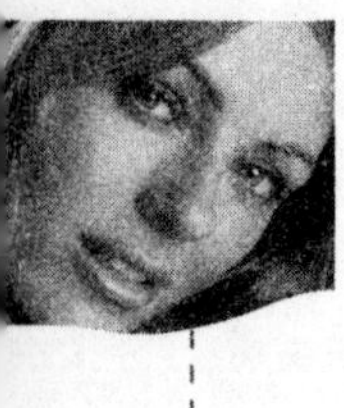

是没过多久，公司遭遇了困境，举步维艰，昔日的同事一夜之间离开了一大半，本来她想留下来和老总共渡难关，可老总却不愿拖累她。终于还是离开了那家公司。

离开公司，杨小姐和一位同事结伴来到广州。第一次站在陌生的广州街头茫然回顾，不知属于自己的路到底在哪里。在广州待了一个多月，不仅工作没有找到，带来的钱也所剩无几了。不过，她也从中发现了商机：一些私营企业和个体商户由于规模不大而大多没有专职的文秘人员，可企业在运转中又少不了与文字打交道，如果开一家写作事务所，专门为这些企业提供撰稿服务，肯定也是一条生财之道。

虽然想得挺好，可杨小姐却没有力量去开拓自己的事业。她必须先找份工作，解决吃饭问题，也必须通过打工这条路子来完成原始的资金积累。

机遇总是青睐有准备的人。就在杨小姐走投无路时，一家报社的招聘启事吸引了她。以前，从来没有想到过去报社应聘，因为她没有过硬的文凭而自觉低人一等。这一次，她带着赌一把的心态，走进了报社的大门。

当杨小姐把个人简历、发表过的作品及所有的获奖证书都放到总编面前时，对方随意翻了翻她的作品，问道："你是从哪所学校毕业的？怎么不见你的毕业证书？"

"我没有读过大学，但我自信能够胜任这项工作！恳请您能给我一次机会。"杨小姐诚恳地说。主编或许是被杨小姐的诚实打动了，抬起头看了看她，沉默了半晌说道："我可以给你一次机会，但试用期间没有工资，你愿意试一试吗？"

"谢谢您的信任，我愿意接受这个挑战。"杨小姐为自己终于得到了一个展示自己的机会而激动。

以前的知识储备到底派上了用场。她采写的财经报道常常透过现象提出一些实质性的问题而引起人们的关注，还时常用职业的目光关注着身边的一切，捕捉着一切有价值的新闻。老总到底被她的敬业精神折服了，试用期还未结束便正式聘用了杨小姐。

有了这份还算不错的工作，杨小姐那份不安分的心渐渐地平静下来。我

早就渴望能成为一个作家，想当初，不正是因为有了这个梦想才四处漂泊的吗？而今，虽说自己思谋已久的创作计划总是因为工作太忙而一直没有动手，可记者这份工作毕竟还算体面，作为一个从大山里走出来的打工者，已经很不错了，但是不甘平庸的她决定自己创业。

几年的打工生涯使她积累了不少工作经验，她自己也明白，不趁着年轻时干点事业，将可能一辈子一事无成。

杨小姐就这样设计着自己的创业方案：撰稿。自己喜欢写作，也曾在不少报刊上发表过作品，许多小公司没有专门的文秘人员，却又少不了和文稿打交道。如果自己从事这一行业，还可以从中发现有价值的线索，为报刊撰写稿件赚取稿费，如此好事何乐而不为呢，最关键的是做这个生意几乎不需要什么投资，而自己最缺的不就是钱嘛？

确定了创业方向的那天晚上，杨小姐激动得一夜都没有睡着觉，为自己选择了一条别人很少涉足的生意而兴奋。但是，她并没有为自己得到这么个好主意而头脑发热，在生意场上打拼几年的经验告诉她：如果缺乏广阔的市场需求，自己的设想就只能是一个美好的空中楼阁。

需要撰稿服务的人应该说有很多，比如广告公司需要请人做文案，中小企业有许多事务性公文要撰写，打官司的人需要请人代写法律文书或上访材料，甚至有些人写封情书也要请人捉刀。可是，这种需求大都是潜在的，当你找上门去的时候，或许人家并不需要这种服务。怎样才能完成与客户的沟通呢？总不能逢人便问你是否需要撰稿服务吧，思谋再三，杨小姐觉得还是尽快把自己的知名度打出去，因为只有这样才能让人们在需要撰稿服务时主动与自己联系，而不必漫无目标地胡打乱撞。可是，怎样才能亮出自己的招牌呢？

虽然也曾在报刊发表过不少文章，可自己毕竟不是名人。看来只有打广告，明明白白地告诉人们自己可以给他们提供写作方面的服务。

为了解撰稿服务潜在的市场前景，杨小姐花钱在报纸上做了个提供写作服务的广告。广告的效果还真不错，广告见报的当天，便有一家公司的老板打来电话请她代写一份市场调研报告。第二天，杨小姐将以前发表过的所有

作品都复印了一份，带着忐忑不安的心情上路了。首战告捷，她为对方做好了稿子，挣了600元钱。这就增加了她的信心，也使她从中看到了诱人的市场前景。杨小姐决定将写作进行到底，借钱购置了电脑、打印机等办公设备，又通过网络、邮寄信函等途径发布信息，将面向公众提供写作服务的旗帜高高地挂了起来。

由于杨小姐不断地向有可能需要的撰稿服务单位寄发广告，渐渐地，要求提供写作服务的人越来越多。她醉心于自己的事业，每天都马不停蹄地忙于采访、写作。她过得越来越充实。此时的她，事业如鱼得水。为了适应业务发展的需求，杨小姐又聘请了几个文笔不错的大学生做帮手。在将近一年的时间里，杨小姐写出了10万多元的收入，现在她是事业小有成就。

创业成功的关键是“一技之长”和“商业能力”。其中，商业能力也是非常重要的，因为不熟悉“市场游戏规则”而四处碰壁，最终还是一无所获。所以，创业者要获得成功，必须技术、经营两手都要抓。

第七章

掌握职场潜规则，做个聪明的白领丽人

P

职业女性要想在职场中游刃有余，仅靠个人形象的好坏以及个人工作成绩的优劣是完全不够的。在注重个人内外兼修的同时，还应该善于经营人际关系。

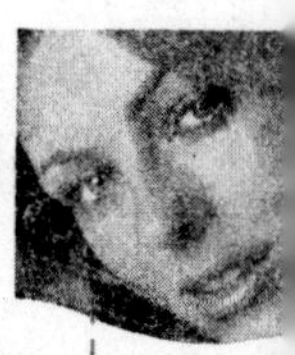

1. 与上司和睦相处

成功地与上司相处，不但对你的事业前途大大有益，而且还是一块试金石，最能锻炼你思考和处理人生难题的能力。

除了最高层领导外，每个职业女性都有上司。如果你的工作完成得很好，你的业绩也不错，但你的上司却有可能不喜欢你。因为你只知道埋头做自己的工作，却不注意上司怎么看你。所以不管你是什么样的职员，都要知道怎样让你的上司喜欢你，器重你，提拔你。

在人际交往中，要想赢得上司的好感，就必须时刻留意对方的兴趣、爱好，明白上司的意图，理解上司的心思，这样才能投其所好，"对症下药"。然而，上司的意图往往捉摸不定，善逢迎者必须下功夫掌握上司的心意，揣摩上司的心理，然后尽量迎合他，满足他的欲望，甚至还能抢先一步，将上司想说而未说的话先说了，想办而未办的事先办了，把上司乐得美滋滋的。自然，上司的回报也总是沉甸甸的。

对于有意成就一番事业的老板来说，总是思贤若渴、惜才如金地对有培养前途、富有创意的职员总是关爱有加，倍加赞赏。因为这样的人才难以挖掘，正是"千军易得，一将难求。"当你遇到这样的"明主"后，你不妨尽量施展你的才华。

比如说，当你有一个新的提高效益的方法，就应该在适当的时机向你的

上司提出，争取得到他的支持。如果你的上司说："各位，我们来研究一下工作流程是否可以改善一下?"严格说来，这样的话，不应该由你的上司来讲，而应该由你说出。所以每过一段时间，你应该想一下，工作流程有没有改善的可能？如果你才是你所做的工作的专才，而你的上司不是，却由他提出了改善计划，想出了改善办法的话，你应该感到羞愧。

你敢说你的工作流程都很完善？事实上，任何一个工作流程都不是十全十美的，都有改善的可能。最糟糕的是大家都无所谓，安于现状，不对它进行改善。一个组织没有进步，这点做得不好是重要的原因。大家都不想改善，而你却做到了，你就同他人不一样，上司也会喜欢你，看重你。

在日常生活中，待人处事也应做到知己知彼，"见什么人说什么话"。对不同的领导运用不同的交往手段，随机应变，才能事事顺遂。比如，在和领导相处时，就要根据领导的性格特点和其好恶，对自己的为人处事方式作一些必要的修正，以便迅速赢得领导的好感，建立起一定的感情。在此基础上，领导才会有兴趣深入了解和考查你的才干，并使你"英雄有用武之地"。

与你的上司和睦相处，对你的身心、前途都有极大的影响。以下十一条准则可供参考。

（1）积极工作

做好自己分内的工作。在工作遇到困难时，有经验的下属很少使用"困难"、"危机"、"挫折"等术语，他把困难的境况称为"挑战"，并制订出计划以切实的行动迎接挑战。在上司前谈及你的同事时，要着眼于他们的长处，而不是短处。否则将会影响你在人际关系方面的声誉。

（2）信守诺言

如果你承诺的一项工作没兑现，上司就会怀疑你是否能守信用。如果工作中你确实难以胜任时，要尽快向他说明。虽然他会有暂时的不快，但是要比到最后失望时产生的不满要好得多。

（3）倾听

当上司讲话的时候，要排除一切使你紧张的意念，专心聆听。眼睛注视着他，不要死呆呆地埋着头，必要时做一点记录。他讲完以后，你可以稍思

片刻，也可问一两个问题，真正弄懂其意图。然后概括一下上司的谈话内容，表示你已明白了他的意见。切记，上司不喜欢那种思维迟钝、需要反复叮嘱的人。

（4）简洁

简洁，就是有所选择、直截了当、十分清晰地向上司报告。准备记录是个好办法，使上司在较短的时间内，明白你报告的全部内容。如果必须提交一份详细报告，那最好就在文章前面搞一个内容提要。

（5）讲一点战术

不要直接否定上司提出的建议。他可能从某种角度看问题，看到某些可取之处，也可能没征求你的意见。如果你认为不合适，最好用提问的方式，表示你的异议。如果你的观点基于某些上司不知道的数据或情况，效果将会更佳。别怕向上司提供坏消息，当然要注意时间、地点、场合、方法。

（6）不要让上司认为你的存在是对他的威胁

对于专权的上司，你必须将工作进程的每个环节都向他报告，尽管私下你有自己的工作方式和作风，但在表面上仍要以上司的处理风格为自己的工作风格。这样既能表现出一点让上司引以为荣的地方，又能让上司相信你是他的“心腹”，至少也是值得信赖的下属。切记不要代替上司领功、跟上司“抢镜”。

（7）了解你的上司

做下属的应该适当了解上司的生活习惯、处事作风，然后投其所好。但若处理不当，则会被其他同事认为是巴结上司、拍马屁，结果是背上骂名，所以尽管要投上司所好，但对其不当言行，仍应避免迎合。

一个精明强干的上司欣赏的是能深刻地了解他，并知道他的愿望和情绪的下属。

（8）关系要适度

你与上司在单位中的地位是不同的，这一点心中要有数。不要使关系过度亲密，以致卷入他的私人生活之中。与上司保持良好的关系，是与你富有创造性、富有成效的工作相一致的，你能尽职尽责，就是为上司做了最好的

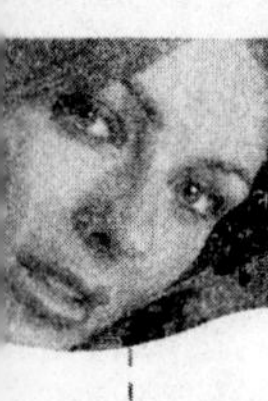

事情。

切忌与上司建立私人感情，应当保持纯洁的工作关系。跟上司讲太多的私生活话题，会影响你在其心目中的形象，其他同事也会因为你与上司的私交甚密，而对你另眼相看。有的会刻意亲近你，借此攀结上司，但更多的则会对你有所避忌，使你的工作及社交出现障碍。

（9）维护上司的形象

你应常向他介绍新的信息，使他掌握自己工作领域的动态和现状。不过，这一切应在开会之前向他汇报，让他在会上谈出来，而不是由你在开会时大声炫耀。

（10）不要随便背叛和攻击上司

现实中的确有一些领导令你忍无可忍，但十有八九的上司不喜欢背叛他的下属。随意攻击上司，吃亏的是自己，其他同事只当作看一次免费表演，令你意想不到的一连串的报复将会伴随着你，直到你离开。当然，若上司没有丝毫容人之量，离开他又何妨。

（11）勇于承认错误

如果你违反了单位纪律、工作规则，就应对自己的过失负责，应深知承认错误并非羞耻之事，相反，被人揭穿了仍死不承认，才是不明智的。

2. 远离“办公室恋情”

不要认为人与人之间的距离越近，关系就越深。作为女性，在办公室里与同事相处，太远了当然不好，人家会认为你不合群、孤僻、不易交往；太近了也不好，容易让别人说闲话，而且也容易令上司误解，认定你是在搞小圈子。所以说，若即若离的同事关系，才是最难得和最理想的。

有人说，“办公室恋情”不就是男女同事日久生情，进而恋爱甚至结婚那回事嘛？事实上，非身历其境者很难想像，多数成功的办公室恋情，其过程之保密警觉，攻防有术及公布时的震撼效果，不亚于一次部署严谨的军事演习。

一般来说，办公室恋情在许多公司都不是很受欢迎。办公室恋情常常导致职场伦理的扭曲和破坏，一旦产生瓜葛，往往后患无穷。男女打情骂俏是办公室里不可缺少的调味剂。办公室内工作的男女，动不动就春心摇动，想入非非，这些都是不理智的行为。

办公室里别谈爱情，你可能对这样的论调不予赞同，不过，自从有了共同办公的场所，男女共处一室一起工作以来，彼此互相仰慕的办公室恋情便举不胜数。不可否认，办公室的确是容易让男女青年培养恋情的极佳空间。假如名花无主的她每天目睹一位潇洒的男士，很难不对他产生倾慕之情；同

样，如果血气方刚的小伙子看到一位仪态优雅、容貌秀丽的女士天天在眼前晃来晃去，恐怕也很难忍住对她产生爱慕之情。

李娜是公司里的创意总监，偏偏会与成绩平平的设计董浩投缘。广告公司是没有固定下班时间的，忙到深夜回家很正常。李娜总把董浩分在自己的项目组，虽然带着这个设计人员干活让她有点累，但是她很愿意。爱情是一个巴掌拍不响的事，董浩也在工作的相处中对这个相貌平平的女上司从恭敬、崇拜慢慢发展到喜欢，甚至有一点依赖。世界上有很多事可以隐瞒，但情爱关系却很难，暗送秋波时会被一双双有意无意的眼睛察觉，环顾四周后触到她腰上的手在有人闯进来时不得不仓促地收回。老板适时地暗示李娜公司是不可以谈恋爱的，更何况她是上司。最终董浩离开了公司，他很清楚自己的工作能力，准备拿出两年的时间充电。他们在公司附近租了一间房，如果工作到很晚，李娜就住到那里。她本以为两个人终于可以无拘无束地在一起，但是一个月后，董浩提出了分手，原因很简单，办公室是培育他们感情的营养土壤，既然离开了，感情也就变了味道。

虽然人人都知道办公室恋情有它存在的必然性，不过，奇怪的是这类恋情的结局大多是最后不欢而散。而且，男女主角当事人动不动就变成众矢之的，负面的批评永远大于正面的肯定。如果两个人都是单身，情况还稍微好办些，假如其中一个已婚，那局面就复杂多了！

办公室恋情容易受到质疑，主要是因为有违工作伦理。因为，在工作中是否持“公平、公正、客观”的态度和观点，很可能会在俩人的私人关系中被质疑。此外，万一两人的爱情不成功，关系破裂之后，不仅影响到公司的运作，往往也会影响个人的工作与事业前途。也许每个人都会以为自己可以不受私情影响，绝对可以做到公私分明。不过，到了那个时候，恋情是否真的会影响工作精神与办事能力，通常变得已经不重要了。重要的是，周围的同事与上司究竟如何看待这件事，因为，他们总是把自己认定的标准当成真正的事实。

通常情况下，多数单位不喜欢内部出现任何形式的男女恋情关系，老板不会欣赏那些没有把全部精力放在业务工作上的人。很多公司甚至明文规定禁止员工之间谈恋爱，任何触犯禁忌的人都要被迫调换工作。某些作风开明的公司，比如美国花旗银行，则规定有直接亲属关系者不得在同一部门内工作，万一真的遇到这种情况，其中一人必须调到其他部门。

很多过来人都会体会到，办公室恋情之所以危险，主要是受制于工作场所的政治性和人际关系的影响。办公室不像其他地方，在一个强调级层和地位的环境中，男女恋情绝对是危险的。人际关系专家曾经郑重地提出警告说："办公室恋情比办公室政治更需要高明的技巧、冷静的头脑，否则无法洁身自好。"

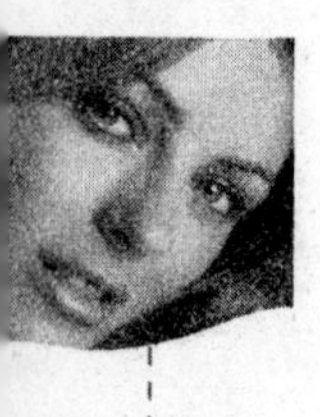

3. 刚柔并济的交际术

女性可以和男性一样，在事业中获得令人瞩目的成就，但在言行上千万不要与他们同化，甚至模仿他们讲粗话、斗酒量、狂笑或大失仪态。几乎所有的男人都不会喜欢男性化的女人。

许多有成就的女性，尤其是被称为是“女强人”的女性，都有一种内心的矛盾，就是担心建立了自己的专业形象以后，会让男人觉得她失去了女性的魅力。

一位人类学家曾经说过：“事业失败会让男人失去男性的魅力，但事业成功却会使女人失去女性的魅力。”十年前，这种论调也许可以勉强立足，但是随着社会潮流的发展，如果你再相信大男人这种荒谬的说法，那便不能与时俱进，甚至剥夺了自己成功的机会。

的确，男人事业越成功，对女人越具有吸引力。不过，今天的女性和男性一样，越是事业有成，越容易获得成功男性的欣赏，根本不用担心你的专业形象会影响你的女性魅力。如果你深谙“女性化”魅力的巧妙运用，你便会在事业上如鱼得水、游刃有余，获得男性青睐的目光。

现在，能够在著名公司里站稳脚跟的女性通常是十分优秀的女性，她们聪明、有学识、刻苦耐劳、口齿伶俐、英明果断，办起事来大刀阔斧，决不优柔寡断、因循守旧，而且懂得收起咄咄逼人的强悍。即使她们性格各异，

但有一个共同点，就是都保持着一份“女性化”的妩媚特质——刚柔并济。

提到“女性化”的妩媚特质，可以表现在许多方面。有些人将它体现在高品位的女性化服装上；也有一些人将它体现在自己的办公领地，如在墙壁或办公桌上张贴、摆设女性化的饰物。女性可以和男性一样，在事业中获得令人瞩目的成就，但在言行上千万不要与他们同化，甚至模仿他们讲粗话、斗酒量、狂笑或大失仪态。几乎所有的男人都不会喜欢男性化的女人。你要用心维护“女性化”美的特质。“女性化”不代表穿得暴露、卖弄风情，这会显得低级庸俗，没有内涵；但也不是小女孩般故作天真，撒娇耍赖。“女性化”摒弃所有的矫揉造作，而是要修炼内功，在举手投足间使人感觉到温柔善良的心灵，从容优雅的气质，精致丰富的内涵，眼波流转的风韵。当然还包括得体的服饰，健康靓丽的肌肤，真挚灿烂的笑容，积极向上的人生态度。

作为一位白领女性，当男同事挑剔你不解温柔的时候，你应该怎么办呢?这应该视具体情况来做决定。当男同事对温柔有着不正确的理解，错把你的温柔当成了不解温柔的时候，你要耐心地向他讲明女人温柔的含义，希望他纠正不正确的观念，真正理解你。

温柔不会妨碍你在事业上的进取。一个好女人，尽管她在事业上成绩显赫，到了家里却变成了一个温柔的妻子。她们在事业上有着拼搏冲杀的男人气质，在爱情中有着女人“柔”的一面，刚柔相济，往往能够促使你的爱情和事业共同发展。要让男人感到自己的温柔，职业女性应根除专横、撒泼的恶习。试想，哪个男人愿意娶一个比他更加有“男人味”的妻子呢?所以，白领女性应该用细腻的感情来体贴男人，送给他温暖和柔情，他才能发现你的温柔可爱。

佳佳是一个相貌平平但却十分精干的女子，但在公司里，同事们尤其是男同事不愿意与她共事。

后来，佳佳给公司拉来了好几个大客户，觉得这样就能扬眉吐气了，但是男同事们除了认为她的能干以外，还是对她不冷不热。为什么会这样呢?她反思了好几天，终于有所领悟，是不是自己只是知道一味地工作却忽视了和大家的交流呢?她想以一种方式去改变大家对她的看法。于是一天早上，

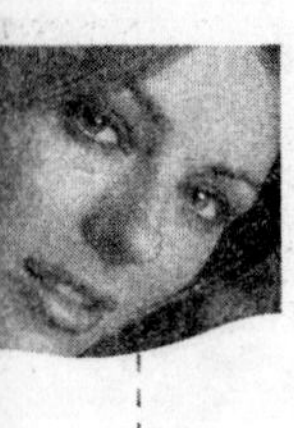

她早早地来到办公室，买来了一大束鲜花，她希望这些美丽的鲜花能给每一位同事带来温馨。整个办公室因为有了鲜花而香气四溢，同事们上班时都赞美这些美丽的鲜花，并且因为有了这些鲜花的陪伴，一整天都精神十足，大家都被这温馨的花香感动了。

佳佳通过鲜花使同事们感受到了她的温柔可爱之处。

一个外表漂亮的职业女性，如果脸上总是带着冷漠的表情，使人感到好像拒人于千里之外，说话的时候总是带着刺，总是拿她的好恶来对付别人，男人往往不会接近她，因为哪个男人愿意碰一鼻子灰呀。

所以，你应该学会利用你的温柔，征服你的男同事，因为，男性同胞多半都是喜欢温柔的女孩。同时，女人在社交手腕上要妙方多用，刚柔相济之法是其中重要的一种。女人们完全可以在社交中灵活运用“刚”与“柔”的手腕，用“柔”的心灵、“柔”的微笑、“柔”的语言和“刚”的自主意识、适时的“刚”的态度，使自己的举止“柔”中有“刚”、“刚”中融“柔”，这样就会使自己魅力无穷。

“女性化”不表示脆弱、没有主见、绝对服从，或承认能力不如男性。“女性化”首先要你认识到你是个女人，行为“女性化”。在工作上，把女性的特质适当配合事业上男性化的特征，进而得到男人的合作和支持。从前，很多女人为在事业上争得一席之地，常要模拟男人变得非常果断、刚硬，但现在，女人在事业上尽量发挥“女性化”的魅力，便能以柔克刚、以弱治强，保持刚柔平衡，成为成功的职业女性。

在与男性交往中还要注意以下几点：

(1) 不要伤害他的自尊心

男人是自信骄傲的，他的自尊心脆弱而敏感。如果你的言行威胁到他的自我时，他会立即产生抗拒。因此我们要察言观色，关键时维护他的自尊，并适时夸奖，让他体会到你独有的温柔、体贴。利用女人的天性本能，我们可以轻松自然、不留痕迹地在与他和睦相处的同时，也维护我们的自尊。培养愉悦的性格和友善的态度，发挥“女性化”的魅力，这是职业女性应该表现的特质。

（2）要与他建立一个共同点

男人面对职业女性有时会手足无措，因为你既是一个能干的同事，又是一个女人。因此要想与他相处得舒服、坦然，就要建立一个共同点，最好能产生共鸣。可以先了解他的喜好，再对症下药。培养与别人建立共同点的本领可以帮助你与他人建立随和的友情，对你事业的发展大有裨益。其实男人与女人一样，对家庭和子女都非常关心，比如问询他孩子的读书、考试、生活情况等等，都会使他口若悬河、滔滔不绝。由于性别差异，他与你谈及类似话题时，会很放松，也能寻找到交换意见的空间，同时还能消除他的敌意和戒心。

（3）对他发出适当且由衷的赞赏

在适当时机，发出真诚的赞赏，这不但会使他对你的防线崩溃，而且你自身也会受益无穷。英文有句俗语："奉承可使你通行无阻。"只要我们是发自内心的赞扬，一定会使双方身心愉悦。比如，看到同事或上司带了一条新领带，你可以问他在哪里买到的，让他感觉到你的鉴赏力，从内心首肯你的赞许。在仪表方面，男人自视是专业人员，也感觉穿着得体非常重要，你的适时赞美会让他心情极佳。当然，赞美时谨记不能太露骨。注意，在有些人面前，你可以赞赏他的事业成就，但是不能赞扬他的仪表和衣着，否则会使别人误解你对他有意思，并令他尴尬。

（4）恰到好处地征求他的意见

其实这也是一种变相赞赏，因为这显示了你重视他的见解和经验，让他觉得他很重要，同时感觉你非常有女人味。但征求意见时，不要让他感觉你事无巨细都问一遍，从而觉得你毫无判断力。

（5）敏锐觉察他的情绪变化

这是女性敏感细腻的特质，如果发挥好这一特质，你会是一个可以倾诉、依靠和信赖的对象。在办公室，当你发现某位同事气色不好或精神不佳时，要及时适度地给予关切的问候，让他感觉到你的细心体贴，你随时可以为他提供帮助，你是最善解人意的。

（6）要放慢语速，语气柔和

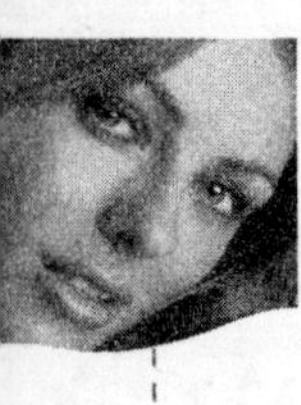

有的女性为了吸引别人的注意，说话时咄咄逼人。但我们不要忘记，这是男人不甘示弱的作风，如果女人也这样，就犯了“与男人同化”的禁忌。你最多只会让他敬而远之，绝对不会获得他的垂青。因此，讲话时应音色委婉，语调轻柔，时常面带笑容，为自己树立一种温柔可亲的“女性化”形象。

（7）穿着得体，不容忽视

职业女性不必穿得刻板，应懂得根据自身的特点扬长避短，打造精致丽人形象。如果你有一个令人艳羡的胸围尺寸，那你的上衣就应时刻为你雕塑优美曲线；如果你练就了结实的腰肢，那就让贴身 T 恤和低腰瘦身裤展示你的健康活力；如果你有一双修长美丽的小腿，就应以裙装和浅色丝袜尽情诠释女性的万种风情……总之，你要发挥女性身体的特质，将自身的优势恰到好处地展现出来。

（8）保持健康靓丽的妆容

你也许终日紧张而忙碌，但无论如何，你都不要忽略以健康靓丽的精神面貌开始一天的工作，你的妆容尤为重要。你要尽力使自己的皮肤看起来光洁、富有弹性，不妨施些淡妆。

上班妆切忌浓艳，要让人感觉舒适清爽。身为女性，特别要了解脸上最生动的细节，并把它的优势体现出来。如果要你的眼睛明亮动人，那每天早晨涂睫毛膏是必不可少的一道工序，一双明眸胜过千言万语；如果嘴唇是你的骄傲，那你一定要多备几支口红，让靓丽的色彩为你加分。

人际关系尽管复杂，却不能望而生畏、止步不前，培养良好的习惯不仅会对你的交际大有助益，而且使你的交际异彩纷呈，增添不少亮色，为你的成功奠定坚实的基础。

4. 做个明智的白领丽人

在现实中只有明智的人才能够掌握生活的真谛，做个明智的白领丽人，才会使你变得更有味道。

在众多的白领女性中，不乏具有优雅干练职业形象的丽人，抑或有出色工作技能的人，但这些白领丽人要想在职场中游刃有余，仅靠自己的个人形象的好坏以及个人工作成绩的优劣，是完全不够的。在注重个人内外兼修的同时，白领丽人们还应该善于经营人际关系，注意为人的口碑，确保自己可以在与同事交往中能够游刃有余。

职场友谊，一个容易被人忽略的因素，在关键时候，可以给白领丽人一个成功的支点！下面就是一些稳固“支点”的要诀，相信这些内容会使你的人际关系经营得更成功。

（1）明知却推说不知

同事出差去了，或者临时出去一会儿，这时正好有人来找他，或者正好来电话找他，如果同事走时没告诉你，但你知道，你不妨告诉他们；如果你确实不知，那不妨问问别人，然后再告诉对方，以显示自己的热情。明明知道，而你却直统统地说不知道，一旦被人知晓，那彼此的关系就势必会受到影响。外人找同事，不管情况怎样，你都要真诚和热情，这样，即使没有起

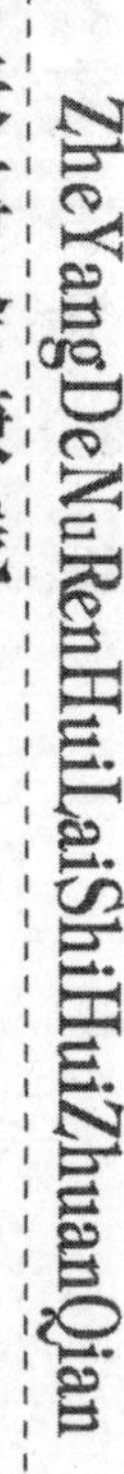

实际作用，外人也会觉得你们的同事关系很好。

（2）有好事不通报

单位里发物品、领奖金等，你先知道了，或者已经领了，一声不响地坐在那里，像没事似的，从不向大家通报一下，有些东西可以代领的，也从不帮人领一下。这样几次下来，别人自然会有想法，觉得你太不合群，缺乏共同意识和协作精神。以后他们有事先知道了，或有东西先领了，也就有可能不告诉你。如此下去，彼此的关系就不会和谐了。

（3）可以说的私事

有些私事不能说，但有些私事说说也没有什么坏处。比如你的男朋友或女朋友的工作单位、学历、年龄及性格脾气等；如果你结了婚，有了孩子，就说说有关爱人和孩子方面的话题。在工作之余，都可以顺便聊聊，它可以增进了解，加深感情。倘若这些内容都保密，从来不肯与别人说，这怎么能算同事呢？无话不说，通常表明感情之深；有话不说，自然表明人际关系的疏远。你主动跟别人说些私事，别人也会向你说，有时还可以互相帮帮忙。你什么也不说，什么也不让人知道，人家怎么信任你。信任是建立在相互了解的基础之上的。

（4）进出不互相告知

你有事要外出一会儿，或者请假不上班，虽然批准请假的是领导，但你最好要同办公室里的同事说一声。即使你临时出去半个小时，也要与同事打个招呼。这样，倘若领导或熟人来找，也可以让同事有个交待。如果你什么也不愿说，进进出出神秘兮兮的，有时正好有要紧的事，人家就没法说了，有时也会懒得说，受到影响的恐怕还是你自己。互相告知，既是共同工作的需要，也是联络感情的需要，它表明双方互有的尊重与信任。

（5）经常和同一个人说悄悄话

同办公室有好几个人，你对每一个人要尽量保持平衡，尽量始终处于不即不离的状态，也就是说，不要对其中某一个特别亲近或特别疏远。在平时，不要老是和同一个人说悄悄话，进进出出也不要总是和一个人。否则，你们两个也许亲近了，但疏远的人可能更多。有些人还以为你们在搞小团体。如

果你经常在和同一个人“咬耳朵”，别人进来又不说了，那么别人不免会产生你们在说人家坏话的想法。

（6）不肯向同事求助

轻易不求人，这是对的。因为求人总会给别人带来麻烦。但任何事物都是辩证的，有时求助别人反而能表明你对别人的信赖，能融洽关系，加深感情。比如你身体不好，你同事的爱人是医生，你不认识，但你可以通过同事的介绍去找，便可以诊得快点，诊得细点。倘若你偏不肯求助，同事知道了，反而会觉得你不信任人家。你不愿求人家，人家也就不好意思求你；你怕人家麻烦，人家就以为你也很怕麻烦。良好的人际关系是以互相帮助为前提的。因此，求助他人，在一般情况下是可以的。当然，要讲究分寸，尽量不要使人家为难。

（7）拒绝同事的“小吃”

同事带点水果、瓜子、糖之类的零食到办公室，休息时分吃，你就不要推，不要以为难为情而一概拒绝。有时，同事中有人获了奖或评上了职称什么的，大家高兴，要他买点东西请客，这也是很正常的，对此，你可要积极参与。你不要冷冷坐在旁边一声不吭，更不要人家给你，你却一口回绝，表现出一副不屑为伍或不稀罕的神态。人家热情分送，你却每每冷漠拒绝，时间一长，人家有理由说你清高和傲慢，觉得你难以相处。

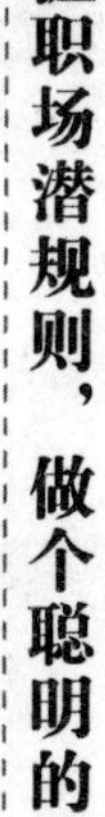

（8）喜欢嘴巴上占便宜的

在同事相处中，有些人总想在嘴巴上占便宜。有些人喜欢说别人的笑话，占人家的便宜，虽是玩笑，也绝不肯以自己吃亏而告终；有些人喜欢争辩，有理要争理，没理也要争三分；有些人不论国家大事，还是日常生活小事，一见对方有破绽，就死死抓住不放，非要让对方败下阵来不可；有些人对本来就争不清的问题，也想要争个水落石出；有些人常常主动出击，人家不说他，他总是先说人家。这些行为是非常令人反感的，极不可取。

（9）不要热衷于探听家事

能说的人家自己会说，不能说的就别去挖它。每个人都有自己的秘密。

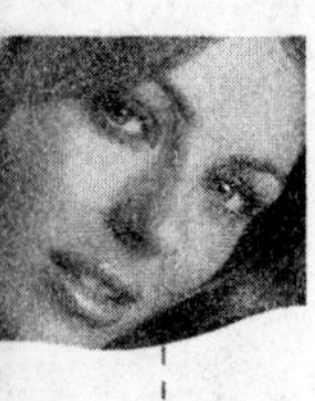

有时，人家不留意把心中的秘密说漏了嘴，对此，你不要去探听，不要想问个究竟。有些人热衷于探听，事事都想了解得明明白白，根根梢梢都想弄清楚，这种人是要被别人看轻的。你喜欢探听，即使什么目的也没有，人家也会忌你三分。从某种意义上说，爱探听人家私事，是一种不道德的行为。

5. 不要侵犯他人的“领地”

每个人都有属于自己的“领地”，只不过当它以无形的方式表现出来的时候，就常常容易被忽略，而这也恰恰是最易出问题的时候。

所有动物都有领土意识，大至狮子老虎，小至老鼠昆虫，无不如此。我们豢养的宠物也是这样，像狗，它们在住处四周撒尿，就是在划领土，警告别的狗别越界闯进，若哪只狗闯了进来，它便上前赶走。

“领土意识”基本上就是自卫意识，同样，人的表现，虽不像动物那样直接明了，但自卫意识同样强烈，只不过在方式上有所不同。如果不注意这一点，就很容易自讨没趣，甚至遭到迎头痛击。人最基本的领土意识就是家庭，谁若未经同意闯人，轻者遭责骂，重者恐怕要遭一顿追打。不过，会犯这种错误的人不多，倒是很多人在办公室里忽略了这一点。如未经同意就坐在同事的桌子或椅子上，坐在主管的房间里，到别的部门聊天等等。

小刘在一家外企已经上班好几年了，平日里踏实肯干，兢兢业业很受领导的好评。上级主管对她的印象非常好，但是从某一天开始，主管对她的态度就变了。糊涂的小刘像丈二和尚摸不到头脑。仔细想来，可能是因为那件事。原来有一天，小刘到主管那里送文件，恰巧主管不在，小刘就坐在了主管的椅子上等他。主管回来后看见很不悦，但当时粗心的小刘并没有注意。主管认为小刘的行为侵犯了他的领土范围，以后对她怎么会有好脸色？

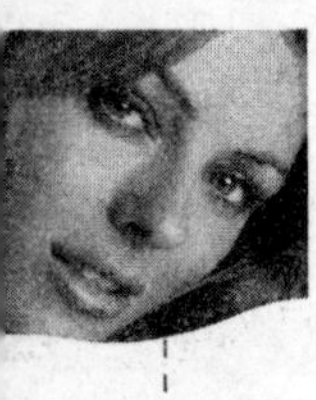

你不要以为这没什么，或是有“我又没什么坏念头”的想法，事实上，你的举动已经侵犯到别人的领土，对方会感到不快的。这不快不会立即表现出来，也不会像狗或蝴蝶那样，把你“驱逐出境”，但这不快会藏在心底，对你有了坏的印象，甚至怀疑：他对我到底有什么企图？来偷东西的吗？或是来刺探什么？……你不能怪别人这么想，因为有这种想法是非常自然的，换成是你，也是如此！所以，别人的工作地方，没有必要时，不要随便靠近。

还有一些“领土”是抽象的，但同样不可侵犯。比如工作的职权范围，要时刻牢记“不在其位，不谋其政”的古训，因为无论多么开放的职场，界线永远存在。你不要越线去做“帮助”别人的事，也许你是出于一片好心，问题是对方是不是领你的情。许多时候你的“热心”往往在别人看来是“别有用心”，这岂不是得不偿失？

如果你是主管，也要注意：不要没事就到别的部门去聊天，因为这会对那个部门的主管造成“侵犯领土”的不安全感，就算你是纯聊天也不行，因为在他的部门里，他是惟一权力象征，你无缘无故出现，就好像要和他争夺权力似的。当然，谈公事时例外，但应只限于主管和主管接触，不可随意去接触他的属下。

有时，你的部门一时人手紧张忙不过来，此时切不可以你的职位，不通过其他部门的主管就随意调用该部门的人员。对该部门主管而言，你是“手太长”，没把他放在眼里；对被调用人员而言，心中也充满不平，“你算哪儿的？你管我？”这些通常不会显露在脸上，你不要傻乎乎地以为人家都很愿意帮你似的。然而实质上，你已经“侵犯”别人的“领土范围”了。

还有一种情况，是过于依赖个人的关系而忽略应该走的“过场”，这也是一种“领土”侵犯行为。

比如，你与打字室的某人关系不错，因此你便直来直去，把一些要打字的文件直接塞到打字人的手中，全然忽略了打字室的主管。这是最容易得罪人的一种行为，这无异于是对其“领土”的“公然践踏”，本来忙的都是公事，却不知已结下了“私怨”。

应切记，你所代表的是一个部门而不仅仅是你个人，这样你的行为往往被人们上升为部门行为，所以更要小心。这种领土意识看起来很无聊，但却是存在的，如果你不注意而侵犯了别人的领土，是会惹出你想也想不到的麻烦的。所以，“相互尊重主权和领土完整”是“和平共处”的基础，国际政治中如此，人际关系中也是如此。

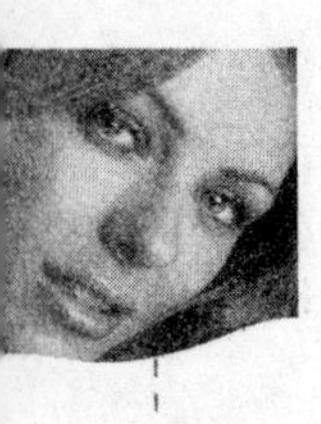

6. 防人之心不可无

凡事都要有分寸，说话要有分寸，谈论事情要分场合，议论他人要看对象。一次无心的议论也许会变成他人的成事跳板，对自己无疑是一大坏处。因此说话办事应量力而行。

许多女人都有一个通病，就是在闲暇的时候喜欢议论他人，但是千万要记住，议论也要分场合和对象。在午休时，或是在闲暇的时候与同事聊天，不注意说了关于上司和公司的坏话，说不定就会被谁听了去。结果传到了上司的耳中，上司对你的态度就会有很大的转变。这种事在现实生活中确实不少。这就是人们常说的“祸从口出”。所以，和同事不能议论上司，一定要注意这一点。

同事之间的相处要把握好尺度，不要全部交心，即使是关系非常要好的同事，相互发一些有关上司的牢骚，也是不明智的行为。

同事之间应该是相互勉励、相互促进的关系。但关系非常好的几个同事聚在一起喝酒，谈论的话题总是有关公司和上司的，总爱发表一下对公司或上司的意见或不满。

在工作过程中，因每个人考虑问题的角度和处理的方式难免有差异，对上司所作出的一些决定有看法，在心里有意见，甚至变为满腔的牢骚，有时也是难免的，但就是不能到处宣泄，否则经过几个人的传话，即使你说的是事实也会变调变味，待上司听到了，便成了让他生气难堪的话了，难免会对

你产生不好的看法。

刘丽是一个性格十分开朗的女生，来到新单位没多久，就成了办公室里的“开心果”。一天她和同事下班回家，看见上司的车里坐了一个年轻漂亮的女孩。第二天刘丽就在办公室大声公布了她的新发现。两天以后，上司把她叫到办公室，告诫她以后在上班时间少说与工作没有关系的事。刘丽闷闷不乐地回到自己办公的地方，叫她伤心的是，没有一个人过来安慰她。

后来，刘丽逐渐发现，其实办公室里除了她，别人几乎很少说与工作无关的话，更别说提及别人或自己的私事了。这样一来，只要刘丽不开口说话，办公室里几乎是死气沉沉的。刘丽不明白，为什么大家之间的关系那么冷漠，处事都那么小心谨慎。

生活中总是少不了爱说别人坏话的人，尤其是对领导，只要人多的地方，就会有闲言碎语。有时，你可能不小心成为“放话”的人；有时，你也可能是别人“攻击”的对象。这些背后闲谈，比如，领导喜欢谁？谁最吃得开？哪个领导又有绯闻等等，就像噪音一样，影响人的工作情绪。聪明人要懂得，该说的就勇敢地说，不该说的就绝对不要乱说。

听到同事在议论领导时，首先应以善意的态度劝告他们不要背后议论领导者，不要扩大议论的范围，更不要以讹传讹，有意或无意地贬低领导或损害领导的形象；其次应尽量回避对领导的议论，不得已作评价或说明时，也只宜点到为止，不要主动挑起话题，更不要添油加醋，以免引起不必要的猜测和误解。在这个问题上，自己要有主见，要有一种不怕同事嘲弄、不怕孤立的精神。那种以为同事在议论领导时只有随大流参与其中，才能与同事搞好关系的认识是大错特错的。

防人之心不可无，说话必须看对象。有的人本身就是领导者的“红人”，他们与领导者不分彼此，你在他面前非议领导，岂不是自投罗网。有的人自私自利，专门搜集同事对领导者的不满，然后在领导者面前请功邀赏，以达到个人的目的。对付这种人的办法惟有装聋作哑，不让他抓住小辫子。总之，不论你是有意还是无意，在同事间随便议论领导者最容易惹事生非，所以还是不随便议论为上策。

7. 该说“不”时就说“不”

该说“不”时就说“不”，不做不讲话的鹦鹉。一味的沉默只会让他人忽视你的努力，甚至忽视你的存在。做一个有声音的女人，让他人感受到你的存在价值。

女人在职场中，说“不”是一个非常重要的环节。学会说“不”可以减少许多心理压力，还可以争取到主动地位。学会说“不”，你既能享受到友情的温暖，又能呼吸到独立的空气。当你学会说“不”时，你会发现生活原来这样轻松。

不会说“不”的人只会让他人觉得你是一个逆来顺受的人。你是不是五次三番地被人利用和欺侮？你是否觉得别人总是占你的便宜或者不尊重你的人格？人们在制订计划时是否不征求你的意见，而会觉得你千依百顺？你是否发现自己常常在扮演违心的角色，而仅仅因为在你的生活中人人都希望你如此。如果这样的话，你的生活和工作就需要进行改进了，就需要拒绝并说“不”字。当然真正鼓足勇气做这件事情的时候，当你认识到自己的需要并表达出来时，你会发现你原来所顾虑的事情一件都没有发生，而你的生活却发生变化，同事们开始尊重你，开始意识到你的存在。

刘刚在一家打字店工作，由于从农村出来，勤劳且比较老实。每天上班提前半小时到打字店，开始扫地擦地板抹桌子，同事们忙不过来的时候主动帮助打印。有一天，由于有事来晚了，发现其他员工们正在嘀咕，“乡下人还摆架子，也不知道早来给我们打扫房间”。刘刚突然意识到自己付出的很多而得到的太少了。正好这天晚上又有一位同事请他帮忙，“小刘，你今天晚上帮我把这份稿子打出来吧，明天要交货。我今天晚上要去跳舞，我先走了，人家还等着我呢。”“很抱歉，我今晚有事。”小刘第一次回绝了别人，那人从来没有遭到过反驳，待在那儿愣了一下。第二天，当他去上班时恰巧遇到那位同事，那位同事并没有表现出任何异样，反而主动打招呼。从此，找他帮忙的人少了，当他给别人擦桌子的时候别人也会礼貌地回应了。就这样，通过一次拒绝，换来了自己的平等和尊重。

在我们的工作中，每一个人都可能或多或少地遇上一些自己不想做或不愿做的事情。很多时候是内心里极不情愿，但又不便直接拒绝。因为人在办公室中生存，要和形形色色的人打交道，即便你再正直，也不要使对方尴尬。无论对方是善意的还是别有用心。所以，拒绝在某种程度上也是一门艺术。了解了拒绝，你就会在处理一些问题上把握好分寸；懂得了拒绝，你就会在一种很幽默的气氛中使自己和他人都不至于陷入两难境地；学会了拒绝，你就能在社会这个竞技场上游刃有余，永远立于不败之地。

8. 要恰当地表现自己

一个潜质优厚的白领丽人，犹如一个丰富的宝藏，你的老板顾不上或是不懂去开发时，就需要你恰当地表现自己。

阿芳是一家大公司的高级职员，她平时工作积极主动、表现非常好，待人也热情大方，但是，就因为一个小小的动作却使她的形象在同事眼中一落千丈。有一天，在会议室里，当时好多人都在等着开会，其中一位同事发现地板有些脏，便主动拖起地来。而阿芳好像有些身体不舒服，一直站在窗台边往楼下看，突然，她走过去，一定要拿过那位同事手中的拖把。本来那位同事已经快拖完了，不再需要她的帮忙，可阿芳却执意要求，那位同事只好把拖把给了她。这时，刚过半分钟，总经理推门而入，阿芳正拿着拖把勤勤恳恳、一丝不苟地拖着地，这一切似乎不言而喻了。

自从这次之后，阿芳以前的良好形象被这一个小动作一扫而光，大家再看阿芳时，顿觉她假了许多。在工作中，往往有许多人掌握不好热忱和刻意表现之间的界限，不少人总把一腔热忱的行为演绎得看上去是故意装出来的，也就是说，这些人学会的是表现自己，而不是真正的热忱，而热忱绝不等于刻意表现。在需要关心的时候关心她人，在应当拼搏的时候洒一把汗，只要真诚，谁都会赞许。而不失时机甚至抓住一切机会刻意表现自己，则会让人觉得虚假而不愿与之接近。

善于自我表现的人常常既“表现”了自己，又未露声色，他们与同事进行交谈时多用“我们”而很少用“我”，因为后者给人以距离感，而前者则使人觉得较亲切。要知道“我们”代表着“他也参加的意味”，往往使人产生一种“参与感”，还会在不知不觉中把意见相异的人划为同一立场，并按照自己的意向影响他人。

真正展示教养与才华的自我表现绝对无可厚非，只有刻意地自我表现才是最愚蠢的。卡耐基曾指出，如果我们只是要在别人面前表现自己，使别人对我们感兴趣的话，我们将永远不会有许多真实而诚挚的朋友。

日常工作中不难发现这样的同事，其人虽然思路敏捷、口若悬河，但一说话却令人感到狂妄，因此别人很难接受他的任何观点和建议。这种人多数都是因为喜欢表现自己，总想让别人知道自己很有能力，处处想显示自己的优越感，从而希望获得他人的敬佩和认可，结果却往往适得其反，失掉了在同事中的威信。

在人与人的交往中，那些谦让而豁达的人们总能赢得更多的朋友。相反，那些妄自尊大、高看自己、小看别人的人总会引起别人的反感，最终在交往中使自己走到孤立无援的地步。

在交往中，任何人都希望能得到别人的肯定，都在不自觉地强烈地维护着自己的形象和尊严，如果他的谈话对手过分地显示出高人一等的优越感，那么，在无形之中是对他自尊和自信的一种挑战与轻视，那种排斥心理乃至敌意也就不自觉地产生了。

法国哲学家罗西法古说：“如果你要得到仇人，就表现得比你的朋友优越吧；如果你要得到朋友，就要让你的朋友表现得比你优越。”这句话真是没错。因为当我们的朋友表现得比我们优越时，他们就有了一种重要人物的感觉，但是当我们表现得比他们还优越，他们就会产生一种自卑感，造成羡慕和嫉妒的心理。

杨小姐是某地区人事局调配科的一位干部，她的人缘儿非常好，按说搞人事调配工作是很容易得罪人的，可她却是个例外。她刚到人事局的那段日子里，在同事中几乎连一个朋友都没有，因为她正春风得意，对自己的机遇

和才能满意得不得了，因此每天都使劲吹嘘她在工作中的成绩，炫耀每天有多少人请求她帮忙，哪个几乎记不清名字的人昨天又硬是给她送了礼等“得意事”，但同事们听了之后不仅没有人分享她的“成就”，而且还非常反感，后来还是由当了多年领导的老父亲一语点破，她才意识到自己的症结到底在哪里。

从此以后，她开始吸取经验教训，很少谈自己而多听同事说话，因为她们也有很多事情要吹嘘，让她们把成就说出来，远比听别人吹嘘更令她们兴奋。后来，每当与同事闲聊的时候，她总是先请对方滔滔不绝地把她们的欢乐炫耀出来，与其分享，而只是在对方问她的时候，才谦虚地说一下自己的成就。

因此，做人还是谦虚一些好，谦虚的人往往能得到别人的尊重。因此，我们对自己的成就要轻描淡写，我们必须学会谦虚，这样我们才能永远受欢迎。

第八章

察言观色：女人交际的必备本领

想要创造良好的人际关系，做个会来事的女人，必须从了解对方的个性、看穿对方的心思开始。女人的心思细腻，最善于观察事物，这正是女人在社交场合中优于男人的地方。所以，女人更容易从一个人的外表举止中看透他人的内心。

1. 由不同的笑来观察对方

笑是一个人心情的体现，但笑的方式却能识别一个人的内心动态和这个人的性格。有“心眼”的女人不妨在人的笑态上多花点心思。

笑是一种缓和矛盾、协调关系的“润滑剂”。对心理学家而言，笑也是一件严肃的事，因为笑能透露人的性格。

(1) 捧腹大笑的人多是心胸开阔的，当别人取得成就以后，他们有的可能只是真心的祝愿，而很少产生嫉妒的心理。在别人犯了错以后，他们也会给予最大限度的宽容和谅解。他们比较有幽默感，总是能够让周围人感受到他们所带来的快乐，同时他们还极富有爱心和同情心，在自己能力范围许可内，对他人会给予适当的帮助。他们不势利眼，不嫌贫爱富，不欺软怕硬，比较正直。

(2) 经常悄悄微笑的人，除了性格比较内向、害羞以外，还看一种性格特征就是他们的心思非常缜密，而且头脑异常冷静，在什么时候都能让自己跳出所在的圈子以外，作为一个局外人来冷眼观察事情的发生、进展情况，这样可以更有利于自己做出各种决定。他们很善于隐藏自己，轻易不会将内心真实的想法透露给别人。

(3) 平时看起来沉默少语，而且显得有些木讷，但笑起来却一发而不可收

拾，或者经常放声狂笑，直到连站都站不稳了。这样的人是最适合做朋友的，他们虽然在与陌生人的交往中显得不够热情和亲切，甚至是有些让人难以接近，但一旦与人真正的交往，他们通常都是十分看重友情的，并且在一定的时候，能够为朋友做出牺牲。基于这一点，有很多人乐于与他们交往，他们自己本身也会营造出比较不错的社会人际关系。

（4）笑的幅度非常大，全身都在打晃，这样的人性格多是很直率和真诚的。和他们做朋友是不错的选择，因为当朋友有了缺点和错误以后，他们往往能够直言不讳地指出来，而不会为了不得罪人而视而不见。他们不吝啬，在自己能力许可范围内对他人的需要总是会给予帮助。基于这些，在自己遇到困难的时候，也会得到来自他人的关心和帮助。他们会使大家喜欢自己，能够营造出良好的社会人际关系。

（5）小心翼翼地偷着笑的人，他们大多是内向型的人，性格中传统、保守的成分占了很多，而与此同时，他们在为人处世时又会显得有些腼腆，但是他们对他人的要求往往很高，如果达不到要求，常常会影响到自己的心情，不过他们和朋友却是可以患难与共的。

（6）看到别人笑，自己就会随之笑起来，这样的人多是乐观而又开朗的，情绪化比较强，而且富有一定的同情心。他们对生活的态度是很积极的。

（7）笑的时候用双手遮住嘴巴，表明这是一个相当害羞的人，他们的性格大多比较内向，而且很温柔。但是他们一般不会轻易地向他人吐露自己内心的真实想法，包括亲朋好友。

（8）开怀大笑，笑声非常爽朗的人，多是坦率、真诚而又热情的。他们是行动派的人，一件事情决定要做，马上就会付诸行动，非常果断和迅速，绝对不会拖泥带水。这一类型的人，虽然表面上看起来很坚强，但他们的内心在一定程度上却是极其脆弱的。

（9）笑起来断断续续，笑声让人听起来很不舒服的人，其性情大多是比较冷淡和漠然的。他们比较现实和实际，自己轻易地不会付出什么。他们的观察力在很多时候是相当敏锐的，能观察到他人心里在想些什么，然后投其所好，待机行事。

（10）笑出眼泪来这是由于笑的幅度太大的原因所致，经常出现这种情况的人，他们的感情多是相当丰富的，具有爱心和同情心，生活态度是积极乐观和向上的。他们有一定的进取心和取胜欲望。他们可以帮助别人，并适当地牺牲一些自我利益，却并不求回报。

（11）笑声尖锐刺耳的人，多具有一定的冒险精神，且精力比较充沛。他们的感情比较细腻和丰富，生活态度积极乐观，为人比较忠诚可靠。

（12）只是微笑，但并不发出声音，这多是内向而且感性的人，他们的性情比较低沉和抑郁，情绪化比较强，而且极易受他人的感染。他们很有一些浪漫主义倾向，并且会一直寻找一些可以制造浪漫的机会，为此可能会做出一定的牺牲。他们的性情比较温柔、亲切，能够给人一种很舒服的感觉，所以与其相处起来会显得比较容易。

（13）笑起来声音柔和而又平淡，这样的人性格多较沉着和稳重，在大是大非面前多能够保持头脑的清醒和冷静。他们比较明事理，凡事能够多站在他人的立场上为他人考虑，善于化解矛盾和纠纷。

（14）笑起来发出“吃吃”的声音的人，多是能够严格要求自己的。他们的想像力比较丰富，创造性也很强，常常会有一些惊人的举动。而且他们很有幽默感，这是聪明和智慧的一种自然流露。

在不同的场合，发出不同的笑声，这样的人多是比较现实的，而且随机应变和适应能力比较强。

总之，无论是哪一种笑，它的背后都有极高的含金量，由笑的不同方式而识别一个人的内心动态，是最省事、最直接的方法。

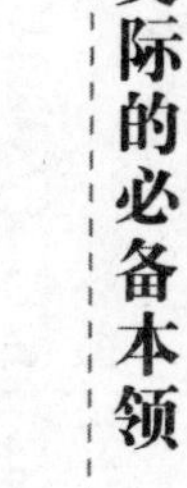

2. 口头禅露出大秘密

口头禅是人在日常生活当中由于习惯而逐渐形成的，具有鲜明的个人特色。在生活当中，绝大多数人都有使用口头禅的习惯，通过它可以对一个人进行观察和了解。

口头禅是人们在面对意外，或为突出当时的情绪所说出的话语，简洁明快，所以几乎所有的人都有口头禅。通常一个人有一个口头禅，但也有的人有好几个。这些语言习惯最能体现说话人的真实心理和个性特点，所以只要留心，就可以从一个人的“口头禅”中窥见一个人的内心世界。这就是俗话所说“闻其言可知其人”的道理。因此我们可以从某个人说话时所使用的词语来判断一个人的心理状态。

一般来说，经常连续使用“果然”的人，多自以为是，强调个人主张，以自我为中心的倾向比较强烈。经常使用“其实”的人，自我表现欲望强烈，希望能引起别人的注意。他们大多比较任性和倔强，并且多少还有点自负。

经常使用流行词汇的人，热衷于随大流，喜欢浮夸，缺少个人主见和独立性。

经常使用外来语言和外语的人，虚荣心强，爱卖弄和夸耀自己。

经常使用地方方言，并且还底气十足、理直气壮的人，自信心很强，有属于自己的独特的个性。

经常使用“这个……”，“那个……”，“啊……”的人，说话办事都比较小心谨慎，一般情况下不会招惹是非，是个好好先生。

经常使用“最后怎么样怎么样”之类词汇的人，大多是潜在欲望未能得到满足。

经常使用“确实如此”的人，多浅薄无知，自己却浑然不觉，还常常自以为是。

经常使用“我……”之类词汇的人，不是软弱无能想得到他人的帮助，就是虚荣浮夸，寻找各种机会强调自己，以引起他人的注意。应该指出的是，经常把“我”字挂在嘴巴上的人，并非要把自己的观点强加于人，而只是比较天真的表现，企图强化自己的存在。与这样的人交往，一般来说是比较安全的。如果自己有这种习惯，就应该锻炼自己个性，使自己很快成熟起来。

经常使用“真的”之类强调词汇的人，多缺乏自信，惟恐自己所言之事的可信度不高。可恰恰是这样，结果往往会起到欲盖弥彰的作用。

经常使用“你应该……”，“你不能……”，“你必须……”等命令式词语的人，多专制、固执、骄横，但对自己却充满了自信，有强烈的领导欲望。

经常使用“我个人的想法是……”，“是不是……，“能不能……”之类词汇的人，一般较和蔼亲切，待人接物时，也能做到客观理智，冷静地思考，认真地分析，然后做出正确的判断和决定。不独断专行，能够给予他人足够的尊重，反过来也会得到他人的尊重和爱戴。

经常使用“我要……”，“我想……”，“我不知道……”的人，多思想比较单纯，爱意气用事，情绪不是特别稳定，有点让人捉摸不定。

经常使用“绝对”这个词语的人，武断的性格显而易见，他们不是太缺乏自知之明，就是自知之明太强烈了。心理学研究表明，这种人往往比较主观，而且常常是以自我为中心的，他们的很多想法是不合乎实际情况的，所以在一般情况下，这种人是难以成就大事的。这种喜欢说“绝对”的人，大多有一种自爱的倾向，有时他们的“绝对”被人驳倒之后，为了隐瞒自己内心的不安，总要找一些理由来加以解释，总想让自己的东西被人接受。其实，别人不相信他们的“绝对”，他们自己也不相信这样的“绝对”。只不过是为

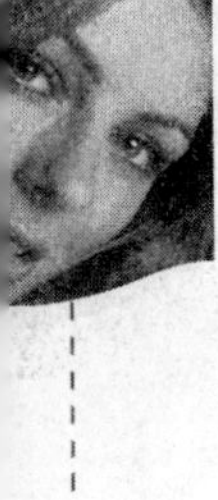

了维护自己的所谓尊严而强撑着。

经常使用“我早就知道了”的人，有表现自己的强烈欲望，只能自己是主角，自己发挥。但对他人却缺少耐性，很难做一个合格的听众。

常说“所以说”的人，最大的特点是喜欢以聪明者自居，自以为是。他们认为自己所说的话具有绝对的权威性，并有鄙视他人的心理。说话完全不顾及对方的心情，因此对方常会因为他们这种随意践踏他人的态度而受到伤害。但是如果多了解他们一些，你就知道其实要和这类型的人相处并不困难。因为他们非常希望得到他人的认同，渴望自己在他人心目中的形象是“见识广博，什么都懂”，所以如果想和他们友好相处，只要在这一点上多忍耐担待一些就行了。

嘴边常挂着“对啊”的人会算计。他们不是属于自我意识强烈的类型，个性表现上也不强烈，更不会勉强别人照着自己的步调走。他们比较能体会别人的心情，不会硬要别人凡事都必须顺着自己的意思来做。实际上，他们并非发自内心谦虚地认为别人说的话都是正确的，他们之所以常常将“对啊”这句话挂在嘴边，是因为这样比较容易和别人相处融洽，使自己的人际关系更加圆融、顺利而已。一般而言，这类型的人认为，在允许的范围之内，一些无伤大雅、不影响大局的小事，可以尽可能地去配合他人的步调，无须事事斤斤计较，而引起不必要的摩擦。这样不仅可以营造和谐的气氛，而且自己也会成为受欢迎的人物。比起老是用对他人品头论足、愤世嫉俗的态度与人相处，这种可是简单快乐多了。

另外，口头禅经常挂在嘴边的人，大多办事不干练，缺乏坚强的意志。有些人，说话时没有口头禅，这并不代表他们从未有过，可能以前有，但后来逐渐地改掉了，这显示出一个人意志力的坚强和追求说话简洁、流畅的精神。

若想通过口头禅更好地观察、了解和判断一个人的性格如何，需要在生活和与人交往中仔细、认真地揣摩、分析，这样，才会收到良好的效果。

3. 举手投足显个性

我们可以从一个人的各种举动去解读其内在的心理特征，只要你能用心观察，即可破解肢体语言，直视人心，进而做出让对方感到贴心的举动，赢得对方的信任及好感，进一步带动良好的人际关系。

会来事的女人在观人上，是不放过习惯动作的。她明白一个人的习惯是在长时间的生活中形成的，而认识一个人，就不能不看这个人的习惯。一个人的所思所想和性格特征往往是从他的习惯动作中体现出来的。

（1）手插裤兜者

双脚自然站立，双手插在裤兜里，时不时取出来又插进去，这种人的性格比较谨小慎微，凡事三思而后行。在工作中他们最缺乏灵活性，往往用呆办法来解决很多问题。他们对突如其来的失败或打击心理承受能力差，在逆境中更多的是垂头丧气，怨天尤人。

（2）双手后背者

两脚并拢或自然站立，双手背在背后，这种人大多在感情上比较急躁，但他与人交往时，关系处得比较融洽，其中可能较大的原因是他们很少对别人说“不”。当过兵的人对双手后背这种习惯动作很熟悉。尽管部队规定在正式场合不许袖手和背手，但还是可以看到在非正式场合一群新兵聊天的时候，

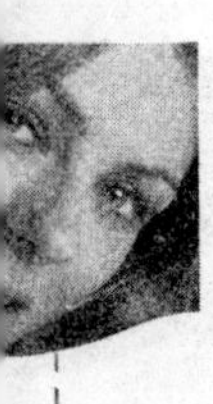

突然老兵班长来了，他往往就是背握着手，昂起下巴，在新兵中走来走去。把老班长这种动作换成语言来表示，就等于他在说："我是老兵，我是班长，你们得听我的。"这是相当自信的姿势。

（3）经常摇头者

经常"摇头"或"点头"以示自己对某件事情看法的肯定或否定。他们在社交场合很会表现自己，却时常遭到别人的厌恶，引起别人的不愉快。但是，经常摇头或点头的人，自我意识强烈，工作积极，看准了一件事情就会努力去做，不达目的誓不罢休。

（4）吐烟圈者

这种人突出的特点是与别人谈话时，总是目不转睛地看着对方，支配欲望强，不喜欢受约束，为人比较慷慨，哥们儿义气重，因此他们周围总是包围着一群相干和不相干的人。吐烟圈还能看出此人对某个状况是积极的还是消极的态度，那就是看他把烟圈是朝上吐还是朝下吐。一个积极、自信的人多半会把烟向上吐。相反，消极、多疑的人多半会朝下吐烟。若是朝下吐，而且是由嘴角吐烟时，表示出此人非常消极或诡秘的态度。

（5）拍打头部者

拍打头部这个动作多数时候的意义是表示对整件事情突然有了新的认识，如果说刚才还陷入困境，现在则走出了迷雾，找到了处理事情的办法。拍打的部位如果是后脑勺表明这种人敬业，拍打脑部只是为了放松一下自己。时常拍打前额的人是个直肠子，有什么说什么，不怕得罪人。

（6）拍打掌心者

与人谈话时，只要他动嘴，一定会有一个手部动作，比如相互拍打掌心、摊开双手、摆动手指等等，表示对他说话内容的强调。这种人做事果断、雷厉风行、自信心强，习惯于把自己在任何场合都塑造成"领袖"人物，性格大都属于外向型，很有一种男子汉的气派。

（7）言行不一者

当你给某人递烟或其他食物时，他嘴里说"不用"、"不要"，但手却伸过来接了，显得很客气的样子。这种人比较聪明，爱好广泛，处事圆滑、老练，不轻易得罪别人。

(8) 触摸头发者

这种人个性突出，性格鲜明，爱憎分明，尤其嫉恶如仇。他们经常做一些冒险的事情，喜欢挤眉弄眼，爱拿人当调侃对象。这些人当中有的缺乏内涵修养，但他特别会处理人际关系，处事大方并善于捕捉机会。

(9) 抖动腿脚者

喜欢用腿或脚尖使整个腿部颤动，有时候还用脚尖磕打脚尖或者以脚掌拍打地面，这种人很能自我欣赏，性格较保守，很少考虑别人。然而当朋友有困难时，他会经常给朋友提出一些意想不到的好的建议。

(10) 手摸颈后者

当一个人习惯用手摸颈后时，是出现了恼恨或懊悔等负面情绪。这个姿势称为“防卫式的攻击姿态”，在遇到危险时，人们常常不由自主地用手护住脑后，在防卫式的攻击姿势中，他们的防卫是伪装，结果手没有放到脑后，而是放到了颈后。女人伸手向后，撩起头发，来掩饰自己恼恨的情绪，并装作毫不在意的样子。

(11) 摊开双手者

大部分的人要表示真诚与公开的一个姿势，便是摊开双手。意大利人毫无约束地使用这种姿势，当他们受挫时，便将摊开的手放在胸前，做出“你要我怎么办”的姿态。他做的事情出现了坏的现象，别人提出来，而他摊开双手，表示他自己也没有办法解决，一副无可奈何的样子。摊开双手，有时耸肩的姿态也会随着张手和手掌朝上而来。演员常常用到这个姿势，他们不只是表现情绪，即使在说话前，也能显示出这个角色的开放个性。

(12) 解开外钮扣者

这种人的内心真诚友善，他在陌生人面前表达这种思想时，最直接的动作便是解开外衣的钮扣，甚至脱掉外衣。在一个商业谈判会议上，当谈判对手开始脱掉外套，领导便可以知道双方正在谈论的某种协定有达成的可能，不管气温多么高，当一个商人觉得问题尚未解决，或尚未达成协议时，他是不会脱掉外套的。那些一会儿解开钮扣，一会儿又系上钮扣的人，做人较优

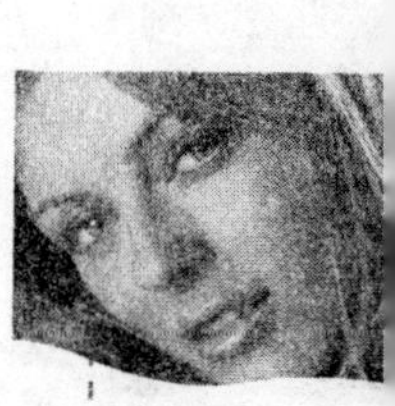

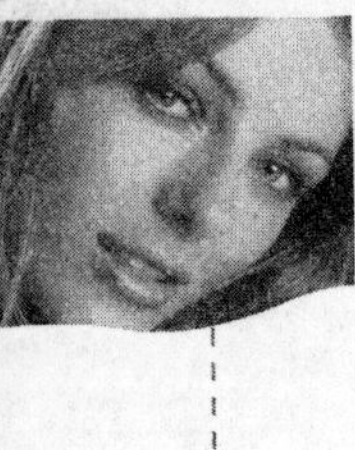

柔寡断，意志不坚定，犹豫不决。

(13) 拍案击节者

这有两种情形。一种情形是，谈话时，一个人以手在桌上叩击出单调的节奏，或者用笔杆敲打桌面，同时脚跟在地板上打拍子，或抖动脚，或用脚尖轻拍，这种节奏并不中途停止，而是不断地嗒嗒作响，这些都是在告诉你他已经对你所讲的话感到厌烦了。另外一种情形是，一个人在看书、读报、看电视，尤其是看球赛之类突然拍案击节，表示他对故事情节或运动员的某个动作表示赞赏。这种人性格乐观，对烦恼不记挂于心。

(14) 双手叉腰者

这种人希望在最快的时间内经过最短的距离以达到自己的目标，他突然爆发的精力常是在他计划下一步决定性的行动时，看似沉寂的一段时间内所产生的。这个姿势，就像他用V字代表胜利的符号一样，成为他的特征。不飞则已，一飞冲天；不鸣则已，一鸣惊人，就是这个意思。

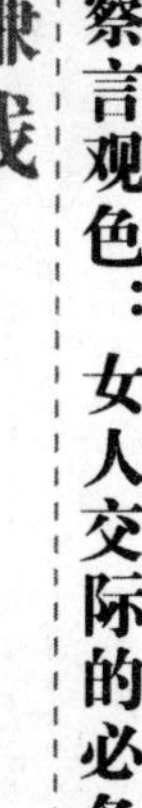

4. 闻言谈而识人心

所谓“听其言，观其行”，人们通常从与人交谈中，去剖析事理，了解事情真相，如果可以同时参考说话者的态度，那么看准一个人的几率将更高。

一个人的言谈在很大程度上能体现一个人的内心世界。言谈的内容和方式往往是一个人的品性和才智的表现。做为一个有“心眼”的女人，在识人方面，一定要在这方面下点功夫。

明洪武初年，浙江嘉定安亭有一个名为万二的人，他是元朝的遗民，在安亭郡堪称首富。一次，有人自京城办事归来，万二问他在京城的见闻。这人说：“皇帝最近作了一首诗。诗是这样的：‘百僚未起朕先起，百僚已睡朕未睡。不如江南富足翁，日高丈五犹拔被。’”万二一听叹口气道：“唉，迹象已经有了！”他马上将家产托付给仆人掌管，自己买了一艘船，载着妻子，向江湖泛游而去。两年不到，江南大族富户都分别被收缴了财产，门庭破落，惟有万二逃之于外。这说明，分析判断人的言语，是洞察人的心理奥秘的有效方法。从一定的意义上说，言语是一种现象，人的欲望、需求、目的是本质。现象是表现本质的，本质总要通过现象表现出来。言语作为人的欲望需求和目的的表现，有的是直接明显的，有的是间接隐晦的，甚至是完全相反的。对于那些直接表达内心动向的语言来说，每个人都能理解。正常的、普通的

人际交往，就是以这种语言为媒介进行的。那些含蓄隐晦甚至以完全相反的方式表现心理动向的言语，就不是每个人均能理解的，人与人的差别，大多也就发生在这里。这是创造思维的用武之地。若能够知一反三、触类旁通，反过来想想，倒过来看看，增加点参照物，减少些虚假的东西等等，最后透过言谈话语，发现人的深层动机，那就说明，你比别人聪明得多。而这种知人的方法，也就是言语判断法。

通过人们发出的不同声音，说出的不同话语，来透视一个人的心术，是很有道理的。声音可细分为声与音两个方面，既可由声来识人，又可由音来识人，但在实际运用中，通常都是用两者结合来识别人的心思的。

人的声音，如同人的心性气质一样，各不相同。通过人的声音而判断人的心性气质，这样一来，人的聪慧愚笨、贤能奸邪就可以判断出来了。成年人固然可以通过声音判断人的道德品行，即使婴儿小孩，精血虽未充实完备，但是其才气性情的美好丑恶，也很容易被有识之士看破。《春秋左氏传》记载鲁昭公二十八年，伯石刚生下来时，子容的母亲去告诉婆母说："大伯母生了一个儿子！"婆母要去看望，走到厅堂时，听到伯石的声音便掉头而回，说："是豺狼一样的声音！狼子野心昭然若揭，这恐怕要亡掉羊舌氏家族了。"于是没有看望伯石，而后来杨食（即伯石）果然帮助补盈覆灭了羊舌氏宗族。又记载，楚国马子良生下儿子越椒，子文说："这孩子长得虎背熊腰，而发出的声音如同豺狼一般，如果不杀掉他，将来他一定会毁掉若敖氏族！"子文的预测后来也被证实。

不仅声音可以帮助我们观察人、了解人，就是那些被人调弄演奏的乐器也可以反映出调弄、演奏者的心理状态。声音从人的喉舌发出，而乐器的声音则由人的手弹拨打击乐器而产生，人的喉舌虽然与乐器有很大的不同，但是产生声音的原始的、内在的动力则是一样的。

《论语》中曾记载孔子在卫国讲学时，以打击乐器为乐。一次，他与学生们谈论言为心声的话题，并且打击磬石，抒发自己的抱负。这时，有人身背草编的筐子走过孔家门口，说道："这个击磬的人很有心事啊！"过了一会这人又说道："庸鄙浅陋啊！怎么那样固执呢？大概是没有人了解自己吧！击磬的声音深切激越，但表达的感情则是浅显平易。”

《吕览·季秋纪·精通篇》记载：钟子期夜晚听到击磬的声音，感到十分悲伤，便派人把击磬的人召来问道：“您击磬的声音为什么那样悲哀呢?”击磬人回答说：“我的父亲不幸因杀人而被处死，我的母亲因此被罚为公家酿酒，我自己被罚做公家的击磬人；我已经三年没有见到母亲了！我思量着如何能赎回母亲，却一点办法也没有，因为我自家也是公家的财产，因此心中十分悲哀!”钟子期感慨地说道：“伤心啊！伤心啊！人心不是臂膀，臂膀也不是木椎、石磬，但是人的心里伤心悲痛，而木椎、石磬都有感应!”

所以，有识之士能够从一个人的内心焕发出来的声音中，分辨其修养和性格。

《后汉书·祢衡传》记载，祢衡为渔阳百姓击鼓免过时，步履缓慢，容貌神态都不大一样，声音高昂激越，悲壮感人，听到的人无不慷慨感叹，悲愤不已。《晋书·王敦传》记载：晋武帝曾经召见时贤一起谈论声伎艺文之事，每个人都有自己的见解，众说纷纭，只有王敦坐在那儿，一言不发，好像与自己没有关系，但气色十分难堪，说自己只知道击鼓作乐，于是挽袖振袍，挥槌击鼓，鼓声和谐激昂，而王敦本人更是神气自得，旁若无人一般。当时举座时贤之辈均为王敦的雄迈豪爽的风度倾倒而赞叹不已。这四件事，两件是击磬，两件是击鼓，通过击磬、击鼓表现人的心性气质是十分明显的。这也足以证明，通过乐器的调弄、演奏也可以观察人的善恶智愚、清浊正邪。

言谈识人，功夫还在言谈之外。丰富的生活经验告诉人们，言谈识人，不可凭一时之冲动，要从整体出发，予以全面考察，尤其是要注意以下几点：

（1）众人观察

下判断时，一定不能只凭个人一隅之见，而要听群众意见；之后，还要“察之”，要看其是否果真如此，勿因不负责任的“闲言碎语”或“恶意中伤”所离间。

（2）全面观察

评价人才要“公听并观”从各方面进行观察，德才资全面衡量，观其主旨，不求微功细过。

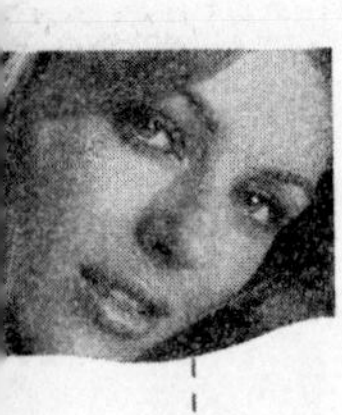

（3）责求实效

即根据实绩判断能力的强弱，才是正确的知人之法。

一个人心中的意思，往往从嘴上流露出来。这是有“心眼”了解别人的人，需要用心去体察的。因为在通常，人们往往把自己的真实情感深深地隐藏起来，要想了解一个人，必须要注意了解他的话语中蕴含的意思，还要注意观察他同意或赞赏什么样的观点。注意了解他的话语中蕴含的意思，也就是要听懂他的话语中包含的究竟是善意还是恶意；注意他同意或赞赏什么样的观点，也就是要看他心中对各种观点持何种评价标准。因此，既要弄懂他的话语中包含的意思，又要观察他同意或赞赏何种观点，这样，把两个方面对照起来看，就可以对他有了全面的认识。

5. 透过服装颜色看性格

很多人说不准自己偏好哪一种颜色，但有些人却只对某些特别的颜色感兴趣。如果有，那么这种色彩绝对可以印证他的某种性格特征。

每个人在选择服装的色彩上，都与他的个性有关系，因为每个人服装的色彩都是和他当时的心理活动状态有着一定的联系。所以，从一个人对颜色的喜爱上，我们可以观察出他的性格和心理。

（1）喜欢红色的人

红色是一种刺激性较强烈的色彩，它意味着燃烧的愿望。热烈、喜悦、果敢、奋扬是活力的象征，在生活中用块红色的毛巾、红色的电话机等等，都能使人活跃。食品中也应有一些红色来增加食欲，如红色的番茄、红辣椒、红苹果等。偏爱红色者，活泼、热情、大胆、新潮，对流行资讯感应敏锐，最容易感情用事；有强烈的感情需求，希望获得伴侣慰藉。缺点是浮夸、吹嘘，注重外表修饰，有追求物质欲望的倾向。喜欢红的人，是冲动的、精神的、很坚强的生活者，也有的是为虚张声势所选择的；喜紫红色的人，有些是在无法冷静、无法客观分析自己的时候选择的；喜欢桃红色的人，是为保持漂亮时所选择的，这种人以举止优雅为特征。喜欢穿淡红、紫红或素花色衣服的人，显示她热情、活泼、追求向上的性格。当然，那喜欢穿粗糙的大

红大绿的人，这些人一般都比较忠厚，勤劳，思想单纯。

（2）喜欢橙色的人

能减少疲劳感，令人振奋。如果使用橙色的唇膏、橙色的围巾，可使你看来精神奕奕。在厨房和餐桌上使用橙色，使人有健康、明朗的感觉。选择橙色的人，有些是在不愿独居时对人生意欲强烈的时候所选择的颜色，这种人雄辩、开朗、口才好，并喜欢幽默。

（3）喜欢黄色的人

黄色是一种健康的色彩，意味着光辉、庄重、高贵、忠诚。能够刺激创作灵感。使用在一些家具或家庭摆设上，使人看来活泼明朗。如果穿着黄色衣服上班，能给人以醒目的感觉。偏爱黄色者，多个性积极、喜爱冒险，乐观、爽朗、喜欢结交朋友，是达观、乐天的社会型人物。喜欢黄色的人，有一种使别人感觉自己有智慧、纯洁的心理。

（4）喜欢绿色的人

绿色是一种令人感到稳重、安适的颜色，代表着健康、活泼、生气、发展。绿色是自然界中最常见的颜色，能使你精神获得安抚。如果用绿色来布置客厅，给人一种舒畅轻松的感觉。近乎黄色的青绿色，给人以活力感，接近蓝调的深绿色，则给人安静平和的感觉。偏爱绿色者，多为人严谨、安分、做事稳重，是值得信任的坚实派人物，感性方面较缺乏，经常不苟言笑，有耐心及实践能力，坚韧、认真、凡事按部就班，金钱使用也颇有计划性，能在稳定中发展事业。一般喜欢自由，有宽大的胸怀，绿色是其在抱有希望、没有偏见的心理状态下选择的。喜欢橄榄色的人，心理一般处于被抑制或情绪不稳定的状态。喜欢青绿色的人，有一种喜欢纤细感觉的心理状态。喜欢黄绿色的人，缺乏兴趣、交际狭窄，他们缺乏纤细心情时选择黄绿色。

（5）喜欢蓝色的人

蓝色给人以平静安详感，所以用深蓝色做工作服，能使工作环境表现出冷静气氛。喜欢蓝色的人，通常是内向性格者，当他们有现实感的时候往往选择蓝色。

（6）喜欢紫色的人

紫色是寒色系的代表，它象征权力，是一种表现贵族意味的颜色。喜欢紫色的人，一般具有保持神秘、自我满足的艺术家的气质，喜欢别出心裁。如果女孩子想使自己更富于吸引力，那么，不妨选择紫色的衣服穿穿看。偏爱紫色者，多言行谨慎，喜怒不形于色，许多内心的想法都深藏着，不愿表露出来。姿态优雅、富神秘气质、不擅长交际，给人冷漠、高傲的感觉；喜欢思索，很会压抑、控制自己的情感。

（7）喜欢白色的人

白色是一种洁净，但足以令人产生膨胀感的颜色，它象征单调、朴素、坦率、纯洁；偏爱白色者，多个性开朗、单纯，泾渭分明，喜欢表露；生活中爱清洁，家居布置宽敞明亮，讲究个性特点。喜欢穿纯白色衣服和鞋袜的人，显示她性格单纯，待人诚恳，有教养，厌恶世俗，讲卫生和傲慢的性格。通常表现缺乏感动性、决断力、实行力、不知所措时的心理状态。

（8）喜欢黑色的人

黑色象征着沉默、神秘、恐怖、死亡；偏爱黑色者，与紫色略为相似，性格内向，心态阴郁，喜欢独行独往，希望保持独特的个人活动空间。

（9）喜欢褐色的人

褐色是一种安逸祥和的颜色，喜欢褐色的人，其心理状态是喜欢踏实。喜欢浊紫红色和暗褐、黑色的人，在非社交的时候，不喜欢表露心情的时候选择以上色彩。喜欢穿黑色、灰色、白黑搭配衣服的人，显示她庄重、自信，有文化素养，有一定的社会阅历和顽固的性格。

（10）喜欢灰色的人

灰色象征和谐、深厚、静止、悲哀；彩色象征杂驳、缭乱、绚丽、幻想。偏爱灰色者，缺乏毅力，性格怯懦、胆小，凡事依赖他人，没有自己的主见，容易受别人影响改变已经决定或承诺的事情。喜欢灰色的人，是在缺乏主动性的时候，自己没有勇气面对困难的心理状态下所选择的颜色。

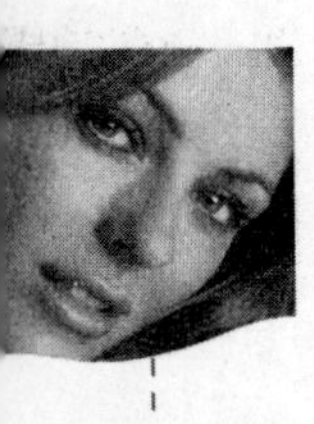

6. 读懂女性的体态语言

女人的体态语言不仅使一些羞于启齿的信息自然地流露出来，而且使女人看起来更动人。如果能适时有效地读懂女性的体态语言，就很容易深切地了解女人、看透女人。

线条和色彩是人类在有声语言之外最具表现力的性格语言。女人的体态语言就是一串线条符号，这些部位不同的动作会表现出相应的意义。

(1) 从头部看女人

习惯头部上扬的女人通常自视甚高、傲慢而唯我。或许是因为她们的条件一般都不错，追求她们的男人又较多，所以她们对男人的要求甚高，却很少能够真正体谅男人的苦心。

习惯头部低俯的女人通常内向而温柔，虽然有时显得缺乏激情，但是能细心体贴关照男人。

习惯头部侧偏的女人通常充满好奇心，但偏于固执。她们最容易与男人一见钟情，却没有相伴一生的忍耐力。

(2) 从手和手臂看女人

握手是男人接触陌生女子身体的惟一机会，女人也乐意抓住这次难得的机会传达她的信息。手心干爽的女人性格开朗，也可能表示对此次晤面没有特殊的兴趣。手心潮湿的女人性情较内向，也可能表明她的内心很紧张或很

恐惧。要找到两者间的差别就需看她的眼睛是躲闪还是微闭。

握手时手心朝上的女人多是柔顺易于相处的，手心朝下的女人多是争强好胜不肯服人的一类。而只伸出手指的女人多精于世故、吝啬贪婪，同时还传达出一种蔑视的意思。

女人双臂的体态语言一般是通过交叉双臂来实现的。标准的交叉双臂姿势没有特别的含义，不过是女性一种本能的自我保护，但如果长时间维持这个姿势就表明消极的态度。用双手握住双臂的姿势表明了紧张和不知所措。单臂交叉的姿势是女人在缺乏自信或身处陌生环境下使用的体态语言，意味着她需要帮助。掩饰的双臂交叉是常在公众场合露面的女人传统姿势，这种女人多数虚伪而且老练。

(3) 从胸部看女人

喜欢挺胸的女人肯定充满自信，心中很少有传统的女卑观念，是现代新女性的代表，也表明她们的心态健康而积极。

喜欢含胸的女人肯定不那么自信，或者天性羞涩。她们的人生观相对消极，多愁善感，渴望爱情又缺少勇气，只会默默地等待。

(4) 从腰部看女人

对于腰部这一无声的性格语言，女人相对男性来说，要微妙得多。女人的腰，是除了女人的臀部和胸部以外的性感符号，它常常是以无声的线条来表示意义的。女人的腰，它就是一个线条符号。

弯腰

众所周知，见人即弯腰行礼是日本女人的见面语言，弯腰所形成的曲线是柔美的、温顺的、流畅的，从而形成一种光滑的外表。这种女人给人一种柔美的感觉。

叉腰

把两手叉在自己的腰上，这种形象就像两只母鸡斗架的形象。这是女性一种双向的对外扩张，表示出内心的愤怒和力量。这种形体语言，一般的女人不采用。但鲁迅笔下“豆腐西施”杨二嫂，却经常使用，让鲁迅看了吓一大跳。

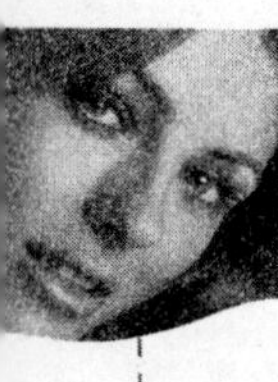

仰腰

仰腰是女人的“无防备信号”。如果女人坐在沙发里，用仰腰的姿势对着异性，一般的情况有两种：一是对于眼前的这个男人绝对地信任，绝对地尊重，她觉得他不会给她带来伤害；二是妓女的一种招数，她告诉眼前的男人：“请跟我来。”

扭腰

扭腰使腰呈现S型，这是性的象征。凡是女人扭腰或者扭动臀部，都蕴含了招惹异性的信号。这种形体语言，在服务小姐的身上，在女模特的身上，你会经常看到。

抚腰

俗话说，没人爱，自己爱。女人常常在没有男人抚摸时就自我抚摸，这种自我抚摸是一种“自我安慰”的行为，同时也是一种“自我亲切”的暗示。

（5）从臀部看女人

走路时左右臀上下摆动的女人往往热情而不拘小节，好幻想，不喜欢户外运动。走路时左右臀几乎不摆的女人现实而富于功利心，她们像喜欢运动那样喜欢恋爱，目的似乎只为了自己。臀部安静时自然上翘的女人多数热情开朗，喜爱交际又敢爱敢恨。安静时臀部下垂的女人多数性情温顺，对爱情专一而且执著。

7. 从名片中读出一个人的心态

名片是人际交往中向别人介绍自己、展示自己的窗口。有的名片风格华丽、有的名片风格朴实、有的名片言简意赅、有的名片洋洋洒洒……名片上的语言，也表达了一个人对自身的评价，从中可以看出一个人的心态。

交换名片，是彼此传达身份的一种手段。但是有的人即便在非正式的场合中，也喜欢递出名片，在公共汽车上、小吃店偶然邂逅朋友、熟人，也要拿出一张名片，甚至到酒吧喝酒时，都不忘给服务员名片。这些人为什么动不动就拿出自己的名片呢？因为他们在评价对方时，很易受对方的工作、职位或学历等所左右，由于这种心理的投射作用，也喜欢在名片上印自己喜欢的、认为别人会对他另眼相看的各式头衔。当他们拿出名片交给对方时，便判断对方一定也会把自己捧得高高的。

名片是一个人身份和地位的标志，透过名片能一目了然对方的工作和职位。但是，仅仅看名片上的这些内容，我们是无法洞悉其人品性如何的。因此，我们要想通过名片，看一个人的性格与心理，就必须注意名片的其他方面。

（1）喜欢在名片上用粗大字体印上自己名字的人，多表现欲望强烈，他们总是不时地强调自己，凸显自己，以吸引他人注意的目光。这种人的功利

心一般都是很强烈的，但在为人处世等方面却表现得相当平和亲切，具有绅士风度。他们最擅长使用某些手段来达到自己的目的，他们的外表和内心经常会相当不一致，从表面看他们是相当随和的，但实际上，他们也有很强的个性，不容易让他人真正地靠近。他们善于隐藏自己，为人处事懂得眼力行事，更能把握分寸，使一切都恰到好处。

（2）身兼数职，头衔繁多，但是在名片上没有印上任何头衔的人，这种人大多个性较强，他们讨厌一切虚伪、虚假、不切合实际的东西。他们并不十分看重自己的身份和地位，也很少考虑他人对自己的看法，他们只喜欢按照自己的意愿去做任何一件事情，而不是被他人支配和调遣。与此同时，他们也很少对别人指手划脚，发号施令。他们具有超乎一般人的想像力和创造力，所以经常会有所创新和突破。

（3）喜欢在名片上加亮膜，使名片具有光滑效果的人，他们在外表上看起来多显得热情、真诚和豪爽，与人相交十分亲切和善，但这可能只是他们交往中惯使的一种敷衍手段，实际上，他们虚荣心都比较强。

（4）喜欢用轻柔质感的材质制作名片的人，具有很强的审美观念。他们大多性情温和，说话文雅而浪漫，不太轻易与人发生争执。在条件允许的情况下，会尽力去原谅对方。他们比较富有同情心，会经常去帮助和照顾他人。但这一类型的人不算太坚强，意志薄弱，而且很容易招来别人的不满和批评。

（5）在名片上印有绰号和别名的人，其叛逆心理大多比较强，做事常无法与其他人合拍。他们为人处世是比较小心谨慎的，但有时会有些神经质，常常会产生一些无端的猜疑，猜疑别人的同时也怀疑自己，这使得他们很容易产生自卑感，在遇到挫折和困难的时候，缺乏足够的信心，总是想妥协退让。从某一方面来讲，他们没有太多的责任心，并且还总会想方设法来逃避自己该负的责任。

（6）同时持有两种完全不同的名片的人，除了本职所从事的工作以外，大多都还有另外一份职业。他们的精力往往是相当充沛的，还具备一定的能力和实力，可以同时应付几件事情。他们的思维和眼光较一般人要开阔一些，能够看得更远一些，他们常会有些深谋远虑的策略和想法。他们的兴趣相对

要较宽广一些，所以他们懂很多别人不懂的东西。他们的创造力是很突出的，常会有一些惊人之举。

(7) 在名片上附加自己家里的住址和电话的人，这样的人大多是具有较强的责任感的，否则他不会把自己家里的地址和电话印在名片上。这样，如果他不在办公室，对方一定会找到家里来，把事情解决。而与此相反的，恰恰有许多人为了逃避工作上的麻烦，而拒绝告诉他人自家的地址和电话。

(8) 不分时间、地点和场合，见人就递名片的人，他们大多有十分强烈的表现欲望，他们喜欢把自己摆在一个相当显眼的位置上，让所有人都能看到。见人就发名片，正是他们这一性格的淋漓尽致的表露，他们把自己的名片很大程度上是当成了宣传单在使用。这一类型的人多有勃勃的野心，但他们很少轻易表露自己的这种心思，所以在一言一行上都显得小心翼翼，但若是细心观察，还是能够把什么都看得一清二楚的。

(9) 名片的质地、形状和色泽都显得相当另类的人，这一类型的人表现欲望也是相当强的，而且喜欢卖弄。他们多喜欢无拘无束，自由自在地生活，自己愿意干什么就干什么。这种人大多头脑灵活，有不错的口才，但他们习惯于独来独往，我行我素。所以除了自己的东西以外，对其他任何事物很难产生浓厚的兴趣。他们对是非善恶往往分得很清楚，并且表现出的态度也会十分鲜明，所以他们会经常招惹一些麻烦。在人与人的交往中，他们缺乏足够的协调性，人际关系并不是很好。

(10) 经常若无其事地掏出一大堆别人的名片的人，他们掏名片的目的不用任何说明就非常清楚了，这是他们夸耀和显摆自己的一种方式，希望他人能够对自己另眼相看。这一类型的人自我意识多比较强，常常以自我为中心，自以为是。他们的社交能力、组织能力比较强，具有不错的口才和充沛的精力，成功的几率还是比较大的。

学会读名片，你便会在与别人没有深交以前，就会对他做出初步的了解。

8. 通过握手判断性格

握手，是现代社会中人与人交往一种较为普遍的礼节。虽然只是简单的一握，但这其中却也有很大的学问。有专家研究表明，握手可以反映出一个人的很多信息。通过握手的方式也可以观察出一个人的性格特征。

行为是心理的体现，这一点还可以从手的表现上看出来。从“握手”、“易如反掌”、“袖手旁观”等字句的探讨可以发现，握手是表现人际关系最有力的情感传达工具，利用手与手的关系，或是手的动作便可易如反掌地解读出对方的心理，并且还可以不费事地将自己的意思传达给对方。

握手是一种礼节，握手是什么时候产生的呢？据说握手开始于人类仍然处于赤身裸体的生活阶段。在开始的时候，男人之间初次见面通常要用手来掩盖对方性器官表示友好。不久，这个动作逐渐演变手与手之间的行为。所以对原始人来说，握手不仅表示问候，也是表示手中未持有任何武器，是一种信赖的保证，包含着契约、发誓的观念。

握手不仅仅是一种礼节，更主要的是在握手的一瞬间有可能识破对方的性格。从这个意义上说，握手不仅仅是一种礼貌行为，而且还是传达人际信息的重要方法，因此观察握手也是“察人”的重要途径。

握手时的力量很大，甚至让对方有疼痛的感觉，这种人多是逞强而又自

负的。但这种握手的方式在一定程度上又说明了握手者的内心比较真诚和煽情。同时，他们的性格也是坦率而又坚强的。

握手时显得不甚积极主动，手臂呈弯曲状态，并往自身贴近，这种人多是小心谨慎，封闭保守的。

握手时只是轻轻的一接触，握得不紧也没有力量，这种人多属于内向型人，他们时常悲观，情绪低落。

握手时显得迟疑，多是在对方伸出手以后，自己犹豫一会儿，才慢慢地把手递过去。排除掉一些特殊的情况以外，在握手时有这种表现的人，性格多内向且缺少判断力，不够果断。

不把握手当成表示友好的一种方式，而把它看成是例行的公事，这表明此种人做事草率，缺乏足够的诚意，并不值得深交。

一个人握着另外一个人的手，握了很长的时间还没有收回，这是一种测验支配力的方法。如果其中一个人先把手抽出、收回，说明他没有另外一个人有耐力。相反，另外一个人若先抽出、收回手，则说明他的耐心不够。总之，谁能坚持到最后，谁胜算的把握就大一些。

虽然在与人接触时，把对方的手握得很紧，但只握一下就马上拿开了。这样的人在与人交往中多能够很好地处理各种关系，与每个人都好像很友善，可以做到游刃有余。但这可能只是一种外表的假象，其实在内心里他们是非常多疑的，他们不会轻易地相信任何一个人，即使别人是非常真诚和友好的，他们也会加倍地提防、小心。

在握手时，非常紧张，掌心有些潮湿的人，在外表上，他们的表现冷淡、漠然，非常平静，一副泰然自若的样子，但是他们的内心却是非常的不平静。只是他们懂得用各种方法，比如说语言、姿势等来掩饰自己内心的不安，避免暴露一些缺点和弱点。他们看起来是一副非常坚强的样子，所以在他人眼里，他们就是一个强人。在比较危难的时候，人们可能会把他们当成是一颗救星，但实际上，他们也非常慌乱，甚至比他人还要严重。

握手时显得没有一点力气，好像只是为了应付一件不得不做的事情，而被迫去做的人。他们在大多数时候并不是十分坚强，甚至是很软弱的。他们

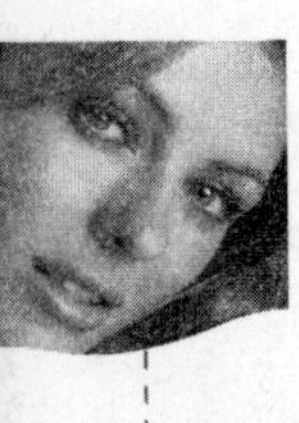

做事缺乏果断、利落的干劲和魄力，而显得犹豫不决。他们希望自己能够引起他人的注意，可实际上，其他人往往在很短的时间内就会将他们忘记。

把别人的手推回去的人，他们大多都有较强的自我防御心理。他们常常感到缺少安全感，所以时刻都在做着准备，在别人还没有出击但有这方面倾向之前，自己先给予有力的回击，占据主动。他们不会轻易让谁真正地了解自己，如果是这样，他们的不安全感更加强烈。他们之所以这样，在很大程度上是由于自卑心理在作怪。他们不会去接近别人，也不会允许别人轻易接近自己。

像虎头钳一样紧握着对方的手的人，在绝大多数时候都显得冷淡、漠然，有时甚至是残酷。他们希望自己能够征服别人、领导别人，但他们会巧妙地隐藏自己的这种想法，同时运用一些策略和技巧，在自然而然中达到自己的目的。

用双手和别人握手的人，大多是相当热情的，有时甚至热情过了火，让人觉得无法接受。他们大多不习惯于受到某种约束和限制，而喜欢自由自在，按照自己的意愿生活。他们有反传统的叛逆性格，不太注重礼仪、社交等各方面的规矩。他们在很多时候是不太拘于小节的，只要能说得过去就可以了。

第九章

投资理财，以钱生钱

P

钱是安身之本，没有钱万万不行。会赚钱提到了女人的日程表上，会理财懂投资更是女人要不断修炼的成功秘籍。女人可以这样来努力：做好家庭理财，合理地投资，也是可以“以钱生钱”达到致富目的的。

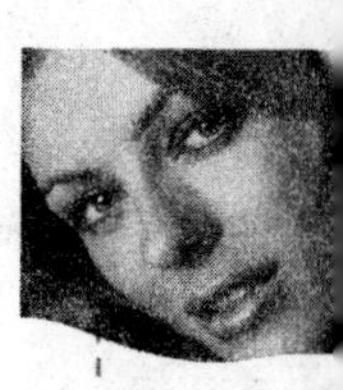

1. 精明的女人理财有“绝招”

女人在处理事情时体现出来的智慧会提高在男人心中的地位，尤其是理财的技巧和计划性，是会让许多男性刮目相看的。

如果为了挣大钱而去逼自己创业、牺牲时间，那最好还是不要去尝试，因为最后可能钱没挣到还会后悔一辈子，所以我们应该用积极的态度去理财。

女性的消费观念是很矛盾的，有时过于精打细算，一分一毫都计较；另一方面，女性又最容易因冲动而买了不少可有可无的东西。那么到底如何做一个清醒消费的女性，既可满足购买欲望，又不致于花费过度呢？

精明的女人有着方方面面的理财之道：

（1）减价才出手

这个也不须详述，因为很多女士都有到减价时才出击购物的习惯。精明的消费者在这期间购物确实省下不少。

（2）大胆讲价

很多时代女性对讲价十分抗拒，因为这被视为“老土”的举动，如不实用的话，就会放过讲价的机会。因为往往可以省下不少。

（3）巧用宣传单

这是一种利用报纸单张内的广告，去刺激消费的方法。单张内通常都有折扣印花，用这些印花去购物，又是一种节省开销的好办法。

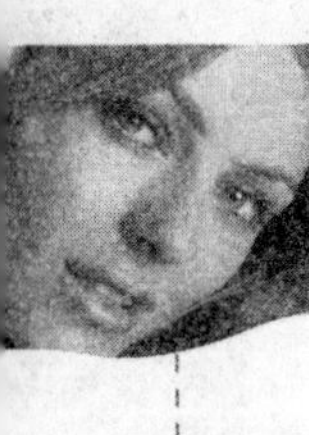

（4）满足家庭的需要

据统计，美国人的积蓄最少。他们挣得多，花得也多，而不是像我国的一些女人，把钱攥得紧紧的，连日常开销都舍不得。有意思的是，获得经济保障的第一步不是挣更多的钱，而是应该满足好家庭的需要。

（5）列出清单

当女士到超级市场或是百货公司购物时，看到什么有兴趣的，都会不知不觉地放在购物篮内，而真正需要买的，可能只是其中的一两件物品。所以解决这问题的方法便是列出购物清单，不但可以避免买漏了东西，又可减少购买无谓的东西。

（6）明确风险底线

任何投资都是有风险的，当投资风险出现时，自己愿意接受的蚀本的程度是多少？明确这个目标是为了应对不测的风险时做出果断的决策。对自己投资的项目越了解越好。多留意财经消息，多听专家意见，同时还要学着判断资讯及他人意见，结合自己情况作取舍。不要人云亦云，跟风是很危险的。

（7）明确目标

细心了解自己现在的经济状况，包括收入水平、支出的可控制范围，明白自己的需要，以及你希望在短期或者长期内看到的情况，根据可以判断的条件，拟订理财计划。而且一旦目标定好了，就不要更改。先静下心来评估一下自己承受风险的能力，了解自己的投资个性，明确写下自己在短、中、长期的阶段性理财目标。

（8）立即行动

拖拉是实现梦想最大的阻碍。立即实施是财务计划最重要的一部分，只有行动起来才会有实效。不要为暂时做不了每一件事而担忧。开始做你力所能及的事情，你今天所做的一切都会有回报。别泄气，坚持下去，你最终会取得成功。记住，从小事做起，只要开始行动就是好的开端。

（9）不要强行赶潮流

刚上市的产品，价钱通常都会很高，因此若过度地追随潮流，只会苦了自己的钱包。要明白你不可能什么都能拥有，你必须分清“需要的”与“想要的”。所谓“需要的”指必不可少的，而“想要的”则指可有可无的。如果你还处于满足需要的层次，那你得暂时将“想要的”放在一边了——至少在开始阶段如此。

(10）善用信用卡

差不多每人都有一张以上的信用卡，善用信用卡可延迟付款的时间，让消费者在周转上更灵活。再加上某些信用卡有储分的功能，储满一个数量的分数可换取礼品，这些优惠必须利用啊！而在购买大的物品时，不妨考虑分期付款。普遍的分期付款都是免息，又或是超低息，它的好处是不需要一次拿一大笔钱出来，但又可立即得到自己想要的东西。

(11）学习理财知识，避免盲从盲信

许多女性朋友总是觉得投资理财是一件很困难的事，需要专业知识，自己根本无法弄明白，因此懒得投入心力。其实要取得投资理财方面的成功并不需要专业的、深奥的经济学知识。只要你相信自己的能力，关心自己的钱就像关心自己的容颜一样，你投入心力累积的理财知识与经验都将伴随你一辈子，能帮助你建立稳健的财务结构，累积你需要的财富，这是一个多么重要又必要的投资！

对于一个天生有较好的理性思维的女性来说，对各种不同类型的事物往往都有高度观察力和分析能力，但女性天生也必然会带有很感性的东西，在理财中会遭受感情用事、目标飘忽不定、遇事不果敢的时候。像在股市中，当赚得一定利润时不懂得适可而止，蚀本时也不懂得当机立断。

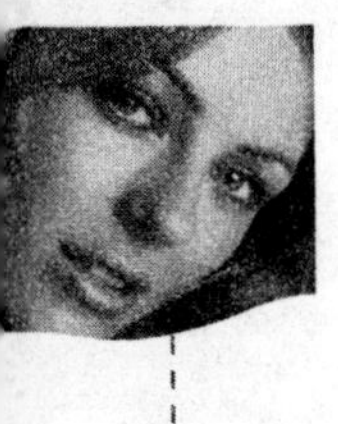

2. 想有钱，就要会赚钱

财富要自己去创造，靠自己的劳动、靠自己的知识、靠自己的智慧挣来的钱，花起来心里舒坦，才能真正享受金钱的快乐。

君子爱财，取之有道。这个“道”是途径、方法的意思。勤劳致富，靠的是辛劳的汗水，值得称道。科技致富，靠的是智力的开发，令人仰慕；立功致富（如奥运会金牌得主获得重奖），靠的是顽强的拼搏，可喜可贺。阿·扬格说过：“发财有术，能叫沙子变金子。”我们每个人有不同的爱好、专业和特长，在我们致富的过程中就应该有不同的“道”。如果没有创造力，只是人云亦云，跟着别人行动，是不利于整个社会发展的。当然，这个“道”也不能超出法律和道德所允许的范围。只有通过合乎法律和道德的劳动，不论是体力劳动还是脑力劳动，我们才能获得财富。事实上，金钱无所谓好坏，关键要看你的财富是通过什么样的途径得到的。

对于乔·凯·罗琳，任何人都不会陌生，她就是《哈利·波特》系列的作者。仅靠5本《哈利·波特》小说就赚得10亿美元，由此而成为2004年全球排名第552位富豪，创造了从穷作家变成拥有10亿身家富婆的财富神话。

出生于1965年7月31日的英国女作家乔·凯·罗琳，目前已经写了6本《哈利·波特》系列儿童冒险小说，这些小说不仅让罗琳声名鹊起，更让她赚了个盆满钵满。它们已被翻译为60种语言，全球销量超过了2.5亿册，与此

同时，根据小说改编的电影也获得了巨大成功，这些使得罗琳个人财产升至10亿美元。

连续3年，罗琳名列英国超级富婆榜首位，2005年她的财富总额甚至是英女王伊丽莎白二世的8倍多，罗琳成为英国挣钱最多的女性。有些人预言，她最终的个人财产可能达到100亿美元。

对于罗琳来说，她的成功简直就像个神话，在《哈利·波特》第一部出版前，罗琳还只是一个离了婚的穷作家。罗琳独自抚养着儿女，为了生活竟冒着失去领取救济金的危险偷偷打工，一旦闲下来，便在附近的咖啡馆里忘情地写呀写，写她心中的魔幻世界，她几乎是强迫自己写作。她把写好的小说送给出版商，遭遇到的是屡屡的退稿，但是她依然如故，锲而不舍，终于精诚所至，金石为开，她成功了，并成了世界上最富有的女人之一。

罗琳从赤贫到巨富，这一切她自己也始料不及。不过，这位出身苏格兰的单身母亲在穷困窘迫中构思并创作的“哈利·波特”的形象，成为全球儿童及成人读者最喜爱的童话人物之一，她改变的不仅仅是自身的贫穷，罗琳的意义在于：在一个日益全球化的时代，她用童话的形式摆脱了贫穷。

孔子云：“不义而富且贵，于我如浮云。”我们在追求财富的时候要记住：“获取财富要通过正当途径。”

出生在北京的章子怡，11岁那年，考入北京舞蹈学院附中，学了6年民间舞。正是在这个阶段，她赚到了个人的第一笔钱。“正是在舞蹈学校的时候，14岁，拍了一个电视广告，好像是护肤品广告吧，不过我不是主角。第一次赚到钱，我好开心！”不过，对一个从小就知道节俭的女孩来说，金钱从不是用来挥霍的，纵然它看似来得容易。章子怡非常珍惜赚到的第一笔钱，“我不会把钱一次花掉，而是买一个礼物送给自己。剩余的钱我是慢慢用，不要爸爸妈妈每个星期再给我10元零花钱了。那时候觉得，咦，赚钱了，我可以独立了。”也就是从那时起，在经济上，章子怡真的开始独立了，最起码她的零花钱不用向爸妈要了。

1996年，章子怡从北京舞蹈学院附中毕业，并顺利考入中央戏剧学院表演系。她进的这个班就是大名鼎鼎的“中戏明星班”，班里的8个女生都多才

多艺（比如梅婷、袁泉），每逢校内演出，大出风头的总少不了她们几个。在同学中间，章子怡的年龄是最小的，也是最不起眼的，没有人预料她后来会踏上一条那样引人注目的道路。

1998年，章子怡迎来了人生中的转折点——她接拍张艺谋导演的《我的父亲母亲》，并一举红遍大江南北。随后其在《卧虎藏龙》中的表演给了她一个进军国际市场的绝佳机会。她那骨感美与出色的表演立即引起了世界的观注。成龙的《尖峰时刻2》立即找上门来，一个大反派的角色为她带来了高达100万美元的片酬！

章子怡的票房号召力让韩国电影界也向她抛来了橄榄枝，《武士》随即邀请她做一回明朝的芙蓉公主。虽然韩国的片酬显然无法和好莱坞的大片相提并论，但《武士》还是为章子怡开出了1亿韩元（约60多万元人民币）的身价。这个数字虽较同期进军韩国市场的张柏芝略低，但附带条件却更苛刻，比如章子怡要求《武士》需在4个月内拍完她的戏份，否则剩下的工作日，每日加收附加费100万韩元（约6000多元人民币）。

从此，章子怡步入了"巨星"的行列！从2004年开始便进入了福布斯中国内地明星排行榜。章子怡的漂亮面孔为她赢得了巨大的财富，但值得注意的是，漂亮只是财富之门的敲门砖。如果章子怡的表演功夫不被世人认可，她无论如何也红不起来。

女人要想有钱，就要学会赚钱，当然要懂得赚钱法则。

（1）坚持看新闻联播

要想把握经济局势，必须关注政局，新闻联播图文并茂，有声有色，着实为中国商人的最佳晴雨表；你可以看财经报道，也可以看焦点访谈，来坐观天下经济大趋势。

（2）坚守信用，一诺千金

你确认你一定能够做到的事情你才可以承诺，但不要夸大其词；你如果想一直做个商人，那么你必须树立自己的信誉！虽然你可以不在乎外界对你的争议甚至你也可以制造争议，但你不能失去信誉，否则你就不是一个商人而是一个骗子。如果和别人约了2:00见面，那么你绝对不可以1:50以前或者

2:01以后出现，如遇交通堵塞或意外事件，那你必须及时通知对方，除非你出了车祸、遇到空难昏迷不醒或者已经死亡，否则你都没有理由爽约、早到太早或迟到太迟，而你的涵养则体现在对待对方不守时不守承诺的态度与包容等方面；而一旦当你确认对方为了利益而对你一再欺骗，那么你对对方做出的一切行为都不过分！甚至你可以将计就计，反过来给他画一个饼！

(3) 赢得起但输不起的生意不要去做

在做任何生意以前，你都必须考虑清楚，如果你输了，那么你是否输得起，而不是去考虑你如果赢了会怎样怎样，输不起的事情你最好别做！而考虑输的范围时你也不要只考虑钱财方面，有些东西你永远都输不起，包括你爱的人，你的家人，你的江湖地位甚至你的信誉……

(4) 不要先期投入太多

不要把自己手里所有的牌全部亮出来，因为牌局随时会中途停止，而对方也随时会出新的牌，不到最后关键时刻，最好不要亮出你手里最有分量的牌，最后的赢家才是真正的赢家！

(5) 有所为也有所不为

"勿以善小而不为，勿以恶小而为之"，说的是做人的道理，生意也是如此，不要因为利润少就不去做，也不要因为风险小就去做。违背法律的事情不可以做，违背道义的事情坚决不能做。

(6) 慎重选择合作伙伴

无论是团队，还是个人，很多时候我们都渴望有能够和我们一起联手打天下的黄金搭档，但亲密战友是一定要慎重慎重再慎重的选择——

其一，他和你一定需要在一个战壕里一起战斗过至少一年；

其二，在你没有负他的前提下，他对你所说的每一句话他自己都能负责任；

其三，他必须是个实在而且能踏实干事的人；

其四，他考虑得更多的是你们之间的共同利益，而这个共同利益高于个人利益；

其五，关键时刻他没有躲开更没有出卖你（或者大家在他能获得比合作

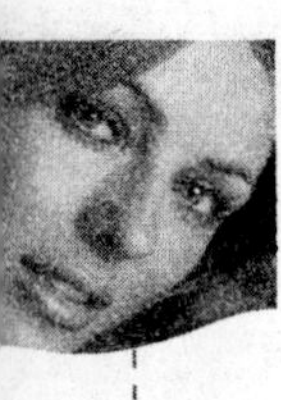

利益还大的更大利益的前提下)。

五点缺一不可，否则彼此之间的合作不会长久。

(7) 团队里没有家庭成员的影子

无论是你老公还是你父母，都不可以在以你为核心之一的商业团队里有太多插手，因为以你为核心之一的团队接受的是你，而不是你的家庭成员，在你的团队全体成员主动接受并邀请你的家庭成员成为你们团队一员以前，无论你的家庭成员是谁，有多大的本事，或者可以给你们的团队带来多大的帮助，都不能成为你让你的家庭成员成为团队一员的理由。

(8) 不要摆大

切记天外有天，不要在任何场合摆大，哪怕你真的很大，而当对方是个摆大而且肤浅的人，你如果想灭掉他，那么最好随便找块砖头砸他一个跟头，然后你走你的路！但切记，这个砖头一定不是你自己的砖头，而且这个砖头最好和你没什么关系。

(9) 不要过多用金钱粉饰自己

虽然面子对你而言很重要，但相对于你自己的人格魅力而言，有没有名车、带游泳池的别墅、高尔夫以及你的服饰，甚至发型等等都会显得微不足道；当然你可以按自己的喜好穿一双“内联升”的布鞋，甚至可以在有时间的时候飞到异国他乡去看一场你喜欢的球队的主场或客场比赛，甚至你可以在很多人面前抽你自己喜欢抽的劣质香烟！

(10) 总结别人的成败得失

不要羡慕别人的成功，更不要鄙夷别人的失败，你首要应该做的是学会分析和总结现象背后的本质，找出别人失败或者成功的全部原因，取其长，补己短，做你自己该做的事情。

(11) 不要事必躬亲

不要把自己搞得没有时间与朋友交流，更不要让自己没有时间放松与思考，学会让别人去帮你打点生意，处理业务，虽然业务的核心部分你自己必须牢牢把握；同样，把事情交给别人去做的风险你要考虑清楚并能够预防。

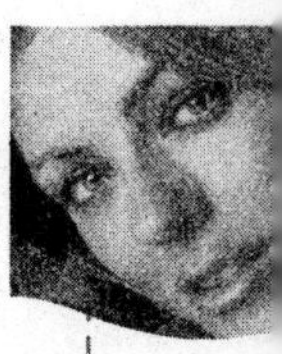

3. 女性理财有误区

随着社会趋势的转变，女性在工作上越来越多地与男性处于平等地位，在收入方面也开始与同等职位的男性不相上下。但在财务独立的同时，却仍然不懂得也没有意识到自己真正的财务需求及理财的重要性。

在现代社会，你是一个美女、才女还不够，想做一个独立自主的现代女性，你还得是一个财女——高财商的女性。作为女人，掌握“金钱游戏”规则和追求时尚生活同样重要。女人在美丽的同时，也可以更加富有。

所以，女人在理财之前，一定要弄懂如下问题，跳出理财误区：

误区之一：缺乏自信

一些女性在投资时非常没有自信，又对复杂的研究避之唯恐不及，所以投资时显得没有主见。多数女性对数字、繁杂的基本分析、宏观经济分析没有兴趣，而且不认为自己有能力可以做好，总认为投资理财是一件很难很难的事，非自己能力所及。

误区之二：优柔寡断

平常女性上班时，是个称职的职业妇女，下班后是个全能的太太、妈妈和管家，这些事做完已经有些体力透支，自然无暇研究需要聚精会神做功课的投资大计。想投资做生意、买股票、买基金，也都明白投资理财的好处，

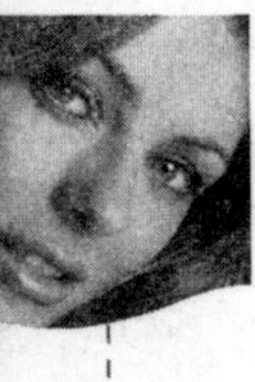

但就是只有心动没有行动。害怕有去无回。认为投资应该等于赚钱，无法忍受在投资的过程中赔钱的可能性。

误区之三：求稳而不看收益

受传统观念影响，大多数女性不喜欢冒险，她们的理财渠道多以银行储蓄为主。这种理财方式虽然相对稳妥，但是现在物价上涨的压力较大，存在银行里的钱弄不好就会“贬值”。所以在新形势下，女性们应更新观念，转变只求稳定不看收益的传统理财观念，积极寻求既相对稳妥、收益又高的多样化投资渠道，比如开放式基金、炒汇、各种债券、集合理财等，以最大限度地增加家庭的理财收益为目的，合理理财。

误区四：缺乏理财观念

女性在理财上所犯的最大错误就是到了不得不做的地步才去面对理财的问题。一般而言，女性的平均薪水较男性低。即使有退休金可领，由于其职位多低于男性，所以她们可领取的金额也会比男性小。因此，女性必须将理财视为生活的一部分，积极追求财富的增长，才能让自己享受优质的生活水准。

误区之五：态度保守，心存恐惧

有不少女性不相信自己的能力，态度保守，甚至对理财心存恐惧。有调查显示，一般女性最常使用的投资的方式是储蓄存款，还有保险等。这样的投资习性可以看出女性寻求资金的“安全感”，但是都可能忽略了“通货膨胀”这个无形杀手，可能将存款的利息吃掉。害怕钱不在手边的感觉。守成心态让很多女性很怕手上没有钱的感觉，现金要多才有安全感，随时摸得到、拿得到，所以把钱放出去投资，导致户头空空、手上空空，心中就不踏实。从小根深蒂固的观念就是把钱放在银行安全，习惯成自然。

误区之六：不如嫁个好老公

许多女性往往把自己的未来寄托于找个有钱老公，平时把精力都用在了穿衣打扮和美容上，却忽视了个人创造、积累财富能力的提高。俗话说，伸手要钱，矮人三分。许多女性凡事都依赖老公，认为养家糊口是男人天经地义的事情，但长此以往，必然会受制于人，女性在家里的“半边天”地位也

就会发生动摇。所以，作为现代女性，应当依靠为自己充电、掌握理财和生存技能等方式来使自己独立，自尊自强，在立业持家上展现“巾帼不让须眉”的现代女性风采。

误区之七：会员卡、打折卡的消费

女性们对各种会员卡、打折卡可谓情有独钟，几乎每人的包里都能掏出一大把各种各样的卡。许多情况下用卡消费确实会省钱，但有些时候用卡不但不能省钱，还会适得其反。有的商家规定必须消费达到一定金额后才能取得会员资格，如果单单是为了办卡而突击消费的话，就不一定省钱了；有时商家推出一些所谓的“回报会员”优惠活动，实际上也并不一定比其他普通商家省钱；还有一些美容、减肥的会员卡，以超低价吸引你缴足年费，可事后要么服务打了折扣，要么干脆人去楼空，让你的会员卡变成废纸一张。

误区之八：容易盲从

大多数女性不了解自己的财务需求，在理财和消费上喜欢随大流，常常跟随亲朋好友进行相同的投资或理财活动，往往只要答案，不问理由，明显地不同于男性追根究底的特性，采取了不适当的理财模式，反而造成财务危机。比如，听别人说参加某某集资收益高，便不顾自己家庭的风险抵御能力而盲目参加，结果造成了家庭资产流失，影响了生活质量和夫妻感情；有的女性见别人都给孩子买钢琴或让孩子参加某某高价培训，于是不看孩子是否具备潜质和是否爱好，便盲目效仿，结果最终收效甚微，花了冤枉钱。

误区之九：“跳楼价”的诱惑

说到购买打折商品，几乎所有的女士都能讲出几点门道来。诚然，大热天买皮货、大衣，三九天买T恤、时装裙，这属于正常的时令性打折，商家为了将过了时令的商品销售掉以便及时收回资金，而众多家庭主妇和一些白领女士们受其吸引，争相拣便宜货，以求获得实惠。对此，买者卖者均无可非议。至于“断码出货”、“样品处理”这类打折，恐怕也还都属于正常的购售范围，主妇们和白领女士们，偶尔为之也未尝不可。然而，面对有些真假难辨的打折，广大的女士们就不能轻易受其诱惑了。

误区十：我没有足够的时间来打理我的钱

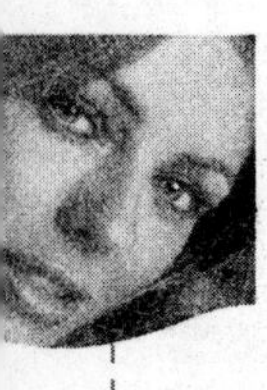

时间就像吸了水的海绵，只要挤，总会有水滴出来。如果你以此为理由拒绝打理自己的钱财，那么政府、税务局、银行、保险公司、房地产商等部门就会为你代劳，而他们都是从自己的利益出发，恨不得让你能多交一些钱，到那时，你可就举手无措了。

理财不会花费你很多时间，而且你常常可以找到帮手。现在社会上到处都是帮人理财的机构，像个人理财网、财务杂志、理财专家等等，你只需要花少量的金钱，却能获得无限的收益。

4. 提高财商，做个富有的女人

低财商的女人之所以在经济上贫困，是因为她们不知道怎样去做甚至不知道如何去开始积累财富。

“财商”是造成贫富差距的原因。许多终日为钱辛苦、为钱忙碌的上班族，都曾有过一些共同的体验，眼看着成功人士穿着高级服饰、住着豪华别墅、开着名轿车而羡慕不已。然而在欣羡之余，你们可曾想过：“是什么因素使他们能够拥有财富，而我们却没有？”

不少人将致富的原因直接归因于他们生来富有、他们创业成功、他们比别人聪明、他们比别人努力或是他们比别人幸运。但是，家世、创业、聪明、努力与运气，并无法解释所有致富的原因，我们可以看到许多成功者，他们并非出身在有钱人家，也不是什么大生意人，人也不见得很聪明，并没有都受过什么高等教育，他们惟一比你强的，似乎只是他很有钱。

一次调查结果表明贫富差距拉大的主要原因是由于“炒作股票或房地产”；其次是“个人的工作能力与努力”；最后是“家庭原因”。但是这些都是表面现象。人们习惯于将贫穷的原因归咎于外在的因素，例如制度、运气、机会等，或者用负面的说辞为自己的无所作为作解脱。他们认为有钱的人大多是因为投资房地产或股票而致富，而造成财富增加的主因是因为“拥有适当的投资”。

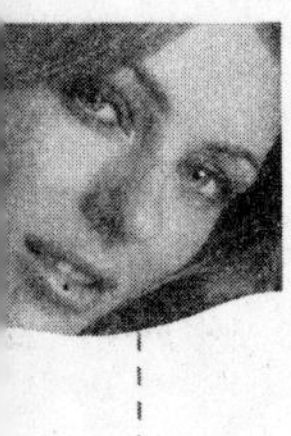

那么，为什么他们拥有资金来投资房地产和股票，他们又是如何操作使自己能够不断赚钱的？到底那些富人拥有什么特殊技能，是那些天天省吃俭用、日日勤奋工作的上班族所欠缺的呢？他们何以能在一生中累积如此巨大的财富呢？

所有这些问题都不是用家世、创业、职业、学历、智商与努力程度等因素能解释得了的。专家们经过观察、归纳与研究，终于发现一个被众人所忽略但却极为重要的原因，那就是财商问题。每个人财商的高低是能否成功致富的关键所在。

每个人都有一个成功的梦想、一个财富的梦想。在市场经济社会里，金钱从某种意义上是成功的一种体现，财富也自然成为衡量成功的一个标尺。

不同的人有不同追逐财富的方式，那么如何衡量一个人的理财能力呢？财商包括两方面的能力：一是正确认识金钱及金钱规律的能力；二是正确使用金钱及金钱规律的能力。财商不仅是人们现实生活中惟一能健康发展的智能，而且是人为观念和智能中的一种，当然是非常重要的一种。财商常常被人们急需，也被忽略。财商不是孤立的，而是与人的其他智慧和能力密切相关的。

制订理财计划是一个人财商意识的体现，只有制订了家庭理财计划，你才能够开始有积累财富的目标和动力。而制订合理的家庭理财计划，一般要经过以下几个步骤：

（1）分析家庭的收入来源

我们每个家庭都会有一些固定的经济来源，但同时也会有一些其他方面的收入。首先要对自己的家庭的收入来源有一个正确的认识，在家庭收入来源中哪些是固定的收入，哪些是偶尔的收入？

（2）分析家庭的消费状况

你每个月要花费多少钱？一年的花费总额是多少？如果你有一个小本子，记录了每天的消费情况，并精确到角分的程度，那就说明你已经在通往百万富翁的道路上迈步了。这说明你愿意花时间计算自己的费用支出，并将因此而更了解自己，知道钱都用到什么地方去了。

更重要的是记账会使自己在花费方面更加小心谨慎。如果你坚持了两个月之久，那么就可以建立自己家庭支出一览表。在这个表格上填明，哪些是必需的消费。例如水、电、电话、食品、交通费用等，这些属于满足基本生活所必需的东西，是不能够减少的。还要区分哪些是可消费也可不消费的东西。例如每个月一次音乐会、一次朋友在饭店的聚会和心血来潮时的购买，将这笔支出也记录下来。两种类型的消费区别开后，你就可以知道自己最多一个月能够省下多少钱。你的家庭理财计划将以这个数据为准。

(3) 制订理财目标

理财目标应本着这样的原则，既不会因为节约而降低你目前的生活水准，也不会将应该省下来的钱花在不知道的地方。制定理财目标必须是合理的，否则将影响你的生活，从而使理财失去意义。

家庭理财的首要问题是制订理财计划。只有合理地安排理财目标，才能做到心中有数。高财商者具有以下几方面特征：

(1) 在经济上独立自主，却采取一种舒适但不奢侈的生活方式。

(2) 拥有自己的住宅，但几乎没有欠债。

(3) 大多是白手起家的百万富翁，具有承担风险的精神，即使前方困难重重，艰难不断，他们都能继续奋斗下去。

(4) 不是工作狂，有充裕的时间与朋友和家人在一起。

(5) 热爱自己的工作，有积极的态度和十足的信心。

(6) 工作时十分专注、集中精力，用自己最大的努力获取最大的回报。

(7) 不随大流，无论是做什么生意，投资什么，他们都用自己的大脑分析和判断。

一言以蔽之，财商就是“80%的情商+20%的财务技术信息”。财商与情商紧密相连，大多数遭受财务痛苦的人是因为他们的情感控制着他们的思想。

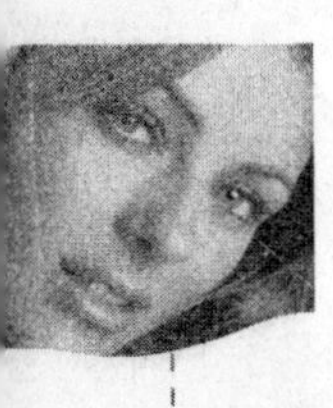

5. 最适合女人赚钱的行业

女人只有找准了最适合自己的行业，才会让自己有幸触摸到那沉甸甸的黄金。

对于广大女性朋友来说，了解女性适合的知识领域和女性行业是构建你自身知识结构的出发点。下面是根据广大成功女性的经历，总结出的最适合女性赚钱的行业和领域。

女人想成功，选择一个适合自己的行业来创业是最明智的，以下列出七类领域，作为女性创业的参考。

(1) 创意服务类

由于女性善于自觉思维，喜欢想像，所以搞创意性工作比较适合女性。以创意想象、执行为主要工作内容的职业，适合需要自由、不受拘束的创意工作者，由于在工作地点上非常具有弹性，因此也适合想兼顾家庭的 SOHO 族，包括企划公关、多媒体设计制作、翻译编辑、服装造型设计、广告、音乐创作、摄影等。

(2) 专业咨询类

女性在语言表达、沟通交际上略胜一筹。以提供专业意见，并以口才、沟通能力取胜的专业咨询类行业，更加能够发挥女性的优势。由于专业咨询类的工作内容与场所都富有高度弹性，因此跑单帮游走各家企业或成立工作

室的可行性也极高，包括企业经营管理顾问、旅游资讯服务、心理咨询、专业讲师、美体美容咨询顾问等。

（3）科技服务类

女性特有的耐心和细心，在服务类行业会更能发挥出来。在网络及电脑科技如此发达的情况下，如果拥有相关专长，专长加优势，那么创业机会就相当多，包括软件设计、网页设计、网站规划、网络行销、科技文件翻译、科技公关等。

（4）补救看护类

这些行业包括儿童教养与老人看护，不过通常需要相关证照。包括才艺班、幼儿园、托儿所、居家照护、老人安养服务、家事服务等，女性的细腻和特有的温婉会更加胜任这些工作。

（5）生活服务类

主要以店面经营方式为主，又可分为独立开店与合伙两种。较适合的行业包括西点面包店、咖啡店、中西餐饮速食店、服饰店、金饰珠宝店、鞋店、居家用品店、体育用品店、书籍文具租售店、视听娱乐产品租售店、美容护肤店、花店、宠物店、便利商店等。女性把自己特有的精明和理财的天赋拿出来，这些店铺的经营会让女人增色不少。

（6）传播广告类

在报纸、期刊和图书等媒体出版行业，女性的优势处处可见。女人拥有女性记者的采访优势，细心可以使她们成为优秀的编辑，直觉判断可以使她们能够策划出读者喜欢的题目，可以让她们洞察市场，洞悉顾客的心理。媒体广告业是个广阔而又奇妙的天地，也是一个对女性开放的天地。

（7）教育类

女人天生就有一种温柔的母性，这种母性使女人有着比男人更强的心理优势。中小学教师，可以发挥女人的母性、温柔、耐心等天生特征。而大学教师，也可以发挥细致、平和，以及在语言表达和社会交际上的优势。

6. 正确投资，以钱生钱

我们要合理地利用周围一切可以利用的有利因素，精心理财，大胆尝试。这样，我们就可以平地高岗，创造出属于自己的财富。

装满钱的钱包令人满足，但只满足了一个吝啬守财的灵魂，此外别无意义。我们从所得当中存下来的钱，只不过是个开始罢了。用这些储蓄所赚回来的钱，才能建立我们的财富。

因此，我们如何运作这些储蓄呢？阿花第一桩有获利性的投资，是把钱借给一个名叫加尔的商人，她每一年都购买好几船从海外运来的铜，然后进行买卖。由于缺乏足够的资金购买这些铜，加尔向那些有余钱的人赊借。她是个老实人，在她卖掉铜货之后，凡她所借的最后必定偿还，且支付利息。

每次阿花借钱给加尔，同时收回利息。因此，不仅她的资本增加了，这笔资本所赚的利息也不断累积。最令她高兴的还是，这笔钱最后又回到了她的口袋。

一个人的财富不在于她钱包里的钱有多少；而在于她所累积的收入、源源不绝流入口袋，并能常保口袋饱满。这是我们每个人都渴望的；无论你工作或去旅行，你的口袋都不断有进账。

阿花已经得到了大笔的所得，大到阿花已被称为富翁。她借钱给加尔，是她第一次从事有获利性的投资。从这次经验中获得智慧后，随着资金的增

加，她借出去的钱数和投资愈益扩大。起初只借给一些人，后来借给许多人，这样明智的理财，使钱源源不绝流入她的口袋。

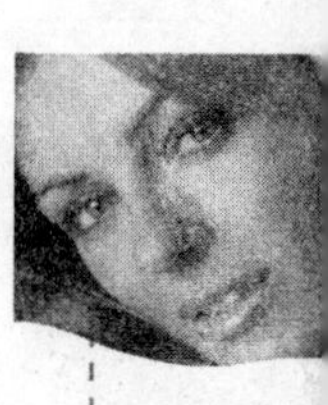

要想获得财富，不妨丢弃现实利益，以图长远发展。那种急功近利，为了获得眼前利益而把长远利益放弃的做法其实最愚蠢的。胆小心细的女人，在投资上求稳是无可非议的，这里推荐十种比较安全的投资理财的方式供你选择。

(1) 储蓄

银行储蓄方便、灵活、安全，可以被认为是只赚不赔的最稳健投资。因为国家经常根据经济发展状况，合理调整储蓄存款利率，通货膨胀引起存款贬值的风险在当前良好的经济运行环境中概率几乎为零，加上这些年来储蓄品种增多，电脑和信用卡广泛运用，储蓄应是安全可靠又最方便易办的一种大众化投资方式。储蓄投资的最大弱势是收益较之其他投资渠道偏低，但对于侧重于安稳的家庭来说，保值目的基本实现。

(2) 物业

购买房屋及土地等称为物业投资，国家已将物业作为一个新的经济增长点，又将物业交易费税有意调低并出台按揭贷款支持，这些都十分利于工薪家庭的物业投资。物业投资已逐渐成为一种低风险高升值的理财方式，购置物业，首先可用于消费，又可在市场行情看涨时出售而获得高回报。且投资物业不受通货膨胀的影响，一般情况下物业交易价格呈稳中有升的态势，前景十分乐观。只是投资物业变现时间较长、交易手续多、过程耗时损力，但这些相对于它的升值潜力来说微不足道。

(3) 债券

债券投资，利息较高收益稳定；但债券存在良莠不齐的情况，国债用国家信用作担保，受市场风险较少，但数量少，购买难度较大，除此外的企业债券和可转换债券的安全性值得认真推敲，同时，投资债券需要的资金较多，由于投资期限较长，抗通货膨胀的能力差。

(4) 字画

名人真迹字画，是家庭财富中最具潜力的增值品。把字画作为投资对象

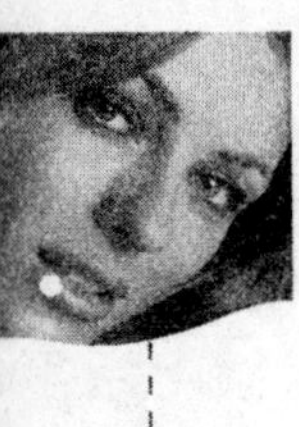

对于工薪家庭来说较难，只不过，有收藏字画爱好的工薪人士，用有限的资金选择一至二位较有名的自己喜欢的作者和作品还能做到。但对中外古今的著名油画家、国画家、书法家的画作、墨宝，靠个人的能力投资很难，而且现在字画样品越来越多，甚至于国外的几家大拍卖行都不敢保证中国字画的真实性，这又给字画投资者一个不可确定因素。

（5）古董

古代陶瓷、器皿、青铜铸具、景泰蓝以及古代家具、精致摆设乃至古代皇室用品、衣物都可称古董。因其年代久远，日渐罕见而成为国宝，增值潜力极大，不过对于工薪家庭来说，需要具有这方面的一定研究能力方可选择此种投资方式，在各地古董市场上，古董赝品的比例高达70%以上，古董毕竟是所有投资方式中专业要求最高的，它对于大多工薪家庭只是一个美好的幻想。

（6）邮票

邮票投资行为回报率较高，在收藏品种中，集邮普及率最高。从邮票交易发展看每个市县都很可能成立至少一个交换、买卖场所，邮票变现性使其比古董字画更易于兑现获利，因此更具有保值增值特点；邮票年册的推出节省了家庭很多的投资时间，因而显得简便易行，家庭收藏年册的队伍在逐渐扩大，这也带来了近年邮票升值潜力的怀疑，但对于家庭的业余爱好，年册几百元的价格不高，加上邮票给家庭成员视觉上的高度愉悦感，邮票投资方式是一种非常不错的投资方式。

（7）珠宝

珠宝广义上可分为宝石、玉石、珍珠、黄金等制品，一般说来具有易于保存、体积小、价值高的特点，可被人们制成项链、手链、戒指、耳环佩戴于身上作为装饰品，有一举两得的功效。随着人们生活水平的提高，珠宝的保值作用增强，国际上亦重视以黄金为保值及作为对付通货膨胀的有力武器之一，但珠宝初始投资主要是制成品，价值已是高估，增值潜力有待投资品种的验证。对于家庭珠宝可以作为保值的奢侈消费品，作为投资渠道并不可取。

（8）保险

随着保险业务的创新，国内各大保险公司推出投资连接或分红等类型寿险品种，使得保险兼具投资和保障双重功能，保险投资风险极低，对家庭的作用日益重要。

（9）彩票

购买彩票严格上说不能算是致富的途径，但参与者众多，也有人因此暴富，也渐渐被有些家庭认同为投资；彩票无规律可循，成功的几率极低，从做慈善事业角度值得提倡。

（10）钱币

钱币包括纸币和金银币，鉴定货币是否是一枚珍贵的钱币，需要辨别它们的真伪、年代、铸造区域和珍稀程度，很大程度上有价值的钱币可遇不可求，因此，有些家庭没有必要花费大量的精力做此类投资。

7. 做自己的理财设计师

观念决定财运，改变观念，就能走上创富之路。

(1) 节省每一分钱

也许你不相信，节省小钱是值得的。小钱虽小，增加的速度却很快。假如每天你都成两倍地往储蓄罐里丢硬币——第二天，两个；第三天，四个；第四天，八个……到月底，你的储蓄罐将昂贵无比。

如果我们充分运用积攒的每一分钱——我们照样可以满足生活的基本需要和心中广博的欲望。

(2) 保证家庭第一

国外有位参议员被诊断出患了淋巴癌。为了和家人在一起的时间更长一些，他放弃了名望甚高的工作。正像一位睿智的朋友所说；“没有人希望临终前在办公室度过更多的时光”。你可以挣得生活所需，解决财务上的问题——甚至富裕繁荣——但并不一定就要你去扮演工作狂。

总之，无论是传统家庭还是现代家庭，家庭都跳不开同样的意义：一家人相聚相守，让生命繁衍下去。

(3) 养成创业习性

想获得成功，你就要养成创业的习性：多才多艺、灵活自如、善于推销自己、精于个人理财、排定事情的优先顺序，而且时刻准备着弃职而去。今天的员工需要有跳槽的心理准备。平均来说，跳槽常常是4～8年一次。

将你的创业念头付诸实施前，先经营一两项小产业，对你来说，是一种很好的历练。它对你的起步、经营、经验积累都有很大帮助。我们把它看做你手中的“王牌”。你可能因为喜欢手中的“王牌”而辞掉工作，也可能为工作的转换做好各种准备。

（4）选定生活方式

阿慧记得50年前的一段经历。当时，她和奶奶到了一片海滩。她迫不及待地扑进大海，奶奶则一点一点地向水中迈进。她撩起水，先撩向胳臂，又撩向身体的其他部位。奶奶在适应水温的变化。阿慧瞬间就做成的事情，奶奶却似乎用了整整一生。

故事包含了许多内容。你可以把它理解为给自己的未来增加保险系数。下水之前，你先要清楚自己会遇到什么，以便在事情来临时胸有成竹，而且有逃脱的方法。做出改变生活的积极决定之前，你需要理清事情的轻重缓急、权衡选择的利弊。

（5）投资你的债务

有一则故事到处流传：当声名狼藉的威利被问到为什么要抢劫银行时，他回答道：“因为这里有钱。”威利可能是个恶棍，但不是个笨蛋。他选对了目标。不过如能够到银行里投资，而不是到这里抢劫，事情当然会好些。

你永远不知道，哪一天失业、医疗危机、离婚甚至漏雨的屋顶，就会引发你的财务危机。所以，让债务降到最低点是最明智的做法，不过还有另外一个理由：你可以为自己省下一大笔财富。

（6）规划理财前景

假定你的财产没有巨大的增加、工作生涯中也没有什么一流的投资，但你仍将挣到一笔财产。比方说你和爱人都年方25岁，你们家的收入和普通的美国家庭一样——每年挣到最新估计的数字五万元。如果你们二人都工作到65岁，即使你们的收入从不增加，也没有过分的生活费用，到头来，你们的收入也将超过二百万元。如果你的薪水以3%的比例逐年增长，最后你的收入将超过四百万元。还说什么呢？你成了百万富翁。

听任钱点点流失，还是善加利用？最好的理财设计师，是你自己……

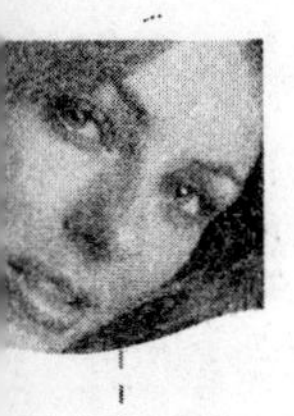

8. 会赚钱，也要会花钱

女人是感性的，这是无可非议的，但要在消费上多些理性，这样可避免让不必要的钱从你的口袋里流失。

如今的街头上，有些商家动辄挂出的“动迁大甩卖”、“大出血”、“跳楼价”的牌子，抑或挂起的“原价198元，现价58元”、“原价1080元，现二折起售”等字幅，女士们就必须小心从事，切勿轻易购买。有位做服装生意的店主，曾经进了两款女装，式样、面料都还可以，开始店主挺本分，一款短袖衬衫开价39元，一款裙子开价50元，挂上架后接连三天无人购买。他的一位朋友代为操作，变了个花样：衬衫、裙子合在一起，原价198元，现对折出售，且去零为整，90元一套，结果居然吸引了不少女士，没两天便全部售光。由此可见，一些爱买打折货的女士们，面对换汤不换药的所谓打折货，常常缺乏辨别能力。其正确的做法是：务必弄清商品的性价比，确认自己是否确有需求，且证实是货真价实后，才能掏钱购买，否则必然会落入商家的销售陷阱。

年过40的王女士，在一家外资企业做内勤工作多年。平时，王女士与几个年轻的白领要好，形成了一个关注时尚、经常一起逛街购衣物的小圈子。而同样的小圈子，在其工作的公司里还有好几个，并因此形成了暗自攀比竞争的局面：人家昨天穿了新买的意大利的名牌服装，拎意大利品牌的皮包，

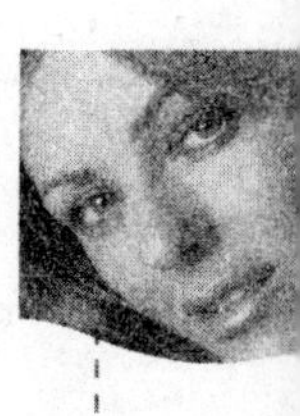

今天，王女士一伙必定要穿上新买的法国名牌时装、拎法国产的皮包；今天，人家提前穿上了夏季连衫裙，明天王女士等一定要更超前，把刚买来的新式吊带裙穿上。就这么攀比来攀比去，商家当然高兴了，货出钱进，只不过是多派发了几张贵宾卡而已，而王女士她们可就惨了：皮夹里总是空空的，银行卡里也所剩无几。为了攀比买来的时尚衣物，有的并不适合长久穿着，于是，刚买不久的衣物要么压箱底，要么落得送人了之的结果，实在是得不偿失。

男士购物，目的性很强，买什么，自个进了店堂，往往直奔柜台，买完就走。可女士购物就不同了，买前会相约多人同往，还常常会先向熟人、朋友讨教、咨询，进店后几个人会商议、评判一番，事后如果买得满意，又受人夸奖，还会成为商店和所买品牌的义务宣传员和推销员，劝自己的小姐妹也赶快去效仿购买。

钱女士就是此类女士中的一个典型。虽然她已是徐娘半老，身材肥胖，但家境优越又有做老板的丈夫撑着"面子"，平时一批相好的小姐妹们都对她"礼让"三分。为此，每当外出逛街购衣物，只要钱女士看中的，大家都附和着说好，劝其买下。有两个做生意的小姐妹更是常常投其所好，主动为钱女士介绍一些所谓品牌服装、化妆品，甚至钻石、首饰、古董之类物品，编成种种故事，尽量说服钱女士：这么好的东西，非常适合你，不买，真的非常可惜。于是，轻信小姐妹、轻信朋友的介绍，钱女士不但一次次花钱买这买那，而且自己买了不算，还常常成为所买之物的推销员。据悉，在朋友们的介绍和"帮助"之下，钱女士眼下已拥有上海10多家高档时装、化妆品、首饰商店和厂家的金卡或贵宾卡，成为这些商店、厂家固定"交钱"的常年客户。而背地里，有人却常常评价钱女士说："没有眼光，没有脑袋，只会做冤大头。"

说到这里，有人一定会问："为什么百万富翁还使用优惠券呢？这样做不过每天能节省50美分，一生又能够节省多少？"在美国，典型的富裕家庭每周在食物和家庭生活用品上的支出超过200美元，每年超过10000美元。在成年人的一生中，这个数字在40万～60万美元。但是，如果你知道将这个数字

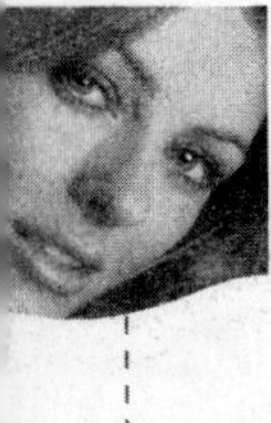

削减50%，即减至20万～30万美元，并将这些钱投资于一个位居前几位的股票基金中，根据过去几年的收益率，你所赚到的钱将会超过50万美元，你将会怎么选择呢？

绝大多数百万富翁寄希望于未来。他们很可能会对一定时期中各种活动的成本和利益进行计算以求得节省。这是百万富翁全面节俭计划中的一小块。下面来说说几种富翁花钱的技巧。

(1) 理性购物，合理消费

今天，美国有2/3以上的消费者是冲动型消费者。他们没有计划，在商场中四处闲逛，因而很可能在寻找商品上花费了更多的时间。花费的时间越多，他所花费的钱也就越多。这个事实一次又一次地被人们所证实。而且，在没有购物单的情况下，人们经常会购买几周以后才需要的或者根本就不需要的东西。你也许会认为大多数的百万富翁是让佣人上街购物。事实上，大部分百万富翁喜欢亲自购买日常用品。

那么，在一家食品店中购买东西的最佳方式是什么呢？有一对夫妇做得最好。他们把经常要光顾的两家食品店的内景画成地图，并标上每一类商品的名称和位置。这种地图将作为每周的购物单和导购图。如果在某一周他们的某项物品用完了，他们就会在地图上将这一项画上圈。他们还用这种方法安排买菜，当然，要有折价券和相关的赠送才会记在地图上。这听起来好像需要大量的工作，实际并非如此。他们有自己的看法。假如你没有购物单，没有购物计划，那么你每周将在食品店里多花20分钟、30分钟或者更多的时间，那就是你没有提前做好计划的缘故。如果每周占用30分钟，在成年人的一生中，这将会是62万分钟～78万分钟，或1040～1300小时。将你一生中的62万分钟以上的时间浪费在一家食品店中，这肯定不是效率很高的行为。如果这些时间用在计划投资、看你的儿女们玩棒球或垒球、度假、感恩上帝的赐福、升级你的计算机技术、锻炼身体、做好生意，或者写书，你难道不觉得会更好一点吗？

(2) 花钱在价格增值的物品上

莱文斯夫妇退休了，他们住在奥斯丁的一个漂亮的居住小区中，他们有

一幢漂亮的拥有4个卧室的住房。他们具有高达7位数的净资产。他们是一对节俭的夫妻，非常关心他们的开支。正如莱文斯夫人所说，“我的丈夫和我生长在经济衰退时期，因而我们俩都很小心我们的钱。”虽然他们现在住着一幢价值百万美元的房子，但这些年来它增值了不少。

除了漂亮的房子，莱文斯夫妇同样有能力购置昂贵的汽车和时髦的衣服，但这不是他们的风格。他们认为，就那些一旦购买了就会失去其全部或大部分初始价值的产品而言，关心其价格是很重要的。这些物品的价值极不耐久。例如衣服，你今天购买了一套昂贵的衣服或礼服，它在明天的旧货市场上能值多少呢？可能是原价的10%或者5%或者更少。莱文斯夫人从来不想在衣服上花太多的钱，因为它们在价值上折旧太快。但是她总希望看上去穿得好些，她的办法就是在打折商店购买那些正在打折的名牌服装。莱文斯夫人和莱文斯先生拥有许多名牌服装，它们大多是从打折店购买的。如果买来的衣服有什么不合身，她和莱文斯先生会采取40%的百万富翁都采取的方法解决此问题，请人将衣服进行修改。当他们在身体发生变化使他们原本合身的衣服变得不再那么合身时，他们也会这样做。通过这种方式，莱文斯夫妇节省了不少钱，同时在穿着上又显得非常体面。

而后，莱文斯夫人将省下的钱用于价格“极其持久”而实际上会增值的物品，比如可以称为古董的老式家具之类，对于莱文斯夫人来说，购买这些东西，既实用，又有投资价值。这些东西会随着时间的流逝，而变得弥足珍贵。另外，他们还投资业绩位于前列的共同基金、前景看好的股票等。

（3）注重质量而不在乎价格

在美国，这些有钱人是不是最大的商品消费者呢？他们是不是今天买明天扔呢？也许他们讨厌回收利用，或者具体一点说，讨厌给鞋子换底。结果令人吃惊：有人做过统计，在所调查的百万富翁中，有70%的人给鞋子换过底。

在购买鞋子的时候，大部分百万富翁对首次成本也就是鞋子的最初价格不怎么敏感，对质量更为关心。这些对质量很敏感的人是根据使用期成本定义质量的。一位百万富翁说：“我的‘爱尔顿’平底鞋已经穿了10多年，已

经换过两次底了。算算它的动态周期成本，这双鞋我买的时候花了100美元，给它们换过两次底，每次花费50美元。在我有了‘爱尔顿’鞋的10年中，我大约穿了1600天。从我口袋里出去的成本是200美元，加上鞋值20美元，总成本为220美元。将220美元在1600天中分摊，每天所需要的成本不到14美分。让我来告诉你我10多岁的儿子在鞋子上的花费是多少吧！他每年穿破（这是指坏了或者款式过时了）大概6双‘耐克’或‘阿迪达斯’。大部分鞋子只是因为在一所很大的大学校园内走来走去穿破了。有时候，他也确实会穿上它们跑跑步以及在沙地上踢踢球。他每双鞋子的寿命在80～100天。每双鞋子的成本在65美元～85美元。即使是对最佳的100天而言，这些鞋子的使用期成本也是一天65美分。考虑到这些数字，我得问一问，每天谁脚上的鞋子会花更多的钱呢？是穿几百美元小牛皮平底鞋的百万富翁经理，还是穿85美元常见运动鞋的大学生呢？”

百万富翁算账的方法确实给我们一些启示。

主要参考书目

1. 高华．女人的社交与处世哲学．北京：地震出版社，2005

2. 汪力平．左右逢源：掌握社交技巧的 16 个方法．北京：北京工业大学出版社，2006

3. 瑞夫女社．女人礼仪书．北京：中国妇女出版社，2005

4. 高璐夷．女人的艺术．北京：时代文艺出版社，2002

5. 赵红瑾．女人的魅力与资本全集．北京：中国广播电视出版社，2006

6. 王小玲．说话说得滴水不漏，办事办得恰到好处．北京：中国长安出版社，2006

7. 云洲．交际女人．北京：金城出版社，2002

8. 李津．女人的资本全集．北京：中央编译出版社，2005

9. 秦榆．成大事女人必备的 9 种资质．北京：京华出版社，2004

10. 伊斐．影响女人命运的 8 个时刻．北京：中国民航出版社，2004

11. 马银春．女人没学历照样赚大钱．北京：中国物资出版社，2008